普通高等教育"十三五"规划教材

电气与电子测量技术

（第 2 版）

罗利文　盛戈皞　李喆　张君　编著

电子工业出版社

Publishing House of Electronics Industry

北京·BEIJING

内 容 简 介

本书共 8 章。第 1 章主要介绍测量系统的构成及其静态、动态特性；第 2 章介绍误差的基本理论；第 3 章重点介绍常用的传感器；第 4 章介绍测量系统中的调理电路；第 5 章重点介绍高电压测量、大电流测量、交流电各电气参数测量、电力设备绝缘参数测量、接地电阻测量等内容；第 6 章介绍现代数字化电气测量系统及其常用的算法；第 7 章介绍虚拟仪器及其开发语言——LabVIEW；第 8 章介绍电气测量中典型的干扰源及其抗干扰对策。

本书内容丰富，理论推导严谨，可作为高等学校电气工程及自动化或相关专业的教材，也可作为从事相关工作的科技人员的参考书。

未经许可，不得以任何方式复制或抄袭本书之部分或全部内容。
版权所有，侵权必究。

图书在版编目（CIP）数据

电气与电子测量技术 / 罗利文等编著. —2 版. —北京：电子工业出版社，2017.8
普通高等教育"十三五"规划教材
ISBN 978-7-121-32518-2

Ⅰ. ①电… Ⅱ. ①罗… Ⅲ. ①电气测量－高等学校－教材 ②电子测量技术－高等学校－教材 Ⅳ. ①TM93

中国版本图书馆 CIP 数据核字（2017）第 199345 号

责任编辑：杨秋奎
印　　刷：涿州市京南印刷厂
装　　订：涿州市京南印刷厂
出版发行：电子工业出版社
　　　　　北京市海淀区万寿路 173 信箱　邮编　100036
开　　本：787×1 092　1/16　印张：16.75　字数：407 千字
版　　次：2011 年 12 月第 1 版
　　　　　2017 年 8 月第 2 版
印　　次：2021 年 1 月第 8 次印刷
定　　价：39.00 元

凡所购买电子工业出版社图书有缺损问题，请向购买书店调换。若书店售缺，请与本社发行部联系，联系及邮购电话：（010）88254888，88258888。
质量投诉请发邮件至 zlts@phei.com.cn，盗版侵权举报请发邮件至 dbqq@phei.com.cn。
本书咨询联系方式：（010）88254755。

前　言

电气测量贯穿于电力生产和消费的每一个环节，如发电厂的有功调节、无功调节，电力系统的继电保护，电力设备的状态监测，用户端电费计量和电能质量的监测等，所有这些都离不开准确可靠的电气测量技术。"电气测量技术"是电气工程与自动化专业的一门专业核心课程。随着电子技术的发展和数字化技术的广泛应用，电气测量仪器已日益电子化和数字化。

在工程实践中，电气测量技术与电子技术日益交叉和融合，所以上海交通大学将"电气与电子测量技术"列入电气工程与自动化本科专业的专业基础课，2015 年该课程被列入"上海市重点课程"，2017 年被评为"上海市精品课程"。该课程的配套教材——《电气与电子测量技术》于 2011 年由电子工业出版社出版发行。2011 年以来，电力工业的发展和智能电网的建设取得了重要进展，很多旧的标准和规程被废止，诞生了一批新的标准和规程。例如，《通用计量术语及定义》JJF 1001—1998 被 JJF 1001—2011 取代，《测量不确定度的评定与表示》JJ 1059—1999 被 JJ 1059.1—2012 取代，《电流互感器和电压互感器选择及计算规程》已经更新到 DL/T 866—2015。为了适应新的国家标准和行业规程，第 1 版教材中的相关内容迫切需要进行调整。

在本书的编写过程中，我们参阅了相关文献，对书中的内容做了科学合理的规划，在内容安排上有以下特点：

（1）本书以现代数字化电气测量系统的构成为主线，内容上涵盖了传感器、调理电路、数据采集系统和电气测量常用算法。同时，也详细介绍了反映测量系统的静态特性和动态特性的技术指标。

（2）第 4 章的编写中，摒弃简单重复模电课程的普遍现象，从实际的集成运算放大产品出发，用输入失调、CMRR、差模输入电阻、开环放大倍数、带宽、电压摆率、输入输出电压范围、共模阻塞电压等重要技术指标，来引导读者正确理解实际的集成运放产品究竟有多么"不理想"，让读者真正掌握从测量的实际出发，正确合理地选择和使用集成运放。

（3）第 8 章详细阐述了电气测量中的抗干扰技术，并从干扰源、耦合途径、受扰对象、干扰的性质等诸多方面归纳总结了电气测量中的两种最典型的干扰模型，并提出了极富针对性的抗干扰对策。

（4）在本次修订中，按照《测量不确定度的评定与表示》(JJ 1059.1—2012) 推荐的方法来评估测量结果的不确定度。测量结果不确定度不仅包括多次测量所引入的 A 类不确定度分量，还包含由仪表误差所引入的 B 类不确定度分量，两者形成了合成不确定度。

（5）在本次修订中，增加了保护用互感器方面的内容。电网在暂态过程中产生的过电压和短路电流，它们分别会给电磁式电压互感器和电磁式电流互感器带来过高的励磁；本书还介绍了非正弦稳态的暂态过励问题。所有这些过励磁叠加电磁式互感器的非线性励磁特性，会导致电流互感器二次电流的畸变和电压互感器的铁磁谐振等问题。

本书由上海交通大学电气与电子测量课程组教师共同完成。在再版编写过程中，获得了美国 Analog Device 公司大学计划的大力支持，本教材配套的实验也已被列入教育部产学协同协作共建项目。

由于作者水平所限，书中不足之处敬请读者批评指正。

编著者

2017 年 5 月

第 1 版前言

电气测量在发电、输配电、用电及保护的各个环节都必不可少，其重要性不必赘言。而且大多数的电气测量仪表，特别是数字化测量系统，电子测量电路必然是其中的重要组成部分。作者在多年的电气与电子测量技术教学中，使用过数本关于电气测量方面的教材，发现在电子测量电路部分内容大多停留在"模拟电子电路"课程的水平上，未作进一步的拓展和深化；同时，有些章节内容过于教条，不够具体，学生的学习热情不高。于是，作者产生重新编写教材的想法。经过一年的努力，我和几位同事合作，一起完成了本书的初稿，以校内讲义的形式在上海交通大学电气工程及其自动化专业三年级本科生中试用 1 年，虽然讲义版教材中错误不少，但学生对本课程的学习热情有明显提高。这极大地鼓舞了我和我的同事。于是，我们对讲义做了大量的修订，形成本书。

本书在总体内容安排上，不能说有什么创新。如前两章介绍测量系统和误差理论，接下来介绍常用的传感器原理和调理电路，后续章节介绍数字化测量系统等，最后是抗干扰技术。但在具体章节的内容组织上，力求结合电气测量的实际，让设计目标更加具体，激发学生将已学知识充分发挥运用。如第 4 章中关于调理电路的设计，较全面地介绍了实际集成运算放大器产品的多样性和不同特性，让学生在模电课程中建立的理想集成运放回归到现实非理想的、多样性的集成运放。为了适应现代数字化电气测量系统的广泛应用，本书着重对几种模数转换器的原理做了详细的分析和介绍，从而让学生能在具体的应用中，能根据需要选择正确的模数转换器。

在第 8 章，重点对电气测量中常见的干扰源做了归纳总结，对干扰路径做了详细的讲解，并从最基本的原理——电磁感应原理出发，来阐述抗干扰的对策，通俗易懂，避免了过去很多教材教条式的罗列，学生普遍有所收获。

本书在编写过程中，上海交通大学电气工程系张彦教授、江秀臣教授对本书提出不少宝贵的意见；美国 Analogue Device 公司为相关电路设计提供了产品资料，在此一并表示感谢。

作者在高等学校从事电气及电子测量技术方面的教学工作近十年，期间也不断地从事相关的科研工作，对电气测量中涉及的难点（如干扰、共模）有深刻的理解和体会，也力求能在本书中得到体现。由于时间仓促，错误或不足之处恐难免，谨请读者及同行批评指正。

罗利文

2011 年 11 月

目 录

第1章 测量和测量系统基础 ··· 1
1.1 测量及测量方法 ··· 1
1.1.1 直接测量法 ··· 1
1.1.2 间接测量法 ··· 2
1.1.3 组合测量法 ··· 2
1.2 现代数字化测量系统的基本构成 ··· 3
1.3 测量系统的静态特性 ·· 5
1.3.1 零位 ··· 6
1.3.2 灵敏度 ·· 6
1.3.3 线性度 ·· 6
1.3.4 回程误差 ·· 7
1.3.5 分辨力与分辨率 ·· 7
1.3.6 量程、测量范围和动态范围 ·· 7
1.4 测量系统的动态特性 ·· 8
1.4.1 一阶系统 ·· 8
1.4.2 二阶系统 ·· 9
1.4.3 动态性能指标 ··· 11
习题 ··· 12

第2章 误差的基本理论 ·· 14
2.1 测量误差的基本概念 ··· 14
2.1.1 测量误差的几个名词术语 ·· 14
2.1.2 测量误差的主要来源 ··· 16
2.2 表达误差的几种形式 ··· 16
2.2.1 绝对误差 ·· 17
2.2.2 相对误差 ·· 17
2.2.3 最大允许误差和最大引用误差 ·· 17
2.3 误差的性质及分类 ··· 19
2.3.1 系统误差 ·· 19
2.3.2 随机误差 ·· 19
2.3.3 粗大误差 ·· 20
2.3.4 三类误差的关系及其对测得值的影响 ·· 20
2.4 有效数字 ··· 20
2.4.1 有效数字的定义 ·· 21

2.5 系统误差的校正

- 2.4.2 四舍五入与偶数法则 ... 21
- 2.4.3 数字的运算规则 ... 21
- 2.5 系统误差的校正 ... 22
  - 2.5.1 系统误差产生的原因 ... 22
  - 2.5.2 系统误差的减小和消除 ... 23
- 2.6 随机误差的统计学处理 ... 23
  - 2.6.1 随机误差的产生原因 ... 23
  - 2.6.2 随机误差的特性 ... 24
  - 2.6.3 随机误差的标准差和实验标准差 ... 24
  - 2.6.4 典型分布的置信度 ... 25
- 2.7 粗大误差的剔出 ... 29
  - 2.7.1 判别粗大误差的准则 ... 29
  - 2.7.2 防止与消除粗大误差的方法 ... 34
- 2.8 测量不确定度及其评定方法 ... 34
  - 2.8.1 测量不确定度 ... 34
  - 2.8.2 测量不确定度的评定方法 ... 35
  - 2.8.3 GUM法评定测量不确定度的一般步骤 ... 36
  - 2.8.4 输入量标准不确定度的评定 ... 37
  - 2.8.5 不确定度的合成 ... 38
  - 2.8.6 有效自由度的计算 ... 39
- 习题 ... 43

第3章 传感器 ... 45

- 3.1 传感器概述 ... 45
  - 3.1.1 传感器的定义 ... 45
  - 3.1.2 传感器的一般结构 ... 46
  - 3.1.3 变送器 ... 46
  - 3.1.4 传感器的分类 ... 46
- 3.2 金属温度传感器 ... 47
  - 3.2.1 工作原理 ... 47
  - 3.2.2 金属热电阻 ... 48
  - 3.2.3 热电阻技术参数 ... 49
  - 3.2.4 测量电路举例 ... 52
- 3.3 热电偶 ... 53
  - 3.3.1 热电效应 ... 53
  - 3.3.2 热电偶定理 ... 55
  - 3.3.3 热电偶技术参数 ... 56
  - 3.3.4 热电偶的冷端补偿 ... 57
  - 3.3.5 补偿导线 ... 60

3.3.6 热电偶测温仪表的接线 ………………………………………………………… 61
3.4 热敏电阻 ……………………………………………………………………………… 62
　　3.4.1 工作原理 …………………………………………………………………………… 62
　　3.4.2 热敏电阻的伏安特性 ……………………………………………………………… 63
　　3.4.3 热敏电阻的特点 …………………………………………………………………… 63
3.5 霍尔传感器 …………………………………………………………………………… 64
　　3.5.1 霍尔效应 …………………………………………………………………………… 64
　　3.5.2 霍尔效应传感器 …………………………………………………………………… 65
　　3.5.3 霍尔电流传感器 …………………………………………………………………… 68
3.6 磁敏式传感器 ………………………………………………………………………… 69
　　3.6.1 工作原理 …………………………………………………………………………… 69
　　3.6.2 磁阻元器件的主要特性 …………………………………………………………… 70
　　3.6.3 磁敏电阻的应用 …………………………………………………………………… 71
3.7 电场测量探头 ………………………………………………………………………… 71
　　3.7.1 悬浮体型探头 ……………………………………………………………………… 71
　　3.7.2 地参考场强仪 ……………………………………………………………………… 72
　　3.7.3 光电场强仪 ………………………………………………………………………… 73
3.8 电涡流传感器 ………………………………………………………………………… 73
　　3.8.1 工作原理 …………………………………………………………………………… 73
　　3.8.2 电涡流传感器的基本特性 ………………………………………………………… 75
　　3.8.3 电涡流传感器的调理电路 ………………………………………………………… 76
　　3.8.4 电涡流传感器的应用 ……………………………………………………………… 77
3.9 压电传感器 …………………………………………………………………………… 78
　　3.9.1 压电效应 …………………………………………………………………………… 78
　　3.9.2 压电传感器的等效电路 …………………………………………………………… 80
　　3.9.3 压电传感器的调理电路 …………………………………………………………… 81
　　3.9.4 压电传感器的应用举例 …………………………………………………………… 82
3.10 光电传感器 …………………………………………………………………………… 83
　　3.10.1 光电效应及其元器件 …………………………………………………………… 83
　　3.10.2 光电传感器的应用 ……………………………………………………………… 84
　　3.10.3 光电传感器测量转速 …………………………………………………………… 85
3.11 电容式传感器 ………………………………………………………………………… 86
　　3.11.1 工作原理及其分类 ……………………………………………………………… 87
　　3.11.2 调理电路举例 …………………………………………………………………… 89
　　3.11.3 电容传感器的应用 ……………………………………………………………… 92
3.12 电感式传感器 ………………………………………………………………………… 92
　　3.12.1 变间隙型自感传感器 …………………………………………………………… 93
　　3.12.2 变面积型自感传感器 …………………………………………………………… 94
　　3.12.3 螺管型电感传感器 ……………………………………………………………… 95

3.13　差动传感器与测量电桥 ………………………………………………………………… 95
　　　　3.13.1　差动测量系统 ………………………………………………………………… 95
　　　　3.13.2　差动传感器 …………………………………………………………………… 96
　　　　3.13.3　测量电桥 ……………………………………………………………………… 98
　　习题 ………………………………………………………………………………………… 104

第4章　测量系统中的调理电路 ………………………………………………………… 106

　　4.1　集成运算放大器 ………………………………………………………………………… 106
　　　　4.1.1　集成运算放大器概述 …………………………………………………………… 106
　　　　4.1.2　集成运算放大器的基本电路 …………………………………………………… 108
　　4.2　集成运放的结构特点与主要技术参数 ………………………………………………… 109
　　　　4.2.1　结构特点 ………………………………………………………………………… 109
　　　　4.2.2　集成运算放大器的主要技术参数 ……………………………………………… 110
　　4.3　仪表放大器 ……………………………………………………………………………… 114
　　　　4.3.1　仪表放大器的基本电路结构 …………………………………………………… 114
　　　　4.3.2　集成仪表放大器 ………………………………………………………………… 115
　　4.4　电气测量中的共模信号 ………………………………………………………………… 118
　　　　4.4.1　电气测量中常见的共模信号 …………………………………………………… 118
　　　　4.4.2　共模输入的危害 ………………………………………………………………… 119
　　4.5　集成差分放大器 ………………………………………………………………………… 121
　　4.6　隔离放大器 ……………………………………………………………………………… 122
　　4.7　集成乘法器的应用 ……………………………………………………………………… 123
　　　　4.7.1　集成乘法器的介绍 ……………………………………………………………… 123
　　　　4.7.2　集成乘法器能完成的运算 ……………………………………………………… 123
　　　　4.7.3　集成乘法器用于调制和解调 …………………………………………………… 124
　　习题 ………………………………………………………………………………………… 126

第5章　电气测量技术 ……………………………………………………………………… 127

　　5.1　高电压的测量 …………………………………………………………………………… 127
　　　　5.1.1　电磁式电压互感器 ……………………………………………………………… 127
　　　　5.1.2　电容式互感器 …………………………………………………………………… 134
　　　　5.1.3　光学电压传感器 ………………………………………………………………… 136
　　5.2　大电流的测量 …………………………………………………………………………… 137
　　　　5.2.1　电磁式电流互感器 ……………………………………………………………… 137
　　　　5.2.2　低功率电流互感器 ……………………………………………………………… 148
　　　　5.2.3　罗哥夫斯基电流互感器 ………………………………………………………… 149
　　　　5.2.4　光学电流传感器 ………………………………………………………………… 151
　　5.3　交流电的频率、周期、相位的测量 …………………………………………………… 152
　　　　5.3.1　频率和周期的测量 ……………………………………………………………… 152
　　　　5.3.2　相位的测量 ……………………………………………………………………… 155

5.4 交流电电压、电流、功率的测量···157
    5.4.1 电压、电流的测量···157
    5.4.2 功率的测量··159
5.5 电力设备绝缘参数的测量···162
    5.5.1 绝缘电阻和吸收比的测量···163
    5.5.2 介质损耗因数 $\tan\delta$ 的测量··166
5.6 接地电阻的测量···169
    5.6.1 测量接地阻抗的基本原理···169
    5.6.2 接地阻抗的测量试验···170
    5.6.3 接地阻抗测量注意事项···171
    5.6.4 电力设备接地引下线导通试验···171
5.7 局部放电的测试···172
    5.7.1 局部放电的机理分析···172
    5.7.2 局部放电的主要参数···173
    5.7.3 局部放电测量的基本回路及检测阻抗的选择···174
习题···175

第6章 数字化电气测量技术···177

6.1 数字化电气测量系统概述···177
    6.1.1 数字化电气测量系统中的测量信号分类···177
    6.1.2 数字化电气测量系统的结构···178
    6.1.3 电气测量中常用的微处理器片上外设简介···179
6.2 A/D 转换器···182
    6.2.1 名词术语··182
    6.2.2 A/D 转换原理··183
    6.2.3 常用 ADC 集成芯片及其与微处理器的接口设计···189
6.3 采样保持器 AD781 ···200
    6.3.1 动态性能··201
    6.3.2 AD781 与 AD674 的接口电路··201
6.4 并行数字 I/O 接口···202
    6.4.1 MCU 和 DSP 的并行数字 I/O 接口··202
    6.4.2 +5V 和+3.3V 数字 I/O 接口的互连··203
6.5 数字电表···204
    6.5.1 数字电表的基本功能···204
    6.5.2 数字化电能计量基础···204
    6.5.3 集成三相多功能数字电能计量芯片 ADE7878··205
6.6 数字化测量常用算法···208
    6.6.1 有效值的计算与数字积分···208
    6.6.2 谐波分析和 DFT 变换···210

6.6.3 噪声抑制与数字滤波 218
习题 227

第7章 虚拟仪器及其开发语言 229

7.1 虚拟仪器 229
    7.1.1 虚拟仪器的基本概念 229
    7.1.2 虚拟仪器的特点 229
    7.1.3 虚拟仪器的结构 231
7.2 虚拟仪器的开发语言——LabVIEW 232
    7.2.1 LabVIEW 的优势 232
    7.2.2 LabVIEW 的编辑界面 233
    7.2.3 LabVIEW 的应用实例 234
7.3 虚拟仪器的开发语言——LabWindows/CVI 238
    7.3.1 LabWindows/CVI 简介 238
    7.3.2 LabWindows/CVI 特点 238
习题 239

第8章 电气测量中的抗干扰技术 240

8.1 电气测量干扰的三要素 240
    8.1.1 干扰源 240
    8.1.2 干扰耦合途径 240
    8.1.3 受扰对象 241
8.2 电容耦合及其抗干扰对策 241
    8.2.1 电容耦合 241
    8.2.2 电容耦合的抗干扰措施 242
8.3 磁场耦合及其抗干扰对策 244
    8.3.1 磁场耦合或互感耦合 244
    8.3.2 防磁场（互感）耦合的措施 245
8.4 共阻抗耦合及其抗干扰对策 246
    8.4.1 冲击负载电流通过电源内阻抗影响测量仪器的供电质量 246
    8.4.2 测量仪器内部不同电路环节间通过直流稳压电源内阻抗的耦合 247
8.5 共模干扰及其抑制 248
    8.5.1 共模信号及其对测量系统的干扰 248
    8.5.2 共模干扰的抑制 250
8.6 测量系统输入级的接地与浮置 251
习题 252

参考文献 254

第 1 章　测量和测量系统基础

> 给我一个支点，我将撬起整个地球。
> ——阿基米德

本章首先给出了测量的定义，并对测量方法进行了分类；在此基础上，介绍现代电气测量系统的基本构成，重点阐述测量系统的静态特性及一阶、二阶测量系统的动态特性。

1.1　测量及测量方法

测量是人们认识客观事物，并用数量概念描述客观事物，进而达到逐步掌握事物的本质和揭示自然界规律的一种手段。牛津词典对于"测量"术语的解释为："通过使用一个经过标准单位标定的仪器或设备，或者通过与一个已知规模大小的物体相比较来确定测量对象的大小、数量或程度"（"ascertain the size, amount or degree of（something）by using an instrument or device marked in standard units or by comparing it with an object of known size", from the Latin mensurate‐to measure）。

上面关于测量的定义中隐含了测量必备的三要素：测量对象、测量仪器或设备及测量方法。具体的测量方法是由被测量的参数类型、量值的大小、所要求的测量准确度、测量速度的快慢、进行测量所需要的条件以及其他一系列因素决定的。每个物理量都可以用具有不同特点的多种方法进行测量。

测量方法的分类形式很多，根据测量方法的不同属性来分类可以有不同的测量方法。例如，根据被测量在测量期间是否随时间的变化而变化，可分为静态测量和动态测量；根据测量条件是否发生变化，可分为等精度重复测量和非等精度重复测量；根据测量器具的敏感元件是否与被测物体接触，可分为接触测量和非接触测量；根据测量对象是否处于工作状态，可以分为在线测量和离线测量，等等。下面主要介绍直接测量法、间接测量法以及在这两种方法的基础上形成的组合测量法，因为采用间接测量法所得到的测量结果的误差或不确定度需要经过误差合成或不确定合成，而直接测量法中则不需要这种误差或不确定度的合成。

1.1.1　直接测量法

用预先按标准量标定好的仪器对被测量进行测量或用标准量直接与被测量进行比较，从而从仪器的指示结构的读数直接获得被测量之值的测量方法，叫作直接测量。采用这种测量方法，可以使用量具进行测量，也可以用预先按已知标准量标定好的直读式测量仪器或比较式仪器对被测量进行测量。例如，用电流表测量电流、电桥测量电阻等。这种方式的特点是测出的数据就是被测量本身的量，测量过程简单快捷，应用非常广泛。

直接测量法又可细分为直接比较测量法、替代测量法、微差测量法、零位测量法和符合测量法等。

（1）直接比较测量法：将被测量直接与已知其值的同类量相比较的测量方法。例如，用刻度尺测量长度等。

（2）替代测量法：将选定的且已知其值的量替代被测的量，使得在指示装置上有相同的效果，从而确定被测量值。

（3）微差测量法：将被测量与它的量值只有微小差别的同类已知量相比较并测出这两个量值间的差值，从而确定被测量值。

（4）零位测量法：通过调整一个或几个与被测量有已知平衡关系的量，用平衡的方法确定出被测量的值。零位测量法最典型的例子就是用电桥测电阻。

（5）符合测量法：通过对某些标记或信号的观察来测定被测量与做比较用的同类已知量值间微小差值的一种微差测量法。例如，用游标卡尺测量物体的尺寸等。实现符合测量法的原理有游标原理、拍频原理、干涉原理和闪频原理等。

1.1.2 间接测量法

间接测量是通过对与被测量有函数关系的其他量的测量，并通过计算得到被测量值的测量方法。例如，用伏安法测电阻，通过测量电阻器两端的电压和通过电阻器的电流，根据欧姆定理，可以计算出被测电阻器的电阻值。

该方法需要测量的量较多，测量过程复杂费时，手续繁多，花费时间相对较长，引起的误差因素也较多；但如果对测量误差进行分析，并选择和确定具体的优化测量方法以及在比较理想的条件下进行测量，测量结果的准确度不一定低，有的甚至有较高的准确度。所以，一般情况下尽量采用直接测量，只有在下列情况下才选择间接测量：

（1）被测量不便于直接读出。

（2）直接测量的条件不具备，如直接测量该量的仪器不够准确或没有直接测量的仪器。

（3）间接测量的结果比直接测量更准确。

1.1.3 组合测量法

在测量过程中，当测量两个或两个以上相关的未知数时，需要改变测量条件进行多次测量，根据直接测量和间接测量的结果，解联立方程组求出被测量，称为组合测量。例如，测量电阻 R 的温度系数 α 和 β，根据电阻器在温度 t 时的电阻值与温度系数的关系式，可先测出不同温度下该电阻器的电阻值 R_{t1} 和 R_{t2}，再通过求解下述联立方程组求 α 和 β。

$$R_{t1} = R_{20}[1 + \alpha(t_1 - 20) + \beta(t_1 - 20)^2]$$
$$R_{t2} = R_{20}[1 + \alpha(t_2 - 20) + \beta(t_2 - 20)^2]$$

组合测量法实质上仍然是一种间接测量法。组合测量法有两个明显的优点：在准确度要求相同的情况下，组合测量需要进行的测量次数较少；系统误差出现的规律变为随机性质，因而可使测量结果的准确度有所提高。组合测量的手续繁多，较花费时间，但容易达到较高的精度，通常在实验室中使用。

测量方法的选择与仪器的选择同等重要,即使在同一种类的测量方法中,仍有很多具体的测量方法。因此,在实际测量时,要根据具体情况选择合适的测量方法。

1.2 现代数字化测量系统的基本构成

现代数字化测量系统可以分解成图 1-1 所示的传感器单元、信号调理单元、模数转换器单元、计算机单元、显示单元等,同时现代数字化测量系统也常常与控制保护系统一起构成测控系统。数字化测控系统的计算机需要输出控制信号给驱动单元和执行机构,如继电保护系统就是典型的测控保护系统,它基于对电网状态的测量和判断来控制各类继电器和断路器。

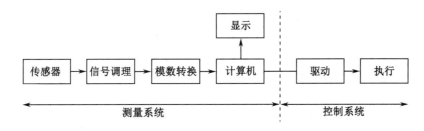

图 1-1 数字化测量控制系统的基本构成

传感器单元(sensor)产生可以连续表示被测对象的信号,并将信号转换成模拟信号。信号调理单元(conditioner)对传感器输出的电信号进行调节,使之适合 ADC 转换器的输入电压范围并由 ADC 转换成数字信号。计算机读取 ADC 的二进制转换结果并进行运算分析,最后得出测量结果,在各类显示器上显示测量结果。

现代电气测量系统是现代数字化测量系统在电气工程领域的应用实例,它主要测量电力系统中各种设备的状态信息。现代电气测量系统的基本结构从硬件平台结构来看可分为以下两种基本类型:

(1)以 MCU、DSP 为核心的嵌入式系统。其特点是易制作成小型、专用化的测量系统,其结构框图如图 1-2(a)所示。

图 1-2(a)中输入通道中待测量信号经过传感器及调理电路,输入 A/D 转换器。由 A/D 转换器将模拟量转换为数字信号,再送入 CPU 系统进行分析处理。此外,输入通道通常还会包含电平信号和开关量,它们经相应的接口电路(通常为电平转换、隔离等功能单元)送入 CPU。

输出通道包括 IEEE 488、RS-232、CAN 现场总线等通信接口,以及 D/A 转换器等。

CPU 外围一般还包括输入键盘和输出显示、打印机接口、人机交互设备等,较复杂的系统还需要扩展程序存储器和数据存储器。

目前,一些最新的设计已经将图 1-2(a)的系统除传感器外的其他部分集成到一片 SoC 中,如美国亚德诺半导体公司(ADI)推出的高性能(0.2 级,超低漂移,10000 倍的动态输入范围）三相电源计量及电能质量监测 AFE（Analogue Front End）芯片 ADE9000（图 1-2 (b)），内置了 7 路 PGA+ADC 及 DSP，用户只需通过该芯片的 SPI 串行口就可以读取三相电源的电压和电流的有效值、有功、无功、各次电流谐波、电压突变等数据，大大加快了产品的开发速度，降低了开发成本。

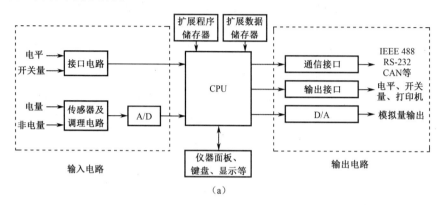

(a)

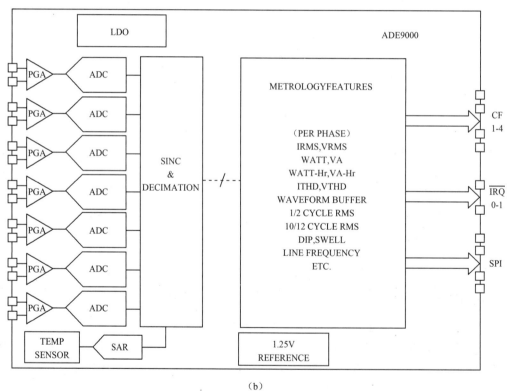

(b)

图 1-2 现代电气测量系统单机结构框图

（2）以 PC 为核心的应用扩展电气测量系统，其结构框图如图 1-3 所示。这种结构属于虚拟仪器的结构形式，它充分利用了计算机的硬件平台通用、扩展性好、便于联网的特点，结合特定功能的应用软件就可以实现不同的测量功能。目前，国际上已有众多的公司为虚拟仪器提供硬件和软件服务，如美国的 National Instrument 公司。

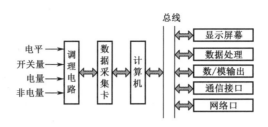

图 1-3 应用扩展型测量系统结构框图

1.3 测量系统的静态特性

测量系统的优劣与测量系统的特性密切相关。测量系统一般是指众多环节组成的对被测物理量进行检测、调理、变换、显示或记录的完整系统，但也可以是指测量系统中的某一单元（如传感器、调理电路、数据采集卡、测试仪表），甚至可以是更简单的环节，如放大器、电阻分压器、RC 滤波器等。所以，测量系统的特性可以是指一个包含众多环节单元的系统的特性，也可以是指系统中的某个单元的特性。

测量系统的基本要求是输出不失真，即输出量与输入量之间是理想的线性函数，这是理想测量系统的输入输出特性。实际测量系统的输入输出特性情况可能很复杂，需要考虑的影响因素众多，特别是涉及时变、非线性参量的系统，任何情形下理想线性的输入输出特性很难实现。所幸的是，大多数测量系统都属于或接近线性时不变系统，并且线性时不变系统的在时域中的输入输出特性可以用通式（1-1）中的常系数线性微分方程来描述。

$$a_n \frac{d^n y(t)}{dt^n} + a_{n-1} \frac{d^{n-1} y(t)}{dt^{n-1}} + \cdots + a_1 \frac{dy(t)}{dt} + a_0 y(t)$$
$$= b_n \frac{d^n x(t)}{dt^n} + b_{n-1} \frac{d^{n-1} x(t)}{dt^{n-1}} + \cdots + b_1 \frac{dx(t)}{dt} + b_0 x(t) \tag{1-1}$$

测量系统的静态特性是指在静态输入情况下测量系统所表现出的与理想线性时不变系统的接近程度。此时，测量系统的输入量 $x(t)$ 和输出量 $y(t)$ 都是不随时间变化的常量（或变化极慢，在所观察的时间间隔内可以忽略其变化而视为常量），因此测量系统输入和输出各微分项均为零，那么测量系统的输入输出特性就变为

$$y = \frac{b_0}{a_0} x = Sx \tag{1-2}$$

式（1-2）表明理想的测量系统的静态特性，其输出与输入之间呈单调、线性比例关系，即斜率 S 是常数，实质上，S 就是理想的灵敏度。

实际上，测量系统的静态特性有时很难完全符合式（1-2）。主要表现在灵敏度 S 在全量程范围并非常数，存在一定的非线性或在某些特定区域非线性比较突出；例如，Pt100 属于前者，其静态特性就需用线性多项式来拟合，但高次项的系数远小于一次项系数；而热敏电阻就属于后者，静态特性存在拐点。当然还存在如零点漂移、回程误差、数字化测量系统的分辨率不够高等问题，这些问题的严重程度如何，需要定义一些定量指标来表征实际的测量系统的静态特性。下面介绍几个测量系统常用的性能指标参数。

1.3.1 零位

理想的线性测量系统的零位应该为零或一个常数。但由于测量系统的信号调理电路属于半导体线性放大电路,当温度发生变化时,半导体的特性也会发生变化,导致零位也会变化,这就是零位漂移。零位漂移一般以温度每变化 1℃时零位变化的百分比来表示,如 $5\times10^{-4}\%/℃$。

事实上,调理电路中的集成运算放大电路或多或少地存在输出失调,输出失调电压与共模输入电压水平有关。输出失调电压发生变化就体现在零位的变化上,有时这种零位变化比温度漂移还要严重。

1.3.2 灵敏度

灵敏度表征的是测量系统对输入信号变化的一种反应能力。一般情况下,当系统的输入 x 有一个微小增量 Δx 时,将引起系统的输出 y 也发生相应的微量变化 Δy,则定义该系统的灵敏度为 $S=\dfrac{\Delta y}{\Delta x}$,对于静态测量,若系统的输入/输出特性为线性关系,则有

$$S=\frac{\Delta y}{\Delta x}=\frac{y}{x}=\frac{b_0}{a_0}=常数 \tag{1-3}$$

可见静态测量时,测量系统的静态灵敏度也就等于拟合直线的斜率。而对于非线性测量系统,则其灵敏度就是该系统特性曲线的斜率,用 $S=\lim\limits_{\Delta x \to 0}\dfrac{\Delta y}{\Delta x}=\dfrac{\mathrm{d}y}{\mathrm{d}x}$ 来表示系统的灵敏度。灵敏度的量纲取决于输入/输出的量纲。若测量系统的输入/输出同量纲时,则常用"放大倍数"一词代替"灵敏度"。

灵敏度数值越大,表示相同的输入该变量引起的输出变化量越大,则测量系统的灵敏度高。在选择测量系统的灵敏度时,要充分考虑其合理性。系统的灵敏度和系统的量程及固有频率等是相互制约的,一般而言,系统的灵敏度越高,则其测量范围往往越小,稳定性也往往越差。

1.3.3 线性度

线性度是指系统的输出/输入之间保持常值比例关系(线性关系)的一种度量。在静态测量中,通常用实验的方法获取系统的输入/输出关系曲线,并称为"标定曲线"。由标定曲线采用拟合方法得到的输入/输出之间的线性关系,称为"拟合直线"。线性度就是标定曲线偏离其拟合直线的程度,如图 1-4 所示。作为静态特征参数,线性度是采用在测量系统的标称输出范围(或全量程)A 内,标定曲线与该拟合直线的最大偏差 $B_{\max}$ 与 A 的比值,即

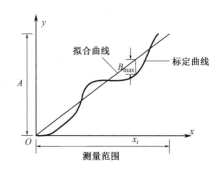

图 1-4 线性度

$$线性度 = \frac{B_{\max}}{A} \times 100\% \tag{1-4}$$

拟合直线如何确定,目前尚无统一标准,但常用的拟合原则是:拟合所得的直线,一般应通过坐标原点($x=0, y=0$),并要求该拟合直线与标定曲线间的最大偏差 $B_{\max}$ 为最小。根据上述原则,其拟合方法往往是采用最小二乘法来进行拟合,即令 $\sum_{i} B_i^2$ 为最小。有时在比较简单且要求不高的情况下,也可以采用平均法来进行拟合,即以偏差 $|B_i|$ 的平均值作为拟合直线与标定曲线接近程度。一般把通过拟合得到的该直线的斜率作为名义标定因子。

1.3.4 回程误差

回程误差也称滞差或滞后量,表征测量系统在全量程范围内,输入递增变化(由小变大)中的标定曲线和递减变化(由大变小)中的标定曲线二者静态特征不一致的程度。它是判别实际测量系统与理想系统特征差别的一项指标参数。如图 1-5 所示,理想的测量系统对于某一个输入量应当只有单值的输出,然而对于实际的测量系统,当输入信号由小变大,然后又由大变小时,对应同一个输入量有时会出现数值不同的输出量。在测量系统的全量程 A 范围内,不同输出量中差值最大者($h_{\max} = y_{2i} - y_{1i}$)与全量程 A 之比,定义为系统的回程误差,即

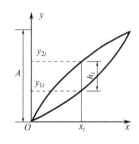

图 1-5 回程误差

$$回程误差 = \frac{h_{\max}}{A} \times 100\% \tag{1-5}$$

回程误差可以由摩擦、间隙、材料的受力形变或磁滞等因素引起,也可能反映着仪器的不工作区(又称死区)的存在,所谓不工作区就是输入变化对输出无影响的范围。

1.3.5 分辨力与分辨率

分辨力是测量系统可分辨被测量最微小变化能力的量化指标。分辨率则是分辨力相对于满量程输入的百分数。提高分辨力,可以降低读数误差。一般认为,测量系统的分辨力不应大于容许误差或六倍过程标准差的十分之一,也不应盲目提高系统的分辨力。

数字化测量系统的分辨力通常是由 ADC 的转换精度决定的,数值上就等于 1LSB 对应的输入量。模拟刻度标尺的分辨力一般就是其最小刻度所代表的数值的一半。

例如,一只量程为 20V 的 3 位半的数字电压表,其分辨力为 $20000\text{mV}/(2\times10^3-1) \approx 10\text{mV}$,分辨率则为 $1/(2\times10^3-1) \times 100\% \approx 0.05\%$。

1.3.6 量程、测量范围和动态范围

量程就是测量系统标称范围的上下限之差的模。例如,温度计的下限-30℃,上限 50℃,则其量程就是|50-(-30)|=80℃。

测量范围也称为工作范围。在测量范围之内，测量系统的误差处于规定极限内。例如，保护用电流互感器 5P20（5%代表极限复合误差，20 代表短路电流倍数），也就是 5%极限复合误差所对应的测量范围，超出 20 倍的短路电流其测量误差不保证在 5%以内。

动态范围是测量系统所能测量的最强信号与最弱信号之比，一般以分贝值（dB 数）来表示。例如，某频谱分析仪最弱输入信号是 1mV，最强输入信号是 10V，则其动态范围是 20lg10V/0.001V=80dB。

国标 JJF 1001—2011 中对测量装置共定义了 32 项特性参数，例如迟滞误差、稳定性、准确度及其定量指标、信噪比等，有些本书后文还会陆续介绍，这里就不再一一罗列。

1.4 测量系统的动态特性

测量系统动态特性是指输入量随时间快速变化时，系统的输出量随输入而变化的关系。在输入变化时，人们所观察到的输出量不仅受到研究对象动态特性的影响，也受到测量系统动态特性的影响。例如，人们都知道在测量人体体温时，必须将体温计放在口腔（或腋下）保持足够的时间，才能将体温计的读数作为人体的温度；反之，若将体温计一接触口腔（或腋下）就拿出来读数，其结果必然与人体实际问题有很大的差异，其原因是温度计这种测量系统本身的特性造成了输出滞后于输入，这说明测量结果的正确与否与人们是否了解测量装置的动态特性有很大的关系。

可见，必须对动态测量系统的动态特性有清楚的了解。否则，根据所得到的输出是无法正确地确定所要测定的输入量的。一般来说，当测量系统输入随时间变化的动态信号 $x(t)$ 时，其相应的输出 $y(t)$ 或多或少总是与 $x(t)$ 不一致，两者之间的差异即动态误差。研究测量系统的动态特性，有利于了解动态输出与输入之间的差异以及影响差异大小的因素，以便减少动态误差。

很多情况下，为了便于分析研究，实际的测量系统总是被处理为线性时不变系统，并用式（1-1）所示的常系数线性微分方程来描述系统与输出/输入的关系。为了研究和运算的方便，也常在复数域 s 中建立其相应的传递函数 $H(s)$，如式（1-6），或在频域中用频率特性的形式来分析描述测量系统的动态特性。

$$H(s) = \frac{Y(s)}{X(s)} = \frac{\int_0^\infty y(t)\mathrm{e}^{-st}\mathrm{d}t}{\int_0^\infty x(t)\mathrm{e}^{-st}\mathrm{d}t} \tag{1-6}$$

实际的测量系统可能是公式（1-1）所描述的一个阶次大于 2 的高阶系统，但任意一个多阶线性系统可近似为多个一阶、二阶系统的串并联组合，所以完整和准确地理解掌握一阶系统和二阶系统的动态特性有助于分析研究实际的测量系统。下面将分别介绍一阶和二阶系统的动态特性及其指标参数。

1.4.1 一阶系统

图 1-6 所示 RC 电路为典型一阶系统，输入电压 $x(t)$ 和输出电压 $y(t)$ 之间的关系如下：

$$RC\frac{dy}{dt}+y=kx \qquad (1\text{-}7)$$

式（1-7）变换为通式则有

$$\tau \dot{y}(t) + y(t) = kx(t) \qquad (1\text{-}8)$$

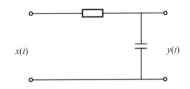

图 1-6　典型一阶系统

其中，τ 为时间常数，k 为静态灵敏度，上例中 $k=1$。

一阶系统的传递函数为

$$H(s)=\frac{Y(s)}{X(s)}=\frac{k}{\tau s+1} \qquad (1\text{-}9)$$

频率特性为

$$H(j\omega)=\frac{k}{j\omega\tau+1} \qquad (1\text{-}10)$$

频率幅频特性为 $A(\omega)=|H(j\omega)|=\dfrac{1}{\sqrt{1+(\omega\tau)^2}}$，相频特性为 $\phi(\omega)=-\arctan\omega\tau$，幅频和相频曲线如图 1-7 所示。

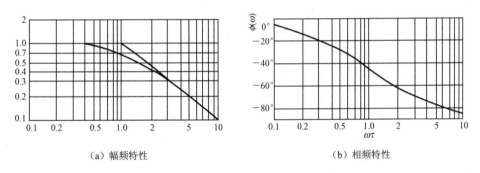

（a）幅频特性　　　　　　　　　　　（b）相频特性

图 1-7　一阶系统幅频和相频曲线

由图 1-7 可见一阶系统频率特性的特点：

（1）一阶系统是一个低通环节。当 $\omega\tau<0.4$ 时，幅频响应接近于 1，因此一阶系统只适用于被测量缓慢或低频的参数。

（2）当 $\omega=\dfrac{1}{\tau}$ 时，幅频特性降为原来的 0.707（即-3dB），相位角滞后 45°，时间常数 τ 决定了测量系统适应的工作频率范围。

（3）时间常数 τ 越小，频率响应特性越好。

1.4.2　二阶系统

图 1-8 所示的 RLC 电路是最常见二阶电路系统。根据图 1-8，可以推出下式：

$$LC\frac{d^2y(t)}{dt}+RC\frac{dy(t)}{dy}+y(t)=x(t)$$

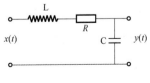

图 1-8　典型二阶系统

上式可以进一步表示成二阶系统的通式

$$\frac{\mathrm{d}^2 y(t)}{\mathrm{d}t^2} + 2\xi\omega_\mathrm{n} \frac{\mathrm{d}y(t)}{\mathrm{d}t} + \omega_\mathrm{n}^2 y(t) = k\omega_\mathrm{n}^2 x(t) \tag{1-11}$$

其中，ω_n 为固有频率，$\omega_\mathrm{n} = \dfrac{1}{\sqrt{LC}}$；$\xi$ 为阻尼比（damping ratio），$\xi = \dfrac{R}{2\omega_\mathrm{n} L}$；$k$ 为直流增益（图 1-8 中 $k=1$）。

在 s 域中，二阶系统的传递函数为

$$H(s) = \frac{Y(s)}{X(s)} = \frac{k}{\dfrac{s^2}{\omega_\mathrm{n}^2} + \dfrac{2\xi s}{\omega_\mathrm{n}} + 1} \tag{1-12}$$

对应频率函数为

$$H(\mathrm{j}\omega) = \frac{k}{\dfrac{(\mathrm{j}\omega)^2}{\omega_\mathrm{n}^2} + \dfrac{2\xi \mathrm{j}\omega}{\omega_\mathrm{n}} + 1} = \frac{k}{\left(1 - \dfrac{\omega^2}{\omega_\mathrm{n}^2}\right) + 2\mathrm{j}\xi \dfrac{\omega}{\omega_\mathrm{n}}} \tag{1-13}$$

频率函数的幅频特性为

$$K(\omega) = \frac{k}{\sqrt{\left[1 - \dfrac{\omega^2}{\omega_\mathrm{n}^2}\right]^2 + 4\xi^2 \left(\dfrac{\omega}{\omega_\mathrm{n}}\right)^2}} \tag{1-14}$$

频率函数的相频特性为

$$\phi(\omega) = -\arctan \frac{2\xi \dfrac{\omega}{\omega_\mathrm{n}}}{1 - \dfrac{\omega^2}{\omega_\mathrm{n}^2}} \tag{1-15}$$

对式（1-15）取对数，可得

$$20\lg\left[\left|H(\mathrm{j}\omega)\right|/k\right] = -20\lg \sqrt{\left[1 - \left(\dfrac{\omega}{\omega_\mathrm{n}}\right)^2\right]^2 + \left(2\xi \dfrac{\omega}{\omega_\mathrm{n}}\right)^2} \tag{1-16}$$

根据式（1-14）、式（1-16）可以得到二阶系统的幅频和相频曲线，如图 1-9 所示。

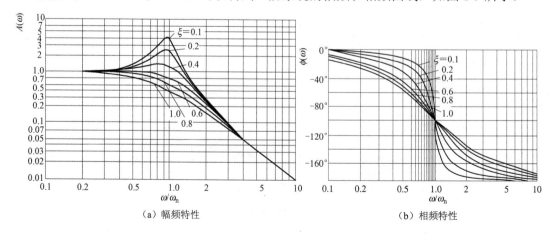

(a) 幅频特性　　　　　　　　　　　　　　(b) 相频特性

图 1-9　二阶系统的幅频和相频曲线

由图 1-9 可见，二阶系统频率特性的重要参数是 ξ 和 ω_n，其特点是：

（1）欠阻尼二阶系统是一个振荡环节，当输入信号的频率 ω 等于测量系统的固有频率 ω_n（$\omega=\omega_n$）时，出现共振，共振峰 $|A(\omega)|=k/2\xi$，所以当阻尼比 ξ 很小时，将产生很高的共振峰。

（2）当 $\omega<0.4\omega_n$ 时，二阶系统是一个低通环节，幅频特性曲线呈水平状态；随着 ω 的增大，$A(\omega)$ 先进入共振区，后进入衰减区，最终 $A(\omega)\to 0$；

（3）当 $\xi=0.7$ 左右时，$A(\omega)$ 几乎无共振，其水平段最长，其相频特性几乎是一斜直线。水平的幅频特性意味着测量系统对这段频率范围内任意频率的信号，包括 $\omega=0$ 的直流信号的放大倍数是相同的。相频特性几乎是一斜直线意味着各输出信号的滞后相角与其相应的频率成正比。

为了获得尽可能宽的工作频率范围并兼顾具有良好的相频特性，在实际测量装置中，一般取阻尼比 $\xi=0.65$ 左右，并称之为最佳阻尼比。

1.4.3 动态性能指标

动态性能指标按照其所在的分析域可以分为时域型和频域型。

1.4.3.1 时域动态性能指标

测量设备的时域动态性能指标一般用阶跃输入时测量设备的输出响应（过渡过程）曲线上的特征参数来表示。

阶跃输入时一阶系统的输出响应是非周期型的，如图 1-10 所示。其动态性能指标如下所述。

（1）时间常数 T：输出量上升到稳态值的 63.2%所需要的时间。

（2）响应时间 t_s：输出量达到稳态值的某一允许误差范围内，并保持在此范围内所需最小时间；由于允许误差范围不相同时，其响应时间不同，所以下标 s 表示不同的允许误差范围。例如允许误差为 5%，则表示为 $t_{0.05}$。一阶测量系统 t_s 与 T 的关系为：$t_{0.135}=2T$；$t_{0.05}=3T$；$t_{0.018}=4T$。可见时间常数越小，响应越快。

对于二阶系统，当传递函数中阻尼比（实际阻尼系数与临界阻尼系数之比）$\xi>1$ 时，在阶跃输入作用下，其输出相应也是非周期型的，所以按上述一阶测量系统的性能讨论即可；当 $\xi<1$ 时，其输出响应为衰减振荡曲线（见图 1-11），则除应讨论前述响应时间 t_s 等指标外，还需讨论峰值时间 t_p、超调量 M_p、上升时间 t_r、衰减比 S 及调整时间 t_a。

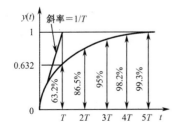 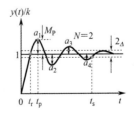

图 1-10　一阶测量系统阶跃输入时的响应　　图 1-11　二阶测量系统阶跃输入时的响应
　　　　　（非周期）　　　　　　　　　　　　　　　　　（衰减振荡型）

(1) 峰值时间 t_p（peak time）。峰值时间 t_p 是指输出响应曲线达到第一个峰值所需时间，$t_p = \dfrac{\pi}{\omega_d} = \dfrac{\pi}{\omega_n\sqrt{1-\xi^2}}$。

(2) 超调量 M_p（overshoot）。超调量 M_p 是指输出响应曲线的最大偏差与稳态值的百分比，$M_p = e^{-\pi\xi/\sqrt{1-\xi^2}} \times 100\%$。

(3) 上升时间 t_r（rise time）。上升时间 t_r 是指响应曲线第一次达到稳态输出所用时间，$t_r = \dfrac{\pi - \beta}{\omega_d} = \dfrac{\pi - \arccos\xi}{\omega_n\sqrt{1-\xi^2}}$（$\omega_d$ 代表阻尼振荡角频率；ω_n 代表固有角频率，即无阻尼自由振荡角频率）。

(4) 衰减比 δ（decay ratio）。衰减比 δ 表示过渡过程曲线时间相差一个周期 T 的两个峰值之比，即 $\delta = a_n / a_{n+2}$。

(5) 调整时间 t_a（adjust time）。由于实际响应曲线的收敛速度比包络线的收敛速度要快，因此可用包络线代替实际响应来估算调节时间。即认为响应曲线的包络线进入误差带时，调整过程结束，如图1-12所示。

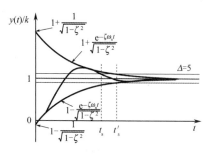

图1-12 二阶系统实际响应曲线

图 1-12 中，当 $t = t_s'$ 时，有 $\dfrac{e^{-\xi\omega_n t_s}}{\sqrt{1-\xi^2}} = \Delta$，所以 $t_s' = -\dfrac{\ln(\sqrt{1-\xi^2} \cdot \Delta)}{\xi\omega_n}$。当 ξ 较小时，近似取 $\sqrt{1-\xi^2} \approx 1$，且 $\ln(0.02) \approx -3.912 \approx -4$，$\ln(0.05) \approx -2.996 \approx -3$，所以可得

$$t_s = \begin{cases} 4/(\xi\omega_n), & \Delta = 0.02 \\ 3/(\xi\omega_n), & \Delta = 0.05 \end{cases}$$

1.4.3.2 频域动态性能指标

频域动态性能指标常以输入量为正弦信号时幅频特性（或对数幅频特性）和相频特性的参数来规定。常用的指标如下：

(1) 频带宽 ω_b：它是对数幅频特性曲线上幅值增益不低于-3dB 所对应的频率范围。

(2) 工作频带（$0 \sim \omega_g$）：它是与给定的测量系统幅值误差范围（如±1%、±2%）相对应的频率范围，称 ω_g 为截止频率。

(3) 跟随角 θ_b：当 $\omega = \omega_b$ 时，对应相频特性上的相角称为跟随角。

习　题

1-1　测量的定义是什么？测量结果表示包含哪些内容？

1-2　用框图来表示现代数字化测量系统的基本构成，并简述其每个环节的作用。

1-3　什么是测量系统的静态特性？请列出表征测量系统静态特性的主要指标。

1-4　影响测量系统零位的主要因素有哪些？

1-5　测量系统的分辨力是什么？数显仪表与模拟刻度仪表的分辨力是如何确定的？

1-6　什么是测量系统的动态特性？表征测量系统动态特性的主要指标有哪些？它们是如何定义的？

1-7　一阶系统的传递函数是什么？一阶系统的幅频特性和相频特性曲线的特征有哪些？

1-8　一阶系统的时间常数是如何定义的？

1-9　测量系统的动态误差是什么？

1-10　影响二阶系统动态特性的参数有哪些？对系统有何意义？

1-11　为什么二阶系统的阻尼系数常常选择在 0.7 附近？

1-12　用一时间常数为 2s 的温度计测量炉温时，当炉温为 200～400℃时，按正弦规律变化时，周期为 150s，温度计输出的变化范围是多少？

1-13　用一个一阶系统作 100Hz 正弦信号的测量，如要求限制振幅误差在 5%以内，那么时间常数应取为多少？若用该系统测量 50Hz 正弦信号，此时的振幅误差和相角差是多少？

1-14　设某型号传感器可视为二阶振荡系统处理，其固有频率为 800Hz，阻尼比为 0.14，使用该传感器为频率 400Hz 的正弦信号测试时，其振幅和相位各是多少？若将阻尼比改为 0.7，幅值和相位如何变化？

1-15　每种测量装置有其特定的测量对象，有些装置专门设计用于静态测量，不要求动态测量特性；而有些测量装置只适合测量动态信号，也有对静态和动态信号的测量都有要求。分析下列测量任务或测量装置属于哪种类型？

（1）用 $3\frac{1}{2}$ 数字电压表测量工频交流电压；

（2）用示波器测量冲击电压波形；

（3）用水银温度计测量温度；

（4）输电线路故障录波仪；

（5）测量用电磁式电流互感器+电流表测量组合测量线路电流；

（6）TPY 型保护用电磁式电流互感器+保护继电器。

第 2 章　误差的基本理论

> 失之毫厘，谬以千里。
> ——《礼记·经解》

本章围绕误差的分类、特点和处理方法来展开，主要阐述系统误差、随机误差的不同特征及其处理方法；介绍几种粗大误差的判断准则；在引入不确定度的概念的基础上，介绍测量不确定度评定的 GUM 方法。

2.1　测量误差的基本概念

在实际测量中，由于测量设备不准确、测量手段不完善、测量程序不规范、环境影响、测量操作不熟练、工作疏忽及科学水平的限制等因素，都会导致测量结果与被测量真值不同，即误差总是存在的，这一点已被国际科学界公认，这就是误差公理。按照《通用计量术语及定义技术规范》（JJF 1001—2011）中的定义，测量误差被定义为测得的量值减去参考量值。参考量值理论上要取真值，但根据误差公理，真值是不可得的；实际测量实践中，参考量值可以是约定真值甚至平均值。

不同性质的测量，允许测量误差的大小是不同的，但随着科技的发展，对减小测量误差的要求越来越高。在某些情况下，误差超过一定限度的测量结果不仅没有意义，而且还会给工作造成影响甚至危害。例如，射程为几千千米的洲际导弹，若航向误差为 0.03°，会使导弹偏离目标数千米。

控制测量误差的大小是衡量测量技术水平的重要标志，也是衡量科技水平的重要标志。要解决一项测量任务，必须分析被测对象的特性，选择适当的仪器和设备，采用一定的测量方法，组成合理的测量系统，然后对测量结果进行数据处理和恰当的评价。所有这些都离不开误差理论的指导。研究误差理论的目的，就是要研究误差产生的原因，认识误差的规律、性质，改进测量条件和方法，尽量减少误差，以求获得尽可能接近真值的测量结果，确保科学研究与生产实践的质量。

在科学实验和工程实践中，任何测量结果都含有误差。测量中存在误差是绝对的，而测量误差的大小则是相对的。由于测量误差存在的必然性和普遍性，因此，人们只能根据需要和可能，将它控制到尽量低的程度，但不能完全消除它。

2.1.1　测量误差的几个名词术语

（1）等精度重复测量：测量人员、测量仪器、测量方法及影响测量结果的各种工作条件（如温度、电磁波、电源电压、振动等）的改变都可能给测量结果带来误差，当上述可能影响测量结果的各种因素都保持不变时所进行的重复测量，称为等精度重复测量。等精度测量的结果比非等精度测量的结果具有更高的可信度，是实验科学应该采用的重复测量方式。

（2）真值：真值是被测量的真实值。但测量总有误差，真值也就不可测。实际的计算和测量工作会用下列值来替代真值。

① 理论真值：有些被测量的真值可以从理论上证明且定量地描述，如三角形的三个内角之和为180°，匀速直线运动的加速度为0，真空中的气体密度为0等。

② 约定真值：采用认为约定具有科学性的真值。约定真值应该是真值的最佳估计，其不确定度可忽略不计。约定真值可由以下三种方式获得。

◆ 指定方式：由国际计量局和国际计量委员会等国际标准化组织定义、推荐和指定的量值，如表 2-1 中的 7 个 SI 基本单位的指定单位基准。

表 2-1 SI 基本单位

物理量	长度	质量	时间	电流	温度	发光强度	物质的量
单位	米	千克	秒	安培	开尔文	坎德拉	摩尔
符号	m	kg	s	A	K	cd	mol

◆ 约定方式：在量值传递或计量检定中，通常约定某等级计量标准器具的不确定度与高一等级计量标准器具的不确定度之比的大于 2 或 3，则高一等级计量器具的量值为约定真值。

◆ 最佳估计方式：将被测量在等精度重复条件下的多次测量结果的平均值作为最佳估计值并作为约定真值。

③ 相对真值：在等精度条件下有限次测量列的最佳估计值（常常取算术平均值）或高一级精度等级的测量仪器所测得的值。

（3）标称值：标称值是计量或测量器具上标注的量值。如标准砝码上标注的数值，或标准电池标注的数值。由于制造上的不完备、测量不准确度及环境条件的变化，标称值并不一定等于它的实际值，因此，在给出量具标称值的同时，通常应给出它的误差范围和准确度等级。

（4）示值：示值是由测量仪器给出或提供的被测量量值，也称测量值，它包括数值和单位。一般来说，示值与测量仪器读数有区别，读数是仪器刻度盘上直接读到的数字。例如，以 100 分度表示 50mA 的电流表，当指针指在刻度盘上的 20 处时，读数是 20，而值是 10mA。

（5）准确度：准确度（accuracy）是指测量结果与真值符合一致的程度，表征系统误差和随机误差的综合大小。准确度涉及真值，由于真值的"不可知性"，因而它只是一个定性概念，而不能用于定量表达，定量表达应该用"测量不确定度"。过去经常用的两个术语"测量精度"和"测量正确度"在《国际通用计量学基本术语》中未被列出，故以后最好不用。

（6）重复性：重复性是指在相同条件下，对同一被测量进行多次连续测量所得结果之间的一致性。实验科学研究活动是客观的，所有的新发现都要求具有重复性，测量也不例外。所谓相同条件就是重复条件，是指相同的测量程序、相同的测量条件、相同的测量人员、相同的测量仪器、相同的地点。实际上严格意义上的重复条件很难实现，例如，一个新的实验测量结果需要世界各地的科学家在尽可能接近的条件下去重复再现才能证明其正确性，这里测量人员就会不同，不同的地理位置，其海拔高度、气候条件也会有所不同，这些是很难重复的。即便如此，在条件允许的情况下，应尽可能去重复相同的测量条件。

2.1.2 测量误差的主要来源

测量误差的来源是多方面的，概括起来主要有以下几个方面。

（1）仪器误差。设计、制造或质量和准确度等级上的局限性带来的仪器自身本质性的问题。

① 标准器误差。虽然标准器是提供标准量值的测量器具，但它们本身的标称值也有误差，例如，现作为基准器用的 1Ω 标准电阻器仍有 $\pm 0.5\mu\Omega$ 范围的基本误差。

② 仪器仪表误差。仪器本身及其附件所引入的误差称为仪器仪表误差。常用电子测量指示仪器、仪表的示值都有一定的误差。例如，仪器本身的电气或机械性能不完善、零点偏移、刻度不准确、非线性，仪器内部的标准量（如标准电池、标准电阻器等性能不稳定等，以及示波器的探极线等），都会有误差，均属于仪器误差。

③ 装备、附件误差。为测量创造必要条件或使测量方便地进行而使用的装备、附件所引起的误差。例如，电源波形失真，三相电源的不对称，连接导线、转换开关、活动触点的使用等，都会引起误差。

④ 安置误差。测试设备和电路的安装、布置或调整不完善，达不到理想条件而产生的误差。

（2）方法误差和理论误差。由测量方法不完善、所依据的理论不严密等引起的误差，称为方法误差。理论误差是用近似的公式或近似值计算测量结果而引起的误差。例如，经验公式及公式中各系数确定的近似性，需要瞬时取样测量而实际取样间隔不为 0，测量结果中未计及的一些测量过程中实际起作用的因素（如绝缘漏电）等所引起的误差。例如，用普通万用表测量高内阻回路的电压，由万用表的输入电阻较低而引起的误差，要减小该项误差，必须选择合适的测量方法。

（3）人为误差。由于观测者分辨能力差、视觉疲劳、缺乏责任心和固有习惯等因素所引起的误差，称为人为误差。例如，生理上的最小分辨力，对准刻度读数时习惯地偏向某一方向等所造成的误差，如读错刻度、计算错误等。提高操作技巧和改进测量方法，加强责任心，有可能削弱甚至消除人为误差。

（4）环境误差。环境误差是在测量时的环境因素与要求的标准条件不一致而引起的误差，如温度、湿度、气压、电源电压、频率、振动等所引起的误差。

在测量工作中，对于误差的来源必须认真分析，采取相应措施，以减小误差对测量结果的影响。

2.2 表达误差的几种形式

测量误差大体可表示为三种形式。

2.2.1 绝对误差

绝对误差 D 是被测量的测量值 x 与真值 X 之差，可以表示为

$$D = x - X \tag{2-1}$$

式中　　x ——测量集合中某测量值；

$\quad\quad X$ ——真值，常用估计值来代替，例如多次测量的平均值就是最常用的真值的估计值。

2.2.2 相对误差

绝对误差的表示方法一般不便于描述测量结果的准确程度，因此提出了相对误差的概念。例如，测量两个电压的结果：一个是 200V，绝对误差为 2V；另一个是 10V，绝对误差为 0.5V。仅从绝对误差来看，无法比较这两个测量结果的准确程度。前者绝对误差大，占给出值的 1%；后者绝对误差小，占给出值的 5%，因此提出了相对误差的概念。相对误差的形式很多，常用的有以下两种：

（1）真值相对误差。真值相对误差为绝对误差 D 与真值 X 的比值，也称为实际值相对误差，通常用百分数来表示。

$$\gamma_0 = \frac{D}{X} \times 100\% \tag{2-2}$$

（2）示值相对误差。示值相对误差是绝对误差 D 与给出值 A 的比值，即

$$\gamma_A = \frac{D}{A} \times 100\% \tag{2-3}$$

因为给出值也有误差，所以这种表示方法不是很严格，而是在误差较小时的一种近似计算，不适用于误差较大时的情况。

2.2.3 最大允许误差和最大引用误差

所有测量仪表或装置都存在误差，如何来表征仪表的极限误差呢？测量仪表的最大允许误差用绝对误差的形式来表示，而准确度等级则用最大引用误差的形式来表示仪表的最大误差极限。最大允许误差或最大引用误差不能理解为某台仪器实际测量中的"误差"，也不是用该仪器测量某个被测量时所得到测量结果的不确定度，但与不确定度有关。

2.2.3.1 最大允许误差 $\pm\Delta$

测量仪器制造厂在制造某种仪器时，按有关技术规范预先设计规定了允许误差的极限值，当最终检验时凡不超出此范围的仪器均为合格品可以出厂，并已绝对误差 $\pm\Delta$ 的形式写进测量仪器的说明书中，在《国际通用计量学基本术语》中被命名为最大允许误差（极限）。

2.2.3.2 最大引用误差和准确度等级

引用误差是为了评价测量仪器准确度等级而引入的，这是因为绝对误差和相对误差均不能客观、正确地反映测量仪器的准确度。引用误差定义为绝对误差与测量仪器量程之比，用

百分数表示，即

$$\gamma_n = \frac{D}{A_m} \times 100\% \tag{2-4}$$

式中　γ_n——引用误差；

A_m——测量仪器的量程。

在仪器的量程范围内，各示值的绝对误差会有差别。确定仪器准确度时，取该仪器量程内出现的最大绝对误差 D_{max} 与仪器量程 A_m 的比值，称为最大引用误差 $\gamma_{n,max}$，即

$$\gamma_{n,max} = \frac{D_{max}}{A_m} \times 100\% \tag{2-5}$$

根据《电气测量指示仪表通用技术条件》（GB/T 776—76）的规定，电测量仪表的准确度 α 分为 0.1、0.2、0.5、1.0、1.5、2.5、5.0 等 7 级。它们的基本误差以最大引用误差计，分别不超过±0.1%、±0.2%、±0.5%、±1.0%、±1.5%、±2.5%、±5.0%。

【例 2-1】　某电压表 α=1.5，试计算出它在 0～100V 量程中的最大绝对误差。

解：在 0～100V 量程内上限值 A_m=100V，由式（2-5）得到：

$$D_{max} = \alpha A_m = \pm 1.5\% \times 100V = \pm 1.5V$$

【例 2-2】　最大量程为 30A、准确度为 1.5 级的安培表，在规定工作条件下测量某电流为 10A，求测量时可能出现的最大相对误差。

解：

$$\gamma = \frac{\pm 1.5\% \times 30}{10} \times 100\% = \pm 4.5\%$$

【例 2-3】　某 1.0 级电压表，量程为 300V，当测量值分别为 U_1=300V、U_2=200V、U_3=100V 时，试计算测量值的（最大）绝对误差和示值相对误差。

解：根据式（2-5）可得绝对误差：

$$D_1 = D_2 = D_3 = \pm 300V \times 1.0\% = \pm 3V$$
$$\gamma_{U_1} = (D_1/U_1) \times 100\% = (\pm 3V/300V) \times 100\% = \pm 1.0\%$$
$$\gamma_{U_2} = (D_2/U_2) \times 100\% = (\pm 3V/200V) \times 100\% = \pm 1.5\%$$
$$\gamma_{U_3} = (D_3/U_3) \times 100\% = (\pm 3V/100V) \times 100\% = \pm 3.0\%$$

由例 2-3 不难看出：测量仪器产生的示值测量误差不仅与所选仪器准确度等级有关，而且与所选仪器的量程有关。同一量程内，测得值越小，示值相对误差越大。应当注意，测量中所用仪器的准确度并不是测量结果的准确度，只有在示值与满度值相同时，两者才相等，否则测得值的准确度数值将低于仪器的准确度等级。因此，在选择仪器量程时，测量值应可能接近仪器满度值，一般不小于 2/3。这样，测量结果的相对误差将不会超过仪器准确度等级指数百分数的 1.5 倍。

在实际测量时，一般应先在大量程下，测得被测量的大致数值，而后选择合适的量程，以尽可能减小相对误差。

【例 2-4】　测量一个约 80V 的电压，现有 2 块电压表：一块量程 300V、0.5 级；另外一块量程 100V、1.0 级。试问选用哪块表为好？

解：若选用 300V，0.5 级表，其示值相对误差为：

$$\gamma = \frac{0.5\% \times 300\text{V}}{80\text{V}} \times 100\% \approx 1.88\%$$

若选用 100V、1.0 级表，其示值相对误差为

$$\gamma = \frac{1.0\% \times 100\text{V}}{80\text{V}} \times 100\% \approx 1.25\%$$

可见由于仪器量程的原因，选用 1.0 级表测量的准确度可能比选用 0.5 级表为高，故选用 100V、1.0 级为好。

2.3 误差的性质及分类

根据测量误差的性质，测量误差可分为系统误差、随机误差和粗大误差三类。

2.3.1 系统误差

系统误差是指在相同条件下，多次测量同一量值时，该误差的绝对值和符号保持不变，或者在条件改变时，按某一确定规律变化的误差。

由于系统误差具有一定的规律性，因此可以根据其产生原因，采取一定的技术措施，设法消除或减小；也可以在相同条件下对已知约定真值的标准器具进行多次重复测量的办法，或者通过多次变化条件下的重复测量的办法，设法找出其系统误差的规律后，对测量结果进行修正。

按照对系统误差的掌握程度，系统误差可进一步划分为：

（1）已定系统误差。误差绝对值和符号已经明确的系统误差。

（2）未定系统误差。误差绝对值和符号未能确定的系统误差，但通常可估计出误差范围。

按误差出现规律，系统误差可分为：

（1）不变系统误差。误差绝对值和符号固定不变的系统误差。

（2）变化系统误差。误差绝对值和符号变化的系统误差。按照变化规律的不同，变化系统误差还可分为线性系统误差、周期性系统误差和复杂规律系统误差。

2.3.2 随机误差

随机误差是指测得值与在重复性条件下对同一被测量进行无限多次测量结果的平均值之差，又称为偶然误差。其主要特征是：在相同测量条件下，多次测量同一量值时，绝对值和符号以不可预定方式变化的误差。随机误差产生原因是：实验条件的偶然性微小变化，如温度波动、噪声干扰、电磁场微变、电源电压的随机起伏、地面振动等。随机误差的大小、方向均随机不定，不可预见，不可修正。虽然一次测量的随机误差没有规律，不可预定，也不能用实验的方法加以消除。但是，经过大量的重复测量可以发现，它是遵循某种统计规律的。因此，可以用概率统计的方法处理含有随机误差的数据，对随机误差的总体大小及分布做出估计，并采取适当措施减小随机误差对测量结果的影响。

2.3.3 粗大误差

粗大误差是指明显超出统计规律预期值的误差，又称为疏忽误差、过失误差，或简称粗差。这主要由某些偶尔突发性的异常因素或疏忽所致。

（1）测量方法不当或错误，测量操作疏忽和失误（如未按规程操作、读错读数或单位、记录或计算错误等）。

（2）测量条件的突然变化（如电源电压突然增高或降低、雷电干扰、机械冲击和振动等）。

国内外学者在粗差的认识上还没有完全统一的看法，目前的观点主要有几类：第一类是将粗差看作与随机误差具有相同的方差，但期望值不同；第二类是将粗差看作与随机误差具有相同的期望值，但其方差十分巨大；第三类是认为随机误差与粗差具有相同的统计性质，但有正态与病态的不同。以上的理论均是建立在把随机误差和粗差均为属于连续型随机变量的范畴。还有一些学者认为粗差属于离散型随机变量。

当观测值中剔除了粗差，排除了系统误差的影响，或者与随机误差相比系统误差处于次要地位后，占主导地位的随机误差就成了我们研究的主要对象。从单个随机误差来看，其出现的符号和大小没有一定的规律性，但对大量的随机误差进行统计分析，就能发现其规律性，误差个数越多，规律性越明显。

2.3.4 三类误差的关系及其对测得值的影响

测量结果都包含估计值（一般是平均值或均方根值）和不确定度。

由于粗差很大，明显歪曲了测量结果，故应按照一定的准则进行判别，将含有粗大误差的测量数据（称为坏值或异常值）予以剔除，所以粗差对测量结果没有影响。

随机误差在测量结果中一般是用统计学的标准差来代表标准不确定度。

已定系统误差可进行修正；未定系统误差不可修正，未定系统误差需用不确定度来定量描述。有关不确定度的评定参见有关章节。

系统误差和随机误差的定义是科学严谨的，是不能混淆的。但在测量实践中，由于误差划分的主观性和具体条件的不同，使得它们并不是一成不变的，在一定条件下可以相互转化。也就是说，一个具体误差究竟属于哪一类，应根据所考察的实际问题和具体条件，经分析和实验后确定。如一块电表，它的刻度误差在制造时可能是随机的，但用此电表来校准一批其他电表时，该电表的刻度误差就会造成被校准的这一批电表的系统误差。又如，由于电表刻度不准，用它来测量某电源的电压时必然会带来系统误差，但如果采用很多块电表测量此电压，由于每一块电表的刻度误差有大有小、有正有负，就使得这些测量误差具有随机性。

2.4 有效数字

通过测量取得的数据通常需要进行整理、分析、计算才能得到测量结果。为了合理表达测量结果，必须正确地运用数字表达量值及合理处理运算中的数字。

2.4.1 有效数字的定义

含有误差的任何数,如果其绝对误差界是最末尾数的半个单位,那么从这个近似数左边起的第一个非零的数字,称为第一位有效数字。从第一位有效数字起到最末一位数字止的所有数字,不管是零或非零的数字,都称为有效数字。

测量结果保留位数的原则 1:
最末一位数字是不可靠的,而倒数第二位数字是可靠的。

测量结果保留位数的原则 2:
在进行重要的测量时,测量结果和测量误差可比上述原则再多取一位数字作为参考。

2.4.2 四舍五入与偶数法则

计算和测量过程中,对很多位的近似数进行取舍时,应按照"偶数法则"进行凑整:
(1) 若舍去部分的数值,大于保留部分末位的半个单位,则末位数加 1。
(2) 若舍去部分的数值,小于保留部分末位的半个单位,则末位数不变。
(3) 若舍去部分的数值,等于保留部分末位的半个单位,则末位凑成偶数,即当末位为偶数时则末位不变,当末位是奇数时则末位加 1。

【例 2-5】 将下列 7 个数据修约为 4 位有效数字:5.14269,6.378501,2.71729,7.691499,4.510500,3.21550,8.3435。

解:5.14269→5.143,6.378501→6.379,2.71729→2.717,7.691499→7.691,4.510500→4.510,3.21550→3.216,8.3435→8.344。

2.4.3 数字的运算规则

(1) 在近似数运算时,为了保证最后结果有尽可能高的精度,所有参与运算的数字,在有效数字后可多保留一位数字作为参考数字(或称为安全数字)。
(2) 在近似数做加减运算时,各运算数据以小数位数最少的数据位数为准,其余各数据可多取一位小数,但最后结果应与小数位数最少的数据小数位相同。
(3) 在近似数乘除运算时,各运算数据以有效位数最少的数据位数为准,其余各数据可多取一位有效数,但最后结果应与有效位数最少的数据位数相同。
(4) 在近似数平方或开方运算时,近似数的选取与乘除运算相同。
(5) 在对数运算时,n 位有效数字的数据应该用 n 位对数表,或用 (n+1) 位对数表,以免损失精度。
(6) 三角函数运算时,所取函数值的位数应随角度误差的减小而增多,其对应关系如下:

角度误差	10″	1″	0.1″	0.01″
函数值位数	5	6	7	8

【例 2-6】 13.65+0.00823+1.633=?

解：（1）13.65 小数点后位数最少 2 位，取作基准数，并按基准数修约其余两数：
$$0.00823 \rightarrow 0.008, \quad 1.633 \rightarrow 1.633$$
（2）计算：13.65+0.008+1.633=15.291
（3）按基准数小数点后位数修约计算结果：15.291→15.29

【例 2-7】 15.436-10.2=？

解：（1）修约：15.436→15.44，10.2→10.2
（2）计算：15.44-10.2=5.22
（3）修约计算结果：5.22→5.2

【例 2-8】 0.0121×25.64×1.05782=？

解：（1）基准数 0.0121 为 3 位有效数，修约其他两数：
$$25.64 \rightarrow 25.64, \quad 1.05782 \rightarrow 1.058$$
（2）计算：0.0121×25.64×1.058=0.3282
（3）修约计算结果：0.3282→0.328

2.5 系统误差的校正

系统误差是指在确定的测量条件下，某种测量方法和装置，在测量之前就已存在误差，并始终以必然性规律影响测量结果的正确度，如果这种影响显著的话，就会影响测量结果的准确度。

实际上测量过程中往往存在系统误差，在某些情况下的系统误差数值还比较大。因此，测量结果的精度，不仅取决于随机误差，还取决于系统误差的影响。由于系统误差和随机误差同时存在测量数据之中，而且不易被发现，多次重复测量又不能减小它对测量结果的影响，这种潜伏使得系统误差比随机误差具有更大的危险性，因此研究系统误差的特征与规律性，用一定的方法发现和减小或消除系统误差，就显得十分重要。

2.5.1 系统误差产生的原因

系统误差是由固定不变的或按确定规律变化的因素造成的，在条件充分的情况下这些因素是可以掌握的。系统误差主要来源于：

（1）测量装置方面的因素。仪器、仪表误差是由使用的仪器或量具在结构上不完善，或没有按照操作规定使用而引起的误差。例如，电工仪表、电桥、电位计等的误差；标准器误差，如标准电池、标准电阻等，它们本身的标称值含有的误差；安置误差，由于仪器或被测物的安置不当引起的误差，例如，测量仪器没有按规定水平放置引起的误差等；装备、附件误差，主要指电源的波形、三相电源的不对称度，各种测量附件、转换开关、触点、接线引起的误差以及测量设备和电路的安装、布置或调整不完善等产生的误差。

（2）测量方法的因素。测量方法本身的理论根据不完善或采用了近似公式引起的误差，也被称为方法误差。例如，电阻与温度的关系，测量中不考虑温度因素会引起系统误差，那么消除它的方法就是进行温度修正或者补偿。

(3) 测量人员的因素。测量人员误差是由测量人员的生理或心理上的特点和固有习惯所造成的。例如，测量人员对刻度尺进行估读时，习惯地偏向某一方向（始终偏大或偏小）记录信息或计时的滞后等所造成的误差。

(4) 环境方面的因素。环境误差是在测量时的环境影响量（如温度、湿度、气压、电磁场等）偏离规定值时而引起的误差。

2.5.2 系统误差的减小和消除

2.5.2.1 消误差源法

用排除误差源的方法消除系统误差是最理想的方法。它要求测量人员仔细分析测量过程中可能产生系统误差的各个环节，并在正式测试前就将误差从产生根源上加以消除或减弱到可忽略的程度。由于具体条件不同，在分析查找误差源时，没有一成不变的方法，但应考虑以下几个方面：

(1) 所用基准件、标准件（如法码、基准电压源及刻度尺等）是否准确可靠；
(2) 所用量具仪器是否处于正常工作状态，是否经过检定，有无有效周期的检定证书；
(3) 仪器的调整、测件的安装定位和支承装卡是否正确合理；
(4) 所采用的测量方法和计算方法是否正确，有无理论误差；
(5) 测量的环境条件是否符合规定要求，如温度、振动、尘污、气流等；
(6) 注意避免测量人员带入主观误差，如视差、视力疲劳、注意力不集中等。

2.5.2.2 加修正值法

这种方法是预先将测量器具的系统误差检定出来或计算出来，取与误差大小相同而符号相反的值作为修正值，将测得值加上相应的修正值，即可得到不包含该系统误差的测量结果。如量块的实际尺寸不等于公称尺寸，若按公称尺寸使用，就要产生系统误差。因此应按经过检定的实际尺寸（将量块的公称尺寸加上修正量）使用，就可避免此项系统误差的产生。

2.5.2.3 改进测量方法

在测量过程中，根据具体的测量条件和系统误差的性质，采取一定的技术措施，选择适当的测量方法，使测得值中的系统误差在测量过程中相互抵消而不带入测量结果之中，从而实现减弱或消除系统误差的目的。

2.6 随机误差的统计学处理

2.6.1 随机误差的产生原因

对同一测量值进行多次等精度的重复测量，可得到一系列不同的测量值，常称为测量列 $\{x_i\}$。测量列 $\{x_i\}$ 中的测量值具有一定的随机分散性，随机误差就是这种分散性的量化数值。从数学角度看，随机误差本质上就是随机变量，其分布也常常符合某种统计学规律。

随机误差是由很多暂时未能掌握或不便掌握的微小因素形成的，主要有以下几个方面。
（1）测量装置方面的因素：不稳定性、信号处理电路的随机噪声等。
（2）环境方面的因素：温度、湿度、气压的变化，光照强度、电磁场变化等。
（3）人为方面的因素：瞄准、读数不稳定，人为操作不当等。
（4）其他未知因素。

2.6.2 随机误差的特性

通过大量实验统计结果证明了随机误差具有如下特性：
（1）有限性，在一定的观测条件下，随机误差的绝对值不会超过一定的限度。
（2）居中性，绝对值小的误差比绝对值大的误差出现的可能性大。
（3）对称性，绝对值相等的正误差与负误差出现的机会相等。
（4）抵消性，当观测次数无限增多时，随机误差的算术平均值趋近于零，即

$$\lim_{n\to\infty}\frac{\sum_{i=0}^{n}\Delta_i}{n}=0$$

上述第四个特性说明，随机误差具有抵偿性，它是由第三个特性导出的。

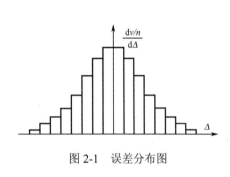

图 2-1 误差分布图

图 2-1 表示的是一种常见的对称分布的随机误差的概率密度分布柱状图。图中横坐标表示误差的大小，纵坐标表示各区间误差出现的频率除以区间的间隔值。当误差个数足够多时，如果将误差的区间间隔无限缩小，则图中各长方形顶边所形成的折线将变成一条光滑的曲线，称为误差分布曲线。最常见的呈对称分布的随机误差概率密度曲线是正态分布曲线，其次，还有 t 分布、均匀分布等对称分布，当然也有不对称分布的，如指数分布、泊松分布等。

掌握了随机误差的特性，就能用统计学的方法来分析预测测量值的分布规律，其中最常用的是随机误差的标准差及置信度的分析。

2.6.3 随机误差的标准差和实验标准差

对被测量通过测量得到一测量列$\{x_i\}$，设其数学期望为 M，则某个测量值 x_i 的随机误差 δ_i 可表示为

$$\delta_i = x_i - M \tag{2-6}$$

离散测量列$\{x_i\}$的标准差计为σ，根据标准（方）差的定义有

$$\sigma(x_i)=\lim_{n\to\infty}\sqrt{\frac{1}{n}\sum_{1}^{n}\delta_i^2} \tag{2-7}$$

对于连续随机变量 δ，已知其概率密度函数 $\varphi(\delta)$，则其标准差计算公式如下

$$\sigma(\delta) = \sqrt{\int_{M-a}^{M+a} \delta^2 \varphi(\delta) \mathrm{d}\delta} \tag{2-8}$$

图 2-2 所示为具有三个不同标准差 σ_1、σ_2、σ_3 的正态分布曲线。显然 σ 值越小，曲线越陡，大的随机误差出现的次数越少，表明了测量列的分散性越小，也就等效于测量精密度越高。因此，在多次重复测量中，可以用标准差 σ 来描述测量的精密度，它是衡量随机误差大小的标志。

期望和标准差是表征概率分布的两个特征参数。理想情况下，应该以期望为测量结果的值，以标准差表示测得值的分散性。由于期望和标准偏差都是以无穷多次测量的理想情况定义的，不能直接应用于有限次重复测量中。为了区别于标准差的定义，有限样本次数的测量列 $\{x_i\}$ 的分散性

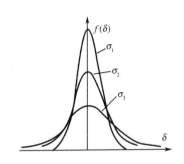

图 2-2 不同标准差的正态分布曲线（$\sigma_1 < \sigma_2 < \sigma_3$）

可以用标准差的估计值或实验标准差来描述，数学期望的最佳估计值则是样本均值 $\bar{x}$。

有限次测量列 $\{x_i\}$ 标准差的估计值也被称为实验标准差，仍沿用符号 σ 来表示，可用贝塞尔公式计算

$$\sigma(x_i) = \sqrt{\frac{1}{n-1} \sum_1^n (x_i - \bar{x})^2} \tag{2-9}$$

有限次测量列 $\{x_i\}$ 的平均值 $\bar{x}$ 同样也是一个随机变量，它的实验标准差为

$$\sigma(\bar{x}) = \sigma(x_i)/\sqrt{n} \tag{2-10}$$

上述两个计算公式在有限次测量列的 A 类标准不确定度的估算中常常用到。

2.6.4 典型分布的置信度

在实际测量中，常常希望知道测得的数据 x_i 处在数据期望（真值）M 附近某一范围的概率有多大。统计学中置信区间和置信概率为解决这一问题提供了有效的解决方法。常常用置信区间 $[M-K\sigma, M+K\sigma]$ 来表示测量数据以某一概率 P 落入的区间，$K\sigma$ 被称为区间半宽度。测量实践中，由于测量次数有限，数学期望 M 和标准差 σ 则用它们的估计值来代替。

当给定置信概率 P 时，要确定置信区间或置信因子 K，必须知道测量数据的概率分布密度函数，再令该函数的区间积分等于指定概率 P，就可以计算出置信区间。下面分析几种典型分布的置信度。

2.6.4.1 正态分布

当测量列 $\{x_i\}$ 的随机误差为正态分布时，其概率密度分布函数：

$$\varphi(x) = \frac{1}{\sqrt{\sigma(x) 2\pi}} \exp\left\{ \frac{-[x - M(x)]^2}{2\sigma^2(x)} \right\} \tag{2-11}$$

测量数据落入对称区间$[M \pm K\sigma]$的概率为：

$$P[M-K\sigma < x < M+K\sigma] = \int_{M-K\sigma}^{M+K\sigma} \frac{1}{\sqrt{\sigma(x)2\pi}} \exp\left\{\frac{-[x-M(x)]^2}{2\sigma^2(x)}\right\} dx \quad (2\text{-}12)$$

式（2-12）计算比较复杂，但有已经制定好的数据表供数据处理人员使用（见表2-2）。

表2-2 正态分布置信因子 K 与对应的置信概率 P

K	P	K	P	K	P
0.0	0	1.1	0.72867	2.3	0.97855
0.1	0.0796	1.2	0.76968	2.4	0.98361
0.2	0.15852	1.3	0.8064	2.5	0.98758
0.3	0.23582	1.4	0.83849	2.58	0.99012
0.4	0.31084	1.5	0.86639	2.6	0.99068
0.5	0.38293	1.6	0.8904	2.7	0.99307
0.6	0.45149	1.7	0.91087	2.8	0.99589
0.6745	0.5	1.8	0.92814	2.9	0.99267
0.7	0.51607	1.9	0.94257	3.0	0.9973
0.7979	0.57507	1.96	0.95	3.5	0.99953
0.8	0.57629	2.0	0.9545	4.0	0.99993
0.9	0.63188	2.1	0.96427	4.5	0.999993
1.0	0.68269	2.2	0.97219	5.0	0.999999

【例 2-9】 当测量某一电阻时，已知所进行的测量无系统误差，测量值服从正态分布，且该电阻的真值 $R_0=20\Omega$，标准偏差 $\sigma=0.2\Omega$。试按 99.5% 的可能性估计测量值出现的范围。

解：按照题意，即由置信概率 99.5% 求置信区间，即由 $P[|R-R_0| < K\sigma(R)] = 99.5\%$ 求 K 值。

由表 2-2 可查得 $K=2.8$，故置信区间为
$[R_0 - K\sigma(R), R_0 + K\sigma(R)] = [20 - 2.8 \times 0.2, 20 + 2.8 \times 0.2] = [19.44, 20.56]$
即有 99.5% 的可能测量值出现在 19.4～20.6Ω 范围内。

2.6.4.2 t 分布

以上讨论时均是按已知被测量的数学期望 M 及标准差 σ 的情况下作出的分析，但实际测量的次数都是有限的，只能得到样本的算术平均值 $\bar{x}$ 与实验标准差 σ 或样本算术平均值的实验标准差 $\sigma(\bar{x})$，所以不能直接使用正态分布的公式。

英国统计学家 W. S. Gosset 以笔名 Student 署名发表论文，证明了式（2-13）所示的变量 t 服从于 t 分布。

$$t = \frac{\bar{x} - M}{\sigma(\bar{x})} \quad (2\text{-}13)$$

t 分布的概率密度函数为

$$\varphi(t) = \frac{\Gamma\left(\frac{n}{2}\right)}{\sqrt{(n-1)}\Gamma\left(\frac{n-1}{2}\right)}\left(1+\frac{t^2}{n-1}\right)^{-\frac{n}{2}} \tag{2-14}$$

其中，$\Gamma(x) = \int_0^\infty t^{x-1}\mathrm{e}^{-t}\mathrm{d}t$，称为伽马函数；$n-1$ 称为自由度。

t 分布曲线如图 2-3 所示，是关于 $t=0$ 对称的并类似标准正态分布的图形，其特点是分布与标准差无关，但与自由度有关，即与测量次数有关。当 n 较大（$n>30$）时，t 分布与正态分布的差异就很小；当 $n\to\infty$ 时，t 分布与正态分布完全相同。

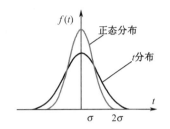

图 2-3　t 分布（自由度为 2）与正态分布概率密度曲线形态比较

知道了 t 分布的密度概率后，就可以对其在某一区间内进行积分求得对应的置信概率 P。常用的 t 分布的置信概率 P 与置信因子 K 的关系见表 2-3，在使用该表时应该注意，表中的 n 代表自由度，而非测量次数。

表 2-3　t 分布置信因子 K 数值表

p \ n	0.9	0.95	0.975	0.99	0.995	0.999	0.9995
1	6.3138	12.7062	25.4517	63.6567	127.3213	636.6192	1273.2393
2	2.9200	4.3027	6.2053	9.9248	14.0890	31.5991	44.7046
3	2.3534	3.1824	4.1765	5.8409	7.4533	12.9240	16.3263
4	2.1318	2.7764	3.4954	4.6041	5.5976	8.6103	10.3063
5	2.0150	2.5706	3.1634	4.0321	4.7733	6.8688	7.9757
6	1.9432	2.4469	2.9687	3.7074	4.3168	5.9588	6.7883
7	1.8946	2.3646	2.8412	3.4995	4.0293	5.4079	6.0818
8	1.8595	2.3060	2.7515	3.3554	3.8325	5.0413	5.6174
9	1.8331	2.2622	2.6850	3.2498	3.6897	4.7809	5.2907
10	1.8125	2.2281	2.6338	3.1693	3.5814	4.5869	5.0490
11	1.7959	2.2010	2.5931	3.1058	3.4966	4.4370	4.8633
12	1.7823	2.1788	2.5600	3.0545	3.4284	4.3178	4.7165
13	1.7709	2.1604	2.5326	3.0123	3.3725	4.2208	4.5975
14	1.7613	2.1448	2.5096	2.9768	3.3257	4.1405	4.4992
15	1.7531	2.1314	2.4899	2.9467	3.2860	4.0728	4.4166
16	1.7459	2.1199	2.4729	2.9208	3.2520	4.0150	4.3463
17	1.7396	2.1098	2.4581	2.8982	3.2224	3.9651	4.2858
18	1.7341	2.1009	2.4450	2.8784	3.1966	3.9216	4.2332
19	1.7291	2.0930	2.4334	2.8609	3.1737	3.8834	4.1869
20	1.7247	2.0860	2.4231	2.8453	3.1534	3.8495	4.1460

【例 2-10】 对某电源电压进行 8 次独立等精密度、无系统误差的测量,所有数据为 12.38V、12.40V、12.50V、12.48V、12.43V、12.46V、12.42V、12.45V。求电源电压平均值的标准差和置信概率为 99.5%对应的置信因子。

解:测量数据的算术平均值:$\overline{U} = \dfrac{1}{8}\sum_{i=1}^{8} U_i = 12.44\text{V}$

实验标准差:$\sigma(U) = \sqrt{\dfrac{1}{7}\sum_{i=1}^{n}(U_i - \overline{U})^2} = 0.04\text{V}$

算术平均值的实验标准差:

$$\sigma(\overline{U}) = \dfrac{\sigma(U)}{\sqrt{n}} = 0.014\text{V}$$

由给定的置信概率 99.5%及测量次数为 8 次(自由度为 8-1=7)查表 2-3 得 $K_t = 4.0293$。

2.6.4.3 均匀分布

均匀分布的特点是,测量数据 x_i 落入以数学期望 M 为中心的对称区间$[M \pm K\sigma]$的概率处处相等,而在该区域外随机误差出现的概率为零。其概率密度函数 $\varphi(\delta)$ 可表示为:

$$\varphi(\delta) = \begin{cases} \dfrac{1}{2a} & (-a \leqslant \delta \leqslant a) \\ 0 & (|\delta| > a) \end{cases} \tag{2-15}$$

其概率密度分布曲线如图 2-4 所示。

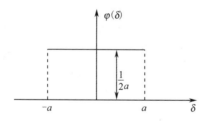

图 2-4 均匀分布的概率密度

数字化测量系统中模数转换的量化误差为 1 个或±0.5 个 LSB,这是一种服从均分布的随机误差。

均匀分布的标准差为

$$\sigma(\delta) = \sqrt{\int_{M-a}^{M+a} \delta^2 \varphi(\delta)\text{d}\delta} = \dfrac{a}{\sqrt{3}} \tag{2-16}$$

测量数据 x_i 落入区间$[M \pm K\sigma]$的置信概率为

$$P[M - K\sigma < x < M + K\sigma] = \int_{M-K\sigma}^{M+K\sigma} \dfrac{1}{2a}\text{d}x = \dfrac{K\sigma}{a} \tag{2-17}$$

对于均匀分布,因为其分布区间有限,通常取置信概率为 100%,对应的置信区间就是$[M \pm a]$,即 $K\sigma = a$,所以就有置信因子 $K = \sqrt{3}$。

2.7 粗大误差的剔出

产生粗大误差的原因是多方面的，大致可归纳为：
（1）测量人员的主观原因。
（2）客观外界条件的原因。

2.7.1 判别粗大误差的准则

2.7.1.1 莱依达（Райта）法则（3σ准则）

计算每个数据的残差 v_d，若其残差满足式（2-18），则可认为第 d 个数据含有粗大误差，应予以剔除。

$$|v_d| = |x_d - \bar{x}| > 3\sigma \tag{2-18}$$

利用贝塞尔公式容易说明：在 $n \leq 10$ 的情形，用 3σ 准则剔除粗大误差注定失败。为此，在测量次数较少时，最好不要选用 3σ 准则。

【例 2-11】 测量某一电压 12 次，数据如下所示。

序号 i	x_i	$v_i = x_i - \bar{x}$	v_i^2
1	10.42	0.01	0.0001
2	10.40	-0.01	0.0001
3	10.43	0.02	0.0004
4	10.43	0.02	0.0004
5	10.42	0.01	0.0001
6	10.43	0.02	0.0004
7	10.39	-0.02	0.0004
8	10.30	-0.11	0.0121
9	10.40	-0.01	0.0001
10	10.43	0.02	0.0004
11	10.42	0.01	0.0001
12	10.41	0.00	0

解：$\bar{x} = \dfrac{1}{12}\sum\limits_{i=1}^{12} x_i = 10.41\text{V}$；$\sum\limits_{i=1}^{12} v_i = -0.04\text{V}$；$\sum\limits_{i=1}^{12} v_i^2 = 0.0146\text{V}^2$

$$\sigma = \sqrt{\dfrac{\sum\limits_{i}^{n} v_i^2}{n-1}} = \sqrt{\dfrac{0.0146}{11}} = 0.036\text{V}；\quad 3\sigma = 3 \times 0.036 = 0.108\text{V}$$

显然，$|v_8| = 0.11 > 3\sigma$，因此 $x_8 = 10.30\text{V}$ 为异常值，应予剔除。剔除 x_8 以后，再进行计算，如下所示：

序号 i	x_i	$v_i = x_i - \bar{x}$	v_i^2
1	10.42	0.00	0
2	10.40	-0.02	0.0004
3	10.43	0.01	0.0001

（续表）

序号 i	x_i	$v_i = x_i - \bar{x}$	v_i^2
4	10.43	0.01	0.0001
5	10.42	0.00	0
6	10.43	0.01	0.0001
7	10.39	-0.03	0.0009
8	10.40	-0.02	0.0004
9	10.43	0.01	0.0001
10	10.42	0.00	0
11	10.41	-0.01	0.0001

$\bar{x} = \dfrac{1}{12}\sum\limits_{i=1}^{12} x_i = 10.42\text{V}$；$\sum\limits_{i=1}^{12} v_i^2 = 0.022\text{V}^2$；$3\sigma = 3\sqrt{\dfrac{\sum\limits_{i}^{n} v_i^2}{n-1}} = 3 \times 0.015 = 0.045\text{V}$ 此时，任何一个 v_i 的绝对值都小于 3σ，所以不含异常值。

2.7.1.2 格拉布斯（Grubbs）准则

1950 年格拉布斯根据顺序统计量的某种分布规律提出一种判别粗大误差的准则。1974 年我国有人用电子计算机做过统计模拟试验，对于样本中仅混入一个异常值的情况，与其他几个准则相比，用格拉布斯准则检验的功率最高。

设对某量做多次等精度独立测量，得 $x_1, x_2, \cdots, x_n$，假定 x_i 服从正态分布。

为了检验 x_i 中是否含有粗大误差，将 x_i 按大小顺序排列成顺序统计量 $x_{(i)}$，即

$$x_{(1)} \leqslant x_{(2)} \leqslant \cdots \leqslant x_{(n)}$$

格拉布斯导出了 $g_{(n)} = \dfrac{x_{(n)} - \bar{x}}{\sigma}$ 及 $g_{(1)} = \dfrac{\bar{x} - x_{(1)}}{\sigma}$ 的分布，取定显著度 α（一般为 0.05 或 0.01），可通过查表 2-4 得到临界值 $g_0(n,\alpha)$，而

$$P\left[\dfrac{x_{(n)} - \bar{x}}{\sigma} \geqslant g_0(n,\alpha)\right] = \alpha$$

$$P\left[\dfrac{\bar{x} - x_{(1)}}{\sigma} \geqslant g_0(n,\alpha)\right] = \alpha$$

若认为 $x_{(1)}$ 可疑，则有

$$g_{(1)} = \dfrac{\bar{x} - x_{(1)}}{\sigma} \tag{2-19}$$

若认为 $x_{(n)}$ 可疑，则有

$$g_{(n)} = \dfrac{x_{(n)} - \bar{x}}{\sigma} \tag{2-20}$$

当 $g_{(i)} \geqslant g_0(n,\alpha)$ 时，即判别该测得值含有粗大误差，应予剔除。

对一组测量列$\{X_i\}$($i=1,2,3,\cdots,n$)，若某测量数据的剩余误差$|\delta_i|=|x_i-\bar{x}|>g_0(n,\alpha)$，则该测量值应剔除。

表 2-4 $g_0(n,\alpha)$

α \ n	0.01	0.05	α \ n	0.01	0.05	α \ n	0.01	0.05
3	1.16	1.15	12	2.55	2.29	21	2.91	2.58
4	1.49	1.46	13	2.61	2.33	22	2.94	2.60
5	1.75	1.67	14	2.66	2.37	23	2.96	2.62
6	1.91	1.82	15	2.70	2.41	24	2.99	2.64
7	2.10	1.94	16	2.74	2.44	25	3.01	2.66
8	2.22	2.03	17	2.78	2.47	30	3.10	2.74
9	2.32	2.11	18	2.82	2.50	35	3.18	2.81
10	2.41	2.18	19	2.85	2.53	40	3.24	2.87
11	2.48	2.23	20	2.88	2.56	50	3.34	2.96

【例 2-12】 对某电源电压进行 5 次等精密度测量，所得测量值数据为 5.37V、5.33V、5.14V、6.46V、5.24V。如已知测量数据符合正态分布且最小值无异常，试用格拉布斯准则判断最大值是否含有粗差。

解：（1）将测量数据按大小顺序排列成顺序统计量：5.14, 5.24, 5.33, 5.37, 6.46。

（2）计算相关值：

$$\bar{x}=\frac{1}{5}\sum_{i=1}^{5}x_i=5.51\text{V}, \quad \sigma=\sqrt{\frac{\sum_{i}^{n}v_i^2}{n-1}}=0.54\text{V}$$

$$g_{(n)}=\frac{x_{(n)}-\bar{x}}{\sigma}=\frac{6.46-5.51}{0.54}=1.76$$

（3）取显著水平$\alpha_0=0.05$、$n=5$，查表 2-4 得，$g(5,0.05)=1.67$。

（4）检验最大值有无粗大误差。$1.76>1.67 \Rightarrow g_{(n)} \geqslant g(5,0.05)$，表明测量数据 6.46 含有粗大误差，应予以剔除。

（5）对保留的 4 个测量数据重新按照上述步骤检验：$\bar{x}=5.27\text{V}$，$\sigma=0.10$，$g_{(n)}=1.0$。$n=4$，$\alpha=\alpha_0=0.05$，查表 2-4 得$g(4,0.05)=1.46$，由于$g_{(n)}<g(4,0.05) \Rightarrow 1.0<1.46$，因此保留的测量数据已不含有粗大误差。

2.7.1.3 狄克松准则

1950 年狄克松（Dixon）提出另一种无需估算算术平均值和标差的方法，它是根据测量数据按大小排列后的顺序差来判别是否存在粗大误差。有人指出，用 Dixon 准则判断样本数据中混有一个以上异常值的情形效果较好。由于该法简便且适用于小样本观测值的检验，故已成为国际标准化组织（ISO）和美国材料试验协会（ASTM）的推荐方法。

设正态测量总体的一个样本为 $x_1, x_2, \cdots, x_n$，将 x_i 按大小顺序排列成顺序统计量 $x_{(i)}$，即 $x_{(1)} \leqslant x_{(2)} \leqslant \cdots \leqslant x_{(n)}$。

构造检验高端异常值 $x_{(n)}$ 和低端异常值 $x_{(1)}$ 的统计量分别为 r_{ij} 和 r'_{ij}，分以下几种情形：

$$\begin{cases} r_{10} = \dfrac{x_{(n)} - x_{(n-1)}}{x_{(n)} - x_{(1)}} \text{ 与 } r'_{10} = \dfrac{x_{(2)} - x_{(1)}}{x_{(n)} - x_{(1)}} & n \leqslant 7 \\[2mm] r_{11} = \dfrac{x_{(n)} - x_{(n-1)}}{x_{(n)} - x_{(2)}} \text{ 与 } r'_{11} = \dfrac{x_{(2)} - x_{(1)}}{x_{(n-1)} - x_{(1)}} & 8 \leqslant n \leqslant 10 \\[2mm] r_{21} = \dfrac{x_{(n)} - x_{(n-2)}}{x_{(n)} - x_{(2)}} \text{ 与 } r'_{21} = \dfrac{x_{(3)} - x_{(1)}}{x_{(n-1)} - x_{(1)}} & 11 \leqslant n \leqslant 13 \\[2mm] r_{22} = \dfrac{x_{(n)} - x_{(n-2)}}{x_{(n)} - x_{(3)}} \text{ 与 } r'_{22} = \dfrac{x_{(3)} - x_{(1)}}{x_{(n-2)} - x_{(1)}} & n \geqslant 14 \end{cases} \quad (2\text{-}21)$$

当测量的统计量 r_{ij} 和 r'_{ij} 大于临界值 $r_0(n, \alpha)$ 时，则认为 $x_{(1)}$ 或 $x_{(n)}$ 含有粗大误差。临界值 $r_0(n, \alpha)$ 可以通过查表 2-5 获得。

表 2-5 狄克松准则判断表

统 计 量	n	α 0.05	α 0.01	统 计 量	n	α 0.05	α 0.01
$r_{10} = \dfrac{x_{(n)} - x_{(n-1)}}{x_{(n)} - x_{(1)}}$ $r'_{10} = \dfrac{x_{(2)} - x_{(1)}}{x_{(n)} - x_{(1)}}$	3	0.941	0.988		14	0.546	0.641
	4	0.765	0.889		15	0.525	0.616
	5	0.642	0.780		16	0.507	0.595
	6	0.560	0.698		17	0.490	0.577
	7	0.507	0.637	$r_{22} = \dfrac{x_{(n)} - x_{(n-2)}}{x_{(n)} - x_{(3)}}$ $r'_{22} = \dfrac{x_{(3)} - x_{(1)}}{x_{(n-2)} - x_{(1)}}$	18	0.475	0.561
$r_{11} = \dfrac{x_{(n)} - x_{(n-1)}}{x_{(n)} - x_{(2)}}, r'_{11} = \dfrac{x_{(2)} - x_{(1)}}{x_{(n-1)} - x_{(1)}}$	8	0.554	0.683		19	0.462	0.547
	9	0.512	0.635		20	0.450	0.535
	10	0.477	0.597		21	0.440	0.524
$r_{21} = \dfrac{x_{(n)} - x_{(n-2)}}{x_{(n)} - x_{(2)}}, r'_{21} = \dfrac{x_{(3)} - x_{(1)}}{x_{(n-1)} - x_{(1)}}$	11	0.576	0.679		22	0.430	0.514
	12	0.546	0.642		23	0.421	0.505
	13	0.521	0.615		24	0.413	0.497
					25	0.406	0.489

【例 2-13】 反复测量某电压 10 次，得到下列数据，经整理，按大小顺序排列为 25.46V、25.47V、25.48V、25.48V、25.49V、25.49V、25.50V、25.50V、25.51V、25.53V，试用狄克松准则判别其中是否存在粗大误差的测量值。

解：按照狄克松准则，$n=10$ 时，按 r_{11} 判别，若给定的置信概率为 0.95，查表 2-5 得

$$r_{11} = \frac{x_{(n)} - x_{(n-1)}}{x_{(n)} - x_{(2)}} = \frac{25.53 - 25.51}{25.53 - 25.47} = \frac{2}{6} \approx 0.333$$

$$r'_{11} = \frac{x_{(2)} - x_{(1)}}{x_{(n-1)} - x_{(1)}} = \frac{25.47 - 25.46}{25.51 - 25.46} = 0.2$$

因为 r_{11}、r'_{11} 都小于 0.477，故判定此 10 次测量值不含粗大误差。

2.7.1.4 罗曼诺夫斯基准则（t 检验准则）

当测量次数较少时，按 t 分布的实际误差分布范围来判别粗大误差较为合理。罗曼诺夫斯基准则又称 t 检验准则，其特点是首先剔除一个可疑的测得值，然后按 t 分布检验被剔除的值是否是含有粗大误差。

设对某量作多次等精度测量，得 $x_1, x_2, \cdots, x_n$，若认为测量值 x_j 为可疑数据，将其剔除后计算平均值 $\bar{x}$ 及标准差 σ 为（计算时不包括 x_j）

$$\bar{x} = \frac{1}{n-1}\sum_{\substack{i=1 \\ i \neq j}}^{n} x_i, \quad \sigma = \sqrt{\frac{\sum_{i=1}^{n} v_i^2}{n-2}}$$

根据测量次数 n 和选取的显著度 α，可由查 t 分布表（见表 2-6）得到 t 分布的检验系数 $K(n,\alpha)$，若

$$|x_j - \bar{x}| > K\sigma \tag{2-22}$$

则认为测量值 x_j 含有粗大误差，剔除 x_j 是正确的，否则认为 x_j 不含有粗大误差，应予保留。

表 2-6　$K(n,\alpha)$ 表

n \ α	0.05	0.01	n \ α	0.05	0.01	n \ α	0.05	0.01
4	4.97	11.46	13	2.29	3.23	22	2.14	2.91
5	3.56	6.53	14	2.26	3.17	23	2.13	2.90
6	3.04	5.04	15	2.24	3.12	24	2.12	2.88
7	2.78	4.36	16	2.22	3.08	25	2.11	2.86
8	2.62	3.96	17	2.20	3.04	26	2.10	2.85
9	2.51	3.71	18	2.18	3.01	27	2.10	2.84
10	2.43	3.54	19	2.17	3.00	28	2.09	2.83
11	2.37	3.41	20	2.16	2.95	29	2.09	2.82
12	2.33	3.31	21	2.15	2.93	30	2.08	2.81

在具体应用以上几个准则时，要考虑以下几点：

（1）大样本情况（$n>50$）用 3σ 准则最简单方便，虽然这种判别准则的可靠性不高，但它使用简便，不需要查表，故在要求不高时经常使用；$30<n\leqslant 50$ 情形，用格拉布斯准则效果较好；$3\leqslant n<30$ 情形，用格拉布斯准则适于剔除一个异常值，用狄克松准则适于剔除一个

以上异常值。当测量次数比较小时,也可根据情况采用罗曼诺夫斯基准则。

(2)在较为精密的实验场合,可以选用两三种准则同时判断,当一致认为某值应剔除或保留时,则可以放心地加以剔除或保留。当几种方法的判断结果有矛盾时,则应慎重考虑,一般以不剔除为妥。因为留下某个怀疑的数据后算出的 σ 只是偏大一点,这样较为安全。另外,可以再增添测量次数,以消除或减少它对平均值的影响。

2.7.2　防止与消除粗大误差的方法

对于粗大误差,除了设法从测量结果中发现和鉴别而加以剔除外,更重要的是要加强测量工作者的工作责任心和以严格的科学态度对待测量工作;此外,还要保证测量条件的稳定,避免在外界条件发生激烈变化时进行测量。如能达到以上要求,一般情况下是可以防止粗大误差产生的。

在某些情况下,为了及时发现与防止测得值中含有粗大误差,可采用不等精度测量和互相之间进行校核的方法。例如,对某一测量值,可由两位测量者进行测量、读数和记录;或者用两种不同仪器或两种不同测量方法进行测量。

2.8　测量不确定度及其评定方法

任何一个完整的测量过程结束后,都必须对测量结果进行报告,即给出被测量的估计值以及该估计值的不确定度。

设被测量 X 的估计值为 x,估计值的不确定度为 U,那么被测量 X 的测量结果可表示为:

$$X = x \pm U \text{（单位）} \tag{2-23}$$

式(2-23)中估计值常用算术平均值,所以式(2-23)也就变为:

$$X = \bar{x} \pm U \text{（单位）} \tag{2-24}$$

2.8.1　测量不确定度

《通用计量术语及定义技术规范》(JJF 1001—2011)把测量不确定度定义为:根据所用到的信息,表征赋予被测量量值分散性的非负参数。在实验和测量工作中,根据误差公理,理论上严格意义上的误差是不可知的,而用平均值或约定真值来计算误差必然存在不确定度。测量不确定度是描述被测量测得值分散性的定量参数,但它不说明测得值是否接近真值。不确定度越小,测量结果可信赖程度越高或质量越高;不确定度越大,测量结果可信赖程度越低或质量越低。表 2-7 将测量误差与测量不确定度做了全面的对比。

表 2-7 测量误差与测量不确定度

序号	测量误差	测量不确定度
1	测量误差表明被测量估计值偏离参考值的偏差大小	测量不确定度表明测得值的分散性
2	是一个有正号或负号的量值,其值为测得值减去被测量的参考量值,参考量值可以是真值或标准值、约定值	是表示被测量估计值概率分布的定量非负参数,用标准差或标准差的倍数来表示。测量不确定度与真值无关
3	误差是客观存在的,是不以人的认识程度而改变的	测量不确定度与人们对被测量和影响量及测量过程的认识有关
4	参考量值为真值时,测量误差是未知的	测量不确定度可以由人们根据测量数据、资料、经验等信息评定,从而可以定量确定测量不确定度的大小
5	测量误差按其性质可分为随机误差和系统误差,按定义,随机误差和系统误差都是无限多次测量时的理想概念	测量不确定度分量评定时一般不必区分其性质,若需要区分时应表述为:"由随机影响引入的测量不确定度分量"和"由系统影响引入的测量不确定度分量"
6	测量误差的大小说明测量结果的准确程度	测量不确定度的大小说明测量结果的可信程度
7	当用标准值或约定值作为参考量值时,可以得到系统误差的估计值,已知系统误差的估计值时,可以对测量值进行修正,得到已修正的被测量估计值	不能用测量不确定度对测得值进行修正,已修正的被测量估计值的测量不确定度中应考虑由修正不完善引入的测量不确定度

2.8.2 测量不确定度的评定方法

影响测量结果的因素很多,所以测量不确定度一般都由不同分量组成,不同分量的合成一直以来存在不同的计算模型,因而迫切需要标准化组织统一协调,制定出被世界各国广泛接受的评价方法。1993 年,GUM 工作组经过近 7 年的努力,完成了《测量不确定度表示指南》(Guide to the Expression of Uncertainty in Measurement 1993)的第一版(简称 GUM 指南),并以 7 个权威的国际组织的名义联合发布,这 7 个国际组织包括:国际标准化组织(ISO)、国际电工委员会(IEC)、国际计量局(BIPM)、国际法制计量组织(OIML)、国际理论化学与应用化学联合会(IUPAC)、国际理论物理与应用物理联合会(IUPAP)、国际临床化学联合会(IFCC)。2005 年,国际实验室认可合作组织(ILAC)加入 GUM 委员会。其后,GUM 工作组多次对 GUM 指南进行了修订,2008 年发布了 ISO/IEC Guide 98-3:2008《测量不确定度表示指南》(简称 GUM 2008)和附录。GUM 2008 指南中按适用范围的不同将不确定度的评定方法分为 GUM 法和附录中介绍的蒙特卡洛法(MCM 法)两类,我国 2012 年修订的国标 JJF 1059.1—2012 对应 GUM2008 指南,JJF 1059.2—2012 对应 GUM 2008 附录。

GUM 法适用评定对象必须符合下列三个条件:
(1) 测量样本数据的概率分布可假设为对称分布,如正态分布、t 分布、均匀分布。
(2) 测量系统输出量的概率分布可假设为正态分布或 t 分布。
(3) 测量系统为线性系统或近似线性系统。

当测量数据属于非对称分布(如 γ 分布、指数分布、泊松分布等)时,一般来说采用 GUM

法评定其不确定度是不合适的。GUM 2008 补充标准中的蒙特卡洛法则适用于处理这类问题。虽然 GUM 法不能适用于所有类型的测量数据的不确定度的评定，但仍是最基本和最常用的方法，也是本节重点介绍的评定测量结果不确定度的方法。

通常情况下，不确定度都包含多种分量，每个不确定度分量都以一定影响因子来影响总的不确定度，例如，在间接测量中，当被测量是多个输入量的函数，每个输入量都有各自的不确定度，被测量的总不确定度是多个输入量的不确定度分量按照一定的规律来合成的。

根据不确定度的计算方法的不同，GUM 法将不确定度分为 A、B 两类，并都推荐用实验标准偏差来评定标准不确定度，也即标准不确定度就等于实验标准偏差，而扩展不确定度的扩展倍数（即置信因子 K）一般按 95%或 99%置信概率查表获得。

A 类不确定度 u_A 评定是采用统计分析的方法对重复测量引起的不确定度进行评定，因为重复测量中存在由随机因数导致的分散性误差，统计学用置信概率和标准偏差来定量描述这种分散性。由重复测量常常用算术平均值来表示测量结果，因此测量结果的实验标准差 $s(\bar{x})$ 就是其标准不确定度。

测量中不符合统计规律的不确定度统称为 B 类不确定度 u_B，如单次测量数据的不确定度显然不属于 A 类评定。B 类不确定度的评定需要根据经验或测量仪器的资料信息来确定误差的极限分布区间（如允许误差±Δ），这相当于知道了置信概率 P=100%或接近 100%时的置信区间，再假设其符合某种概率分布，这样就可以沿用置信概率和置信区间的分析方法来评定 B 类不确定度。

最后，测量结果的合成不确定度 u_C 由 A 类不确定度和 B 类不确定度按下式合成：

$$u_C = \sqrt{u_A^2 + u_B^2} \tag{2-25}$$

如果进一步要求在指定概率下 P 的扩展不确定度 U_P，则还需要计算有效自由度，再查表得出扩展因子 K_P，则 $U_P = K_P u_C$。

加大置信概率 P 可以提高置信水平。通常 P 取 95%或 99%，对应的扩展不确定度 U_P 记为 U_{95} 或 U_{99}。已知或计算出有效自由度 v_{eff}，根据指定的置信概率 P，就可以查表得到扩展因子 K_P。一般情况下，当有效自由度小于 30 时，按 t 分布查表；如大于 30，则按正态分布查表。如果已知分布类型不是 t 分布，则按其实际分布类型计算 K_P。

2.8.3 GUM 法评定测量不确定度的一般步骤

（1）明确被测量 y 的定义。

（2）明确测量方法、测量条件以及所用的测量标准、测量仪器或测量系统。

（3）建立被测量的测量模型：在直接测量中，被测量 y 就是输入量 x，在间接测量中，被测量 y 可能存在多个影响的输入量，分析确定对测量不确定度有影响的因数 x_i（i=1,2,$\cdots$,n），然后建立数学模型，即 $y=f(x_1,x_2,\cdots,x_n)$。

（4）评定各输入量 x_i 的 A 类和 B 类标准不确定度 $u_A(x_i)$、$u_B(x_i)$ 及标准不确定度 $u(x_i)$。

（5）基于各输入量 x_i 的标准不确定度 $u(x_i)$ 来合成不确定度 $u_C(y)$。

（6）根据置信概率 P 或置信因子 K_P 确定扩展不确定度 U_P。

（7）报告测量结果。

2.8.4 输入量标准不确定度的评定

2.8.4.1 A 类不确定度的评定

对被测量 X，在同一条件下进行 n 次独立重复观测，得到测量列 $\{x_i\}$，剔除粗大误差，用算术平均值 $\bar{x}$ 作为被测量的最佳估计值，A 类评定得到的被测量最佳估计值（算术平均值 $\bar{x}$）的标准不确定度就等于实验标准差 $\sigma(\bar{x})$。

$$u_A = \sigma(\bar{x}) = \frac{1}{\sqrt{n}} \sqrt{\frac{1}{n-1} \sum_{i=1}^{n} (x_i - \bar{x})^2} \tag{2-26}$$

此时，相对标准不确定度

$$E_A = \frac{u_A}{\bar{x}} \tag{2-27}$$

当标准不确定度较大时，可以通过适当增加测量次数以减小其不确定度。A 类评定方法通常比用其他评定方法所得到的不确定度更为客观，并具有统计学的严格性，但要求有充分多的重复次数。

2.8.4.2 标准不确定度的 B 类评定

标准不确定度的 B 类评定，是借助于一切可利用的有关信息进行科学判断得到估计的标准偏差。通常是根据有关信息或经验（如电工仪表最常见的允许误差 $\pm \Delta$、准确度等级等指标）来判断被测量的可能值区间 $[X-a, X+a]$，假设被测量可能在该区间内的概率分布类型，根据概率分布类型和指定概率 P 确定置信因子 K 值，则 B 类评定的标准不确定度为

$$u_B = \sigma_B = \frac{a}{K} \tag{2-28}$$

式中 a——被测量可能值区间的半宽度；
K——置信因子或包含因子。

类似地，可以得到相对标准 B 类不确定度

$$E_B = \frac{u_B}{\bar{x}} \tag{2-29}$$

1. 区间半宽度 a 的确定

（1）生产厂的说明书给出测量仪器的最大允许误差为 $\pm \Delta$，并经计量部门检定合格，则评定仪器不确定度时，可能值区间的半宽度为：$a = \Delta$。

（2）校准证书提供的校准值，给出了其扩展不确定度为 U，则区间的半宽度为：$a = U$。

（3）由手册查出所用的参考数据，同时给出该数据的误差不超过 $\pm \Delta$，则区间的半宽度为：$a = \Delta$。

（4）数字显示装置的分辨力为最低位 1LSB，则区间的半宽度为：$a = \text{LSB}/2$。

（5）当测量仪器或实物量具给出准确度等级为 α 时，可以按检定规程所规定的该级别的最大引用误差进行评定，即 $a = 量程 \times \alpha\%$。

(6) 根据过去的经验推断某量值不会超出的区间范围或用实验方法估计可能的区间为 $[L_-, L_+]$，则区间半宽度为：$a=(L_+-L_-)/2$。

2. 置信因子 K（或包含因子）的确定方法

(1) 假设为正态分布，可根据指定的概率查表 2-2 得到 K 值。
(2) 假设为非正态分布，可根据概率分布查表 2-8 得到 K 值。

表 2-8　几种非正态分布概率分布的置信因子 K (置信概率 P=100%)

概率分布	均　匀	反正弦	三　角	梯形	两　点
置信因子 K	$\sqrt{3}$	$\sqrt{2}$	$\sqrt{6}$	$\sqrt{6/(1+\beta^2)}$	1

注：β 为梯形上底半宽度与下底半宽度之比。

3. 关于概率分布的假设

(1) 被测量受许多相互独立的随机影响量的影响，当它们各自的效应是同等量级，即影响大小比较接近时，无论各影响量的概率分布是什么形状，被测量的随机变化近似正态分布。

(2) 当有证书或报告给出一定置信概率 P 下的扩展不确定度 U_P 时，（如 P=95%时的扩展不确定度 U_{95}），除非另有说明，可以按正态分布评定标准不确定度。

(3) 一些情况下，只能估计被测量的可能值区间的上限和下限，被测量的可能值落在区间外的概率几乎为零。若被测量的值落在该区间内的任意值的可能性相同，则可假设为均匀分布；若落在该区间中心的可能性最大，则假设为三角分布；若落在该区间中心的可能性最小，而落在该区间上限和下限处的可能性最大，则假设为反正弦分布。

(4) 已知被测量的分布是两个不同大小的均匀分布合成时，则可假设为梯形分布。

(5) 由测量仪器最大允许误差、引用误差、分辨力、四舍五入、参考数据的误差限、度盘或齿轮的回差、平衡指示器调零不准、测量仪器的滞后或摩擦效应导致的不确定度，通常假设为均匀分布。

(6) 对被测量的可能值落在区间内的情况缺乏了解时，一般假设为均匀分布。

三种典型分布的标准差和置信概率 P（K=1,2,3）见表 2-9。

表 2-9　三种典型分布的标准差和置信概率 P（K=1,2,3）

分　布	标准差 σ	$P(K=1)$	$P(K=2)$	$P(K=3)$
正态分布	$a/3$	68.3%	95.5%	99.7%
三角分布	$a/\sqrt{6}$	75.8%	96.6%	100%
均匀分布	$a/\sqrt{3}$	57.7%	100%	100%

2.8.5　不确定度的合成

若观测量 y 受到 N 个独立输入量 $x_1, x_2, \cdots, x_N$ 的影响，且有

$$y=f(x_1, x_2, \cdots, x_N) \tag{2-30}$$

输入量 x_i 的测量结果可以用平均值 $\bar{x}_i$ 和不确定度 $u(x_i)$ 表示为 $x_i=\bar{x}_i \pm u(x_i)$。

若将各个输入量 x_i 的平均值代入式（2-30）中，即可得到 y 的近似真实值。

$$\overline{y} = f(\overline{x}_1, \overline{x}_2, \cdots, \overline{x}_N) \tag{2-31}$$

被观测量 y 的合成不确定度 $u_C(y)$ 按式（2-32）计算：

$$u_C(y) = \sqrt{\sum_1^N \left(\frac{\partial f}{\partial x_i}\right)^2 u^2(x_i)} \tag{2-32}$$

式（2-32）用方和根的结果作为各个输入量 x_i 相互独立的前提下的合成不确定度。各输入量 x_i 的不确定度 $u(x_i)$ 对总的合成不确定度 $u_C(y)$ 的影响因子为 $C_i = \dfrac{\partial f}{\partial x_i}$。如果各个输入量存在相关性，则还需要考虑相关性和协方差，而本书中均假设各输入量是独立不相关的。

当函数表达式为 $y=f(x_1,x_2,\cdots,x_N)=A_1x_1+A_2x_2+\cdots+A_Nx_N$，且各输入量间不相关时，合成标准不确定度可用下式计算：

$$u_C(y) = \sqrt{\sum_1^N (A_i)^2 u^2(x_i)} \tag{2-33}$$

当函数表达式 $y=f(x_1,x_2,\cdots,x_N)=A\left(x_1^{P_1} x_2^{P_2} \cdots x_N^{P_N}\right)$，且各输入量间不相关时，为了使运算简便起见，可以先将函数式两边同时取自然对数求相对不确定度 E_y。

$$E_y = \frac{u_C(y)}{\overline{y}} = \sqrt{\sum_1^N \left[\frac{P_i u(x_i)}{\overline{x}_i}\right]^2} \tag{2-34}$$

利用上式得到的相对不确定度 E_y 和 $\overline{y}$，就能方便地求出合成不确定度 u_C。

$$u_C(y) = E_y \overline{y} \tag{2-35}$$

2.8.6 有效自由度的计算

在《测量不确定度评定与表示》（JJF 1059.1—2012）中，自由度被定义为：在方差的计算中，和的项数减去对和的限制数。同时，该标准还规定在以下情况时需要计算有效自由度 v_{eff}。

（1）当需要评定 U_P 时，为求得 K_P 而必须计算各个输入量合成 u_C 的有效自由度。

（2）当用户为了解所评定的不确定度的可靠程度而提出要求时，应计算并给出有效自由度。

自由度定量地表征了不确定度评定的质量，且每个不确定度（分量）都有其自由度。自由度越大，表示不确定度的评定结果越可信，评定质量越高。

当测量模型 $y=f(x_1,x_2,\cdots,x_N)$ 中各输入量 $x_i (i=1,2,\cdots,N)$ 相互独立，x_i 的不确定度分量 $u(x_i)$ 的自由度为 v_i，输出量 y 接近正态分布或 t 分布时，合成标准不确定度的有效自由度可按式（2-36）计算，式（2-36）称为韦尔奇-萨特思韦特（Welch-Satterthwaite）公式。

$$v_{\text{eff}} = \frac{u_C^4(y)}{\sum_1^N \dfrac{u^4(x_i)}{v_i}} \text{ 且 } v_{\text{eff}} \leqslant \sum_i^N v_i \tag{2-36}$$

当测量模型为 $Y = X_1^{P_1} X_2^{P_2} \cdots X_N^{P_N}$，各不确定度分量间相互独立时，有效自由度可利用相对标准不确定度来计算，计算公式如下

$$v_{\text{eff}} = \frac{\left[u_C(y)/\bar{y}\right]^4}{\sum_{i}^{N} \frac{(p_i u_i / \bar{x_i})^4}{v_i}} \quad (2\text{-}37)$$

实际计算中，得到的有效自由度 v_{eff} 如果不是整数，可以舍去小数部分取整。例如计算得到 $v_{\text{eff}}=12.85$，则取 $v_{\text{eff}}=12$。

对于 B 类不确定度的有效自由度 v_B，可以用下式估算：

$$v_B = \frac{1}{2}\left[\frac{\sigma[u(x_i)]}{u(x_i)}\right]^{-2} \quad (2\text{-}38)$$

【例 2-14】 有效自由度计算举例。

设 $y=f(x_1,x_2,x_3)=cx_1x_2x_3$，其中 x_1、x_2、x_3 的估计值分别是 n_1、n_2、n_3 次测量的算术平均值，$n_1=10$，$n_2=5$，$n_3=15$。它们的相对标准不确定度分别为：$\frac{u_1}{x_1}=0.25\%$，$\frac{u_2}{x_2}=0.57\%$，$\frac{u_3}{x_3}=0.82\%$。

在这种情况下，计算如下：

相对合成标准不确定度 E_y 据公式（2-34）有

$$E_y = \sqrt{\sum_{1}^{3}\left(\frac{u_i}{\bar{x_i}}\right)^2} = 1.03\%$$

则

$$v_{\text{eff}} = \frac{1.03^4}{\frac{0.25^4}{10-1}+\frac{0.57^4}{5-1}+\frac{0.82^4}{15-1}} = 19.0 = 19$$

【例 2-15】 用准确度等级为 0.5、量程为 100Ω 的欧姆表 Ω_1 测量 R_1，用准确度等级为 0.5、量程为 200Ω 的欧姆表 Ω_2 测量 R_2，结果见下表，求它们串联的电阻 R 和合成扩展不确定度 U_{95}。

次 数	1	2	3	4	5	6	7	8	9	10
R_1	51.2	50.3	48.5	50.2	51.1	49.8	52.3	50.7	48.6	50.0
R_2	152.2	151.6	151.5	149.3	150.2	149.8	151.4	150.1	148.0	149.6

解：

（1）计算平均值。

$$\bar{R_1} = \frac{1}{10}\sum_{i=1}^{10} R_{1_i} = 50.3\Omega$$

$$\bar{R_2} = \frac{1}{10}\sum_{i=1}^{10} R_{2_i} = 150.4\Omega$$

（2）计算实验标准差。

$$\sigma(R_1) = \sqrt{\frac{1}{n-1}\sum_{i=1}^{10}\left(R_{1_i} - \bar{R}_1\right)^2} = 1.16\Omega$$

$$\sigma(R_2) = \sqrt{\frac{1}{n-1}\sum_{i=1}^{10}\left(R_{2_i} - \bar{R}_2\right)^2} = 1.29\Omega$$

（3）计算 R_1 和 R_2 的 A 类不确定度。

$$u_A(R_1) = \frac{1}{\sqrt{n}}\sigma(R_1) = 0.37\Omega$$

$$u_A(R_2) = \frac{1}{\sqrt{n}}\sigma(R_2) = 0.41\Omega$$

（4）计算 R_1 和 R_2 的 B 类不确定度。

欧姆表 Ω_1 准确度等级为 0.5、量程为 100Ω，故取半区间宽度为 100Ω×0.5%=0.5Ω；欧姆表 Ω_2 准确度等级为 0.5、量程为 200Ω，故取半区间宽度为 200Ω×0.5%=1Ω。

假设概率分布类型为均匀分布，置信概率为 100%，则

$$u_B(R_1) = \frac{0.5\Omega}{\sqrt{3}} = 0.29\Omega$$

$$u_B(R_2) = \frac{1\Omega}{\sqrt{3}} = 0.58\Omega$$

（5）估计 B 类不确定度的有效自由度。

按下式估计其有效自由度：

$$u_{B1} = \frac{1}{2}\left\{\frac{\sigma[u(R_1)]}{u(R_1)}\right\}^{-2}$$

$$u_{B2} = \frac{1}{2}\left\{\frac{\sigma[u(R_2)]}{u(R_2)}\right\}^{-2}$$

假设评定 $u_B(R_1)$ 和 $u_B(R_2)$ 的相对不确定度达 10%，计算得 $v_{B1}=50$、$v_{B2}=50$。

（6）计算 R_1 和 R_2 的标准不确定度。

$$u(R_1) = \sqrt{u_A^2(R_1) + u_B^2(R_1)} = 0.47\Omega$$

$$u(R_2) = \sqrt{u_A^2(R_2) + u_B^2(R_2)} = 0.71\Omega$$

其有效自由度分别为

$$v_{\text{eff1}} = \frac{u^4(R_1)}{\dfrac{u_A^4(R_1)}{10-1} + \dfrac{u_B^4(R_1)}{v_{B1}}} = 22$$

$$v_{\text{eff2}} = \frac{u^4(R_2)}{\dfrac{u_A^4(R_2)}{10-1} + \dfrac{u_B^4(R_2)}{v_{B2}}} = 47$$

（7）计算串联电阻 R 的合成标准不确定度。

$$R = R_1 + R_2$$

$$u_C(R) = \sqrt{\left(\frac{\partial f}{\partial R_1}\right)^2 u^2(R_1) + \left(\frac{\partial f}{\partial R_2}\right)^2 u^2(R_2)} = 0.85\Omega$$

（8）计算 R 的有效自由度。

$$v_{\text{eff}} = \frac{u_C^4(R)}{\dfrac{u^4(R_1)}{v_{\text{eff1}}} + \dfrac{u^4(R_2)}{v_{\text{eff2}}}} = 69$$

（9）计算扩展不确定度。

有效自由度比较大，可认为遵从正态分布，查表可得 $K_{0.95}=1.96$，则

$$U_{95} = K_{0.95} u_C(R) = 1.7\Omega$$

（10）计算结果表示。

$$R = 200.7 \pm 1.7\Omega$$

【例 2-16】 某电子设备需要使用 1kΩ 的电阻器，设计要求其允许误差极限在 ±0.2% 以内。为此，用一台 $4\dfrac{1}{2}$ 数字多用表直接测量随机抽取的 10 个电阻，以确定其电阻值是否满足技术要求。该仪表的技术指标如下：

最大允许误差：$\Delta=\pm$（0.01%×读数+1LSB）。

满量程数值：1999.9Ω。

分辨力：0.1Ω。

温度系数：当温度在 5~25℃，温度系数的变化可忽略。

实验数据记录：温度 21±1℃。

电阻测量数据如下：

次数	1	2	3	4	5	6	7	8	9	10
读数	999.2	999.7	999.5	999.6	998.8	999.4	998.9	999.3	998.9	999.0

步骤 1：标准差的计算。

平均值　　$\bar{R} = \dfrac{1}{10}\sum_{1}^{10} R_i = 999.2\Omega$

实验标准差

$$\sigma(R_i) = \sqrt{\frac{1}{n-1}\sum_{1}^{n}(R_i - \bar{R})^2} = \sqrt{\frac{0.93}{10-1}} = 0.3\Omega$$

平均值的实验标准差

$$\sigma(\bar{R}) = \frac{1}{\sqrt{10}}\sigma(R_i) = 0.1\Omega$$

步骤 2：标准不确定度的评定。

（1）采用 B 类不确定度来评定仪表误差。

根据其技术指标，得到最大允许误差（即半区间宽度），$a=\Delta=(0.01\%\times 999.2\Omega+1\times 0.1\Omega)=0.2\Omega$。

假设分布类型为均匀分布，查表 2-9 得到置信因子 $K=\sqrt{3}$，标准 B 类不确定度为 $u_B = \frac{a}{k} = 0.1\Omega$。

假设其不确定度的不可靠程度为 10%，根据式（2-38）计算可得 $v_B=50$。

（2）针对重复测量结果不一致，需采用 A 类不确定度的评定。

标准 A 类不确定度：$u_A = \sigma(\bar{R}) = 0.1\Omega$。

标准 A 类相对不确定度：$E_A = \frac{\sigma(\bar{R})}{\bar{R}} = \frac{0.1}{999.4} = 0.01\%$。

步骤 3：计算合成标准不确定度 u_C 及其有效自由度。

$$u_C = \sqrt{u_A^2 + u_B^2} = \sqrt{0.1^2 + 0.1^2} = 0.1\Omega$$

$$v_{\text{eff}} = \frac{0.1^4}{\frac{0.1^4}{50} + \frac{0.1^4}{10-1}} = 7$$

步骤 4：计算扩展不确定度 U_P。

有效自由度为 7，按 t 分布查表，99%概率下扩展因子 $K_P=3.5$，则扩展不确定度为：

$$U_{99} = K_P u_C = 0.35\Omega \approx 0.4\Omega$$

相对扩展不确定度 $E_{99}=0.4/999.2=0.04\%$

步骤 5：测量结果 $R=999.2\pm 0.4\Omega$（$P=99\%$，$K=3.5$）

步骤 6：结论：

标称值	估计值	偏差	最大允许误差	校准值的不确定度
1000Ω	999.2Ω	0.8Ω	±1000Ω×0.2%=±2Ω	0.4Ω（$P=99\%$，$K=3.5$）

该电阻器合格。

习　　题

2-1　测量误差分哪几类？它们各有什么特点？

2-2　误差的绝对值与绝对误差是否相同？为什么？

2-3　试述随机误差的主要特性。

2-4　试述服从正态分布的随机误差的特性。

2-5　检定 2.5 级（即最大引用误差为 2.5%）的全量程为 100V 的电压表，发现 50V 刻度点的示值误差 2V 为最大误差，问该电表是否合格？

2-6　检定一个 1.5 级 100mA 的电流表，发现在 50mA 处的误差最大，其值为 1.4mA，其他刻度处的误差均小于 1.4mA，问这块电流表是否合格？

2-7　用量程为 10A 的电流表，测量实际值为 8A 的电流，若读数为 8.1A，求测量的绝对误差和相对误差。若所求得的绝对误差被视为最大绝对误差，问该电流表的准确度等级可定为哪一级？

2-8　某功率表的准确度等级为 0.5 级，表的刻度共分为 150 个小格，问：（1）该表测量时，可能产生的最大误差为多少格？（2）当读数为 140 格和 40 格时，最大可能的相对误差为多大？

2-9　进行下述计算，并按计量技术要求保留适当的有效数字。

（1）$\dfrac{2.52 \times 4.10 \times 15.14}{6.16 \times 10^4}$　　（2）$\dfrac{3.10 \times 21.14 \times 5.10}{0.0001120}$

2-10　反复测量某电压 10 次，得到下列数据，经整理，按大小顺序排列为 25.46V、25.47V、25.48V、25.48V、25.49V、27.49V、25.50V、25.50V、25.51V、25.53V，试用狄克松准则判别其中是否存在粗大误差的测量值？

2-11　对某电阻进行 15 次等精度重复测量，测得数据为 28.53Ω、28.52 Ω、28.50 Ω、28.52 Ω、28.53 Ω、28.53 Ω、28.50 Ω、28.49 Ω、28.49 Ω、28.51 Ω、28.53 Ω、28.52 Ω、28.49 Ω、28.40 Ω、28.50 Ω，试求：

（1）平均值和标准差；

（2）用莱依达准则判别该测量列中是否含有粗大误差的测量值，若有重新计算平均值和标准差；

（3）在置信概率为 0.99 时，写出测量结果的表达式（只考虑 A 类不确定度）。

2-12　什么是测量不确定度？它与测量误差有何不同？

2-13　用接地电阻测试仪测量一个防雷接地装置，以便确定它能否达到规范的要求。测量所用的技术指标由使用说明书查得，其最大允许误差为±0.20Ω，经计量鉴定合格，证书上没有有关自由度的信息，可认为自由度是无穷大。用接地电阻测试仪对该接地装置在同一条件下重复测量 3 次，测量值分别为：2.95Ω、2.98Ω、2.97Ω。要求报告此防雷装置接地电阻的测量结果及其扩展不确定度（K_P=2）。

2-14　用伏安法测某电阻的阻值，使用 3 位半数字电压表，量程为 20V；模拟指针式电流表，准确度等级为 1 级表，量程为 100mA，共进行 10 次测量，测量数据如下，请报告测量结果（P=95%）。

次数	1	2	3	4	5	6	7	8	9	10
电压（V）	11.11	10.05	9.79	11.16	10.08	10.32	10.58	9.26	10.77	10.61
电流(mA)	52.5	51.2	49.8	52.1	50.6	50.9	51.2	49.1	51.3	50.5

第 3 章 传感器

> 观察、试验、分析是科学工作常用的方法。
> ——李四光

实际的测量系统设计总是从传感器的选择开始的。本章将详细介绍温度传感器、霍尔电流传感器、磁敏传感器、电场测量探头、电涡流传感器、压电传感器、光电传感器等电气测量中常用传感器的基本原理及其典型调理电路,并对电容式传感器和电感式传感器的工作原理、差动结构、测量电桥等进行重点阐述和分析。

3.1 传感器概述

3.1.1 传感器的定义

人们的大脑通过眼、耳、鼻、舌、皮肤可以感知视、听、嗅、味、触觉等外界信息。在测量系统中使用的传感器与人体"五官"的作用类似,要获取的信息都要利用传感器并通过它转换为容易传输和处理的信号。

传感器处于研究对象与测量系统的接口位置,是检测系统与控制系统感知、获取与检测信息的窗口,起着获取信息和转换信息的重要作用。《传感器通用术语》(GB/T 7665—2005) 对传感器的定义是:能感受规定的被测量并按一定的规律转换成可用的输出信号的元器件或装置。按照该定义,传感器的特征包括:

(1) 传感器对规定的被测量量具有最大的灵敏度和最好的选择性,即一个指定的传感器只能感受和响应规定的物理量,该物理量既可以是电气量,也可以是非电气量。

(2) 传感器输出信号中为可用信号,应载有被测量的原始信息,而且能够远距离传送、接收和处理,常见的输出信息包括电信号、光信号和气动系统中采用的气动信号等。

(3) 传感器的输入、输出关系是有一定规律的,可以用解析的方法或试验的方法确定数学模型,且这种规律可以复现。

无论何种传感器,作为测量和控制的首要环节,都需要快速、准确地实现信息转换,一般需满足以下基本要求:

(1) 传感器的工作范围或量程足够大,并有一定的过载能力。

(2) 灵敏度高、静态响应和动态响应准确度适当。

(3) 响应速度快、工作稳定、可靠性高。

(4) 适用性和适应性强,如体积小、质量轻、耗能小、对被测对象影响小、抗干扰性能强等。

(5) 使用经济,如成本低、寿命长、易于使用、维护和校准等。

一般来说，能够完全满足上述所有性能要求的传感器是很少的，应根据应用的目的、环境及被测对象状况和精度要求等具体条件来综合考虑、选择合适的传感器。

3.1.2 传感器的一般结构

传感器一般由敏感元器件、转换元器件和转换电路三部分组成，如图 3-1 所示。敏感元器件又叫弹性元器件（如梁、膜片、柱、筒、环等），直接感受被测量，将力、质量、位移、力矩等转化为中间变量（如膜片的变形和应力）；转换元器件将弹性敏感元器件输出的中间变量转化为电参量的变化，如电阻式、电感式、电容式；转换电路将电参量的变化转换为方便测量的电量，如电压、电流。

图 3-1 传感器的一般结构

以上三部分是传感器的一般结构，但很多传感器并不包括全部三个部分，如热电偶传感器直接将被测温度转化为热电势输出。

3.1.3 变送器

变送器是一种能输出标准信号的传感器，其目标是将各种物理量转换成统一的标准信号。变送器在工业过程控制系统和集散控制系统（DCS）中占有独特的地位。目前，变送器普遍使用国际标准输出信号，包括：电流信号 4～20mA（DC）；电压信号 1～5V（DC）；气动信号 20～100kPa。根据具体应用的要求可选择合适的输出信号，如：电流信号抗干扰能力强，一般用于传输距离较长的情况，电压信号适于传输给多个其他测量环节。

常用的变送器种类较多，但按其应用场合分可以分为电量传感器和非电量传感器两大类。常用的电量变送器包括电压、电流、频率、相位、功率等变送器，常用的非电量变送器包括温度、压力、流量等变送器。

3.1.4 传感器的分类

用于测量的传感器种类繁多，不胜枚举，往往同一原理的传感器可以测量多种物理量，而同一种被测量物理量又可以采用不同类型的传感器来测量。因此传感器从不同的角度看有许多分类方法。

（1）按被测量（输入量）的性质分类。按传感器输入端被测物理量分类也就是按照用途进行分类，以便使用者获得最基本的使用信息，这种分类法的类型如下：
- 机械量：位移、力、（角）速度、加速度、质量等。
- 电气量：电压、电流、功率、频率等。
- 热工量：温度、压力（差）、流量、液位、物位、流速等。
- 化学量：浓度、黏度、湿度、气体的组分、液体的组分等。

- 光学量：光强、光通量、辐射能量等。
- 生物量：血糖、血压、酶等。

(2) 按输出量的性质分类。传感器的"可用输出信号"的类型是有限的，如电信号有电压、电流、电荷、电阻、电感、电容、互感等几种。这样划分的类别少，易于从原理上认识输入量与输出量之间的变换关系，这种分类法的类型如下。

- 电参数型传感器：输出量为电参量，如电阻式、电感式和电容式。
- 电量型传感器：输出量为电量，如热电式、压电式、光电式、磁电式等。

(3) 按能量关系分类。

- 能量转换型：传感器将从被测对象获取的信息能量直接转换成输出信号能量，如热电偶、光电池等。这种类型又称为有源型或发生器型。
- 能量控制型：传感器从被测对象获取的信息能量用于调制或控制外部激励源，使外部激励源的部分能量载运信息而形成输出信号。这类传感器必须由外部提供激励源（如电源、光源、声源等），才能输出电信号，如 R,L,C 电参数型传感器。

(4) 按传感器的结构特征分类。

- 结构型：这种传感器由两部分组成：一部分是敏感元器件或弹性元器件，包括各种不同的弹性元器件（如梁、膜片、柱、筒、环等），这些弹性元器件可将力、质量、压力、位移、扭矩、加速度等多种被测信号转换为中间变量（即非直接输出量），如膜片的变形和应力；另一部分是变换器，将敏感元器件输出的中间变量转换成电参量，如电阻式变换器输出 ΔR，电感式变换器输出 ΔL，电容式变换器输出 ΔC，变压器式变换器输出 ΔM。
- 物性型：这种传感器依赖物理属性的改变直接将输入信号转换为输出信息。它没有中间转换机构，与结构型相对而言，它只有变换器，如测温热电偶、光电池，它们既是变换器也是传感器。

(5) 按传感器的加工工艺分类。

- 常规工艺型：这种传感器采用常规的机电加工工艺，大部分传感器物理几何尺寸在毫米到厘米数量级，同时其内部几何结构用肉眼或借助普通放大镜就能观察。
- MEMS 型（Micro-Electro-Mechanical-System）：采用集成电路微加工技术制成的传感器，物理几何尺寸在微米量级，无法用肉眼观察其内部结构。目前，智能手机中的普遍使用的加速度传感器就是一款典型的 MEMS 传感器。比 MEMS 传感器更微细的 NEMS（Nano-Electro-Mechanical-System）传感器也是目前研究的热点，NEMS 将会在医学、军事上有突破性的重要应用。

3.2 金属温度传感器

3.2.1 工作原理

金属热电阻测温的基本原理是：金属导体电阻率随温度升高而增大，具有正的温度系数。利用金属这种特性，制成测量温度的金属温度传感器，工业上一般用来测量 $-200\sim+1000℃$

的温度。

大多数金属材料都具有正的温度系数,但是作为制作温度传感器的金属,还应满足以下基本要求:

(1)金属材料具有较高的温度系数和电阻率,以提高传感器的灵敏度,并且传感器的体积越小,对温度变化的反应越快。

(2)金属材料的理化性能稳定,以保证传感器的稳定性和测量的准确性,且具有复现性好的特点。

(3)金属材料具有良好的输入/输出特性,尽可能接近线性,以提高测量的准确度。

(4)金属材料具有良好的工艺性,可以进行批量生产,从而降低成本。

(5)金属材料具有较大的测温范围,特别是较大的低温范围。

综合上述要求,适合于作为金属温度传感器的纯金属包括铂、铜、镍、铁,其中铂和铜最为常用。

3.2.2 金属热电阻

3.2.2.1 铂电阻

高纯度铂具有稳定的电阻-温度关系,《ITS-90 1990 国际实用温标》(ITS-90)中规定,从-259.34℃至630.74℃温度范围内为温度基准标准仪器。铂电阻一般由直径为0.02~0.07mm的铂丝绕在线圈骨架上,然后装入玻璃或陶瓷管等保护管内构成。

铂电阻的温度变化特性可用如下的拟合公式描述

$$\begin{cases} 0\sim+850℃时: R_t = R_0(1+At+Bt^2) \\ -200\sim0℃时: R_t = R_0[1+At+Bt^2+C(t-100)t^3] \end{cases} \quad (3\text{-}1)$$

式中 R_0、R_t——0℃、t℃时的铂电阻值,R_0 一般为标准值 50Ω 或 100Ω,对应的分度号为 Pt50、Pt100。

A、B、C——常数,其中 $A = 3.9082\times10^{-3}℃^{-1}$, $B = -5.80195\times10^{-7}℃^{-2}$, $C = -4.27350\times10^{-12}℃^{-3}$。

t——被测温度,单位为℃。

铂电阻的特点是:在高温和氧化介质中性能极为稳定,易于提纯;工艺性好,可拉成极细的丝;输入/输出特性接近线性;测量精度高。铂电阻的主要缺点是:铂为贵重金属,成本较高;温度系数较小。目前铂电阻常用于标准温度计和高精度工业测温,可用于温度基准和标准传递。

3.2.2.2 铜电阻

铜电阻采用金属铜丝绕制而成,主要用于制作在-50~150℃使用的工业用热电阻温度计。这是因为铜的价格便宜、易于提纯加工,在上述范围内性能稳定,输入/输出特性接近线性。铜电阻的特性和典型外观如图3-2和图3-3所示。

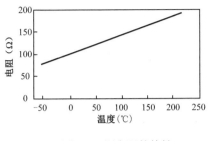

图 3-2 铜电阻的特性

图 3-3 铜电阻的实物外观

铜电阻的温度变化特性可用如下的拟合公式描述

$-50 \sim 150℃$ 时：
$$R_t = R_0(1 + At + Bt^2 + Ct^3) \tag{3-2}$$

式中 R_0、R_t——0℃、t℃时的铜电阻值，R_0 一般为标准值 50Ω 或 100Ω，对应的分度号分别为 Cu50、Cu100。

A、B、C——常数，其中 $A = 4.28899 \times 10^{-3}℃^{-1}$，$B = -2.133 \times 10^{-7}℃^{-2}$，$C = 1.233 \times 10^{-9}℃^{-3}$。

t——被测温度，单位为℃。

铜电阻的缺点是：电阻率低（为铂电阻的 1/6），体积较大；高温易被氧化，易被腐蚀；测量精度低于铂电阻。目前铜电阻主要用于小范围较低温度的测量、测量精度要求较低以及没有水分和腐蚀性介质的情况。

3.2.3 热电阻技术参数

（1）分度号、相应规格以其允许偏差。分度号代表热电阻的型号及规格（见表 3-1）。我国 1988 年开始采用 IEC 标准，工业用铂电阻和铜电阻 R_0 有 100Ω 和 50Ω 两种，分度号分别为：铂电阻 Pt100、Pt50，铜电阻 Cu100、Cu50。

表 3-1 分度号、相应规格及允许误差

热电阻类别	分 度 号	R_{100}/R_0	$R_0(\Omega)$
铂电阻	Pt100	1.385±0.01	100±0.1
	Pt50	1.385±0.01	50±0.5
铜电阻	Cu100	1.428±0.01	100±0.05
	Cu50	1.428±0.01	50±0.05

表 3-1 中 R_0、R_{100} 分别是 0℃、100℃时的电阻值。

热电阻的静态特性在标准中由分度表给出，用表格的方式列出电阻 R_t 和温度 t 精确的对应关系。表 3-2 为 Pt100 热电阻温度传感器的分度表。在使用 Pt100 数字化测温时，应以该分度表为准，在程序设计中包含查分度表程序，尽可能不用拟合公式计算，以提高测量的准确度。

表 3-2 Pt100 热电阻温度传感器分度表

温度(℃)	分度									
	0	1	2	3	4	5	6	7	8	9
	电阻值（Ω）									
−200	18.52									
−190	22.83	22.40	21.97	21.54	21.11	20.68	20.25	19.82	19.38	18.95
−180	27.10	26.67	26.24	25.82	25.39	24.97	24.54	24.11	23.68	23.25
−170	31.34	30.91	30.49	30.07	29.64	29.22	28.80	28.37	27.95	27.52
−160	35.54	35.12	34.70	34.28	33.86	33.44	33.02	32.60	32.18	31.76
−150	39.72	39.31	38.89	38.47	38.05	37.64	37.22	36.80	36.38	35.96
−140	43.88	43.46	43.05	42.63	42.22	41.80	41.39	40.97	40.56	40.14
−130	48.00	47.59	47.18	46.77	46.36	45.94	45.53	45.12	44.70	44.29
−120	52.11	51.70	51.29	50.88	50.47	50.06	49.65	49.24	48.83	48.42
−110	56.19	55.79	55.38	54.97	54.56	54.15	53.75	53.34	52.93	52.52
−100	60.26	5 .85	59.44	59.04	58.63	58.23	57.82	57.41	57.01	56.60
−90	64.30	63.90	63.49	63.09	62.68	62.28	61.88	61.47	61.07	60.66
−80	68.33	67.92	67.52	67.12	66.72	66.31	65.91	65.51	5.11	64.70
−70	72.33	71.93	71.53	71.13	70.73	70.33	69.93	69.53	69.13	68.73
−60	76.33	75.93	75.53	75.13	74.73	74.33	73.93	73.53	73.13	72.73
−50	80.31	79.91	79.51	79.11	78.72	78.32	77.92	77.52	77.12	76.73
−40	84.27	83.87	83.48	83.08	82.69	82.29	81 89	81.50	81.10	80.70
−30	88.22	87.83	87.43	87.04	86.64	86.25	85.85	85.46	85.06	84.67
−20	92.16	91.77	91.37	90.98	90.59	90.19	89.80	89.40	89.01	88.62
−10	96.09	95.69	95.30	94.91	94.52	94.12	93.73	93.34	92.95	92.55
0	100.00	99.61	99.22	98.83	98.44	98.04	97.65	97.26	96.87	96.48
0	100.00	100.39	100.78	101.17	101.56	101.95	102.34	102.73	103.12	103.51
10	103.90	104.29	104.68	105.07	105.46	105.85	106.24	106.63	107.02	107.40
20	107.79	108.18	108.57	108.96	109.35	109.73	110.12	110.51	110.90	111.29
30	111.67	112.06	112.45	112.83	113.22	113.61	114.00	114.38	114.77	115.15
40	115.54	115.93	116.31	116.70	117.08	117.47	117.86	118.24	118.63	119.01
50	119.40	119.78	120.17	120.55	120.94	121.32	121.71	122.09	122.47	122.86
60	123.24	123.63	124.01	124.39	124.78	125.16	125.54	125.93	126.31	126.69
70	127.08	127.46	127.84	128.22	128.61	128.99	129.37	129.75	130.13	130.52
80	130.90	131.28	131.66	132.04	132.42	132.80	133.18	133.57	133.95	134.33
90	134.71	135.09	135.47	135.85	136.23	136.61	136.99	137.37	137.75	138.13
100	138.51	138.88	139.26	139.64	140.02	140.40	140.78	141.16	141.54	141.91
110	142.29	142.67	143.05	143.43	143.80	144.18	144.56	144.94	145.31	145.69
120	146.07	146.44	146.82	147.20	147.57	147.95	148.33	148.70	149.08	149.46
130	149.83	150.21	150.58	150.96	151.33	151.71	152.08	152.46	152.83	153.21
140	153.58	153.96	154.33	154.71	155.08	155.46	155.83	156.20	156.58	156.95
150	157.33	157.70	158.07	158.45	158.82	159.19	159.56	159.94	160.31	160.68
160	161.05	161.43	161.80	162.17	162.54	162.91	163.29	163.66	164.03	164.40
170	164.77	165.14	165.51	165.89	166.26	166.63	167.00	167.37	167.74	168.11
180	168.48	168.85	169.22	169.59	169.96	170.33	170.70	171.07	171.43	171.80
190	172.17	172.54	172.91	173.28	173.65	174.02	174.38	174.75	175.12	175.49

续表

温度 (℃)	分度									
	0	1	2	3	4	5	6	7	8	9
	电阻值（Ω）									
200	175.86	176.22	176.59	176.96	177.33	177.69	178.06	178.43	178.79	179.16
210	179.53	179.89	180.26	180.63	180.99	181.36	181.72	182.09	182.46	182.82
220	183.19	183.55	183.92	184.28	184.65	185.01	185.38	185.74	186.11	186.47
230	186.84	187.20	187.56	187.93	188.29	188.66	189.02	189.38	189.75	190.11
240	190.47	190.84	191.20	19.56	191.92	192.29	192.65	193.01	193.37	193.74
250	194.10	194.46	194.82	195.18	195.55	195.91	196.27	196.63	196.99	197.35
260	197.71	198.07	198.43	198.79	199.15	199.51	199.87	200.23	200.59	200.95
270	201.31	201.67	202.03	202.39	202.75	203.11	203.47	203.83	204.19	204.55
280	204.90	205.26	205.62	205.98	206.34	206.70	207.05	207.41	207.77	208.13
290	208.48	208.84	209.20	209.56	209.91	210.27	210.63	210.98	211.34	211.70
300	212.05	212.41	212.76	213.12	213.48	213.83	214.19	214.54	214.90	215.25
310	215.61	215.96	216.32	216.67	217.03	217.38	217.74	218.09	218.44	218.80
320	219.15	219.51	219.86	220.21	220.57	220.92	221.27	221.63	221.98	222.33
330	222.68	223.04	223.39	223.74	224.09	224.45	224.80	225.15	225.50	225.85
340	226.21	226.56	226.91	227.26	227.61	227.96	228.31	228.66	229.02	229.37
350	229.72	230.07	230.42	230.77	231.12	231.47	231.82	232.17	232.52	232.87
360	233.21	233.56	233.91	234.26	234.61	234.96	235.31	235.66	236.00	236.35
370	236.70	237.05	237.40	237.74	238.09	238.44	238.79	239.13	239.48	239.83
380	240.18	240.52	240.87	241.22	241.56	241.91	242.26	242.60	242.95	243.29
390	243.64	243.99	244.33	244.68	245.02	245.37	245.71	246.06	246.40	246.75
400	247.09	247.44	247.78	248.13	248.47	248.81	249.16	249.50	245.85	250.19
410	250.53	250.88	251.22	251.56	251.91	252.25	252.59	252.93	253.28	253.62
420	253.96	254.30	254.65	254.99	255.33	255.67	256.01	256.35	256.70	257.04
430	257.38	257.72	258.06	258.40	258.74	259.08	259.42	259.76	260.10	260.44
440	260.78	261.12	261.46	261.80	262.14	262.48	262.82	263.16	263.50	263.84
450	264.18	264.52	264.86	265.20	265.53	265.87	266.21	266.55	266.89	267.22
460	267.56	267.90	268.24	268.57	268.91	269.25	269.59	269.92	270.26	270.60
470	270.93	271.27	271.61	271.94	272.28	272.61	272.95	273.29	273.62	273.96
480	274.29	274.63	274.96	275.30	275.63	275.97	276.30	276.64	276.97	277.31
490	277.64	277.98	278.31	278.64	278.98	279.31	279.64	279.98	280.31	280.64
500	280.98	281.31	281.64	281.98	282.31	282.64	282.97	283.31	283.64	283.97
510	284.30	284.63	284.97	285.30	285.63	285.96	286.29	286.62	286.85	287.29
520	287.62	287.95	288.28	288.61	288.94	289.27	289.60	289.93	290.26	290.59
530	290.92	291.25	291.58	291.91	292.24	292.56	292.89	293.22	293.55	293.88
540	294.21	294.54	294.86	295.19	295.52	295.85	296.18	296.50	296.83	297.16
550	297.49	297.81	298.14	298.47	298.80	299.12	299.45	299.78	300.10	300.43
560	300.75	301.08	301.41	301.73	302.06	302.38	302.71	303.03	303.36	303.69
570	304.01	304.34	304.66	304.98	305.31	305.63	305.96	306.28	306.61	306.93
580	307.25	307.58	307.90	308.23	308.55	308.87	309.20	309.52	309.84	310.16
590	310.49	310.81	311.13	311.45	311.78	312.10	312.42	312.74	313.06	313.39
600	313.71	314.03	314.35	314.67	314.99	315.31	315.64	315.96	316.28	316.60
610	316.92	317.24	317.56	317.88	318.20	318.52	318.84	319.16	319.48	319.80
620	320.12	320.43	320.75	321.07	321.39	321.71	322.03	322.35	322.67	322.98
630	323.30	323.62	323.94	324.26	324.57	324.89	325.21	325.53	325.84	326.16
640	326.48	326.79	327.11	327.43	327.74	328.06	328.38	328.69	329.01	329.32

（2）温度系数 α_t，其定义如下

$$\alpha_t = \frac{\Delta R/R}{\Delta T} \tag{3-3}$$

对式（3-1）和式（3-2）求微分，得 $\alpha_t \approx A$。故铂电阻 $\alpha_t = 3.9 \times 10^{-3}\,℃^{-1}$，铜电阻 $\alpha_t = 4.3 \times 10^{-3}\,℃^{-1}$。

（3）测量范围及测量精度（见表3-3）。

表 3-3　测量范围及测量精度

热电阻类别	测量范围（℃）	分度号	允许偏差 Δt（℃）
铂电阻	−200～+420	Pt100	A 级 $\Delta t = \pm(0.15 + 0.002|t|)$
		Pt50	B 级 $\Delta t = \pm(0.3 + 0.005|t|)$
铜电阻	−50～+100	Cu50	$\Delta t = \pm(0.3 + 6.0 \times 10^{-3} t)$

（4）允通电流。一般通过热电阻中的工作电流应小于 5mA，以避免自热效应对测量结果产生影响。

（5）时间常数。温度传感器的动态特性几乎无一例外都是一阶滞后特性，所以都可以用时间常数来表示其测温响应的速度。时间常数取决于其传感器本身的物理特性，主要是探头材料的热容量 C 和质量 m，如果 C 或 m 越大，则需从温度场中获得更多热量来加热传感器，使其温度上升到环境温度，对应升温的时间也越长。金属热电阻（如 Pt100）本身的体积一般都很小，时间常数一般在秒级，但测温传感器在实际使用时常被制成测温探头，探头外部是起保护作用的金属铠装护套，所以这类温度探头的时间常数就比 Pt100 本身大很多，后面要介绍的热电偶和热敏电阻的响应时间也是类似的。具体温度探头的时间常数需要查看产品数据手册。

3.2.4　测量电路举例

3.2.4.1　双恒流源法

热电阻温度传感器常用双恒流源调理电路，它可将由温度引起的电阻值的变化转换为电压信号，特别适合于对热电阻型温度传感器的输出进行 R/U 变换。调理电路的电路原理如图 3-4 所示，图中 R_N 为标准电阻，一般为 100Ω 或 50Ω，其数值等于热电阻在 0℃ 时的初始值 R_0。为了减小电流通过 R_T 和 R_N 时发热，恒流源电流 I_0 不宜过大，一般选取 1～3mA。输出的电压 ΔU_R 较小，且有一定的共模分量。图 3-4 中用了三个通用集成运放来构成仪表放大电路。也有单片集成的仪表放大器，常用的包括 AD620、AD623、AD521、AD522 等。

双恒流源调理电路输出电压为

$$\begin{aligned} \Delta U_R &= U_{R_T} - U_{R_N} \\ &= R_0 I_0 (1 + AT) - R_0 I_0 \\ &= I_0 R_0 AT \end{aligned} \tag{3-4}$$

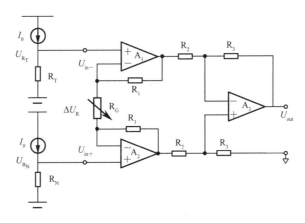

图 3-4 双恒流源调理电路的原理

经测量放大器放大后得到

$$U_{\text{out}} = k\Delta U_R$$

式中 k——放大器的放大倍数。

3.2.4.2 平衡电桥法

电桥是将电阻、电感、电容及阻抗参量的变化转换为电压或电流输出的一种测量电路。由于该电路简单,并且具有较高的准确度和灵敏度,因此被广泛使用。

平衡电桥电路如图 3-5 所示。在图 3-5 中,如果电阻 $R_1 = R_2$,当热电阻 R_t 阻值随温度变化时,调节可调电阻 R_w,使电桥处于平衡状态,则有 $R_t = R_w$。

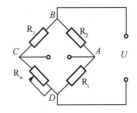

图 3-5 平衡电桥电路

3.3 热 电 偶

热电偶利用热电效应将被测温度直接转换为电动势,属于能量转换型传感器。热电偶能满足温度测量的各种要求,具有结构简单、精度高、范围宽(−269~1300℃)、响应较快、稳定性和复现性较好等特点,且输出信号为电信号,便于远传或信号转换,能用来测量流体、固体以及固体表面的温度,还可用于快速及动态温度的测量,在测温领域中应用广泛。

3.3.1 热电效应

将两种不同材料的金属导体(或半导体)串接成闭合回路,当两个结点处于不同温度,导体在回路中产生与两结点温度差有关的温差热电动势的现象,称为塞贝克效应。闭合回路中两种导体称为热电极;两个结点中,一个称为工作端(或测量端、热端),用 T 来表示;另一个称为自由端(或参考端、冷端),用 T_0 来表示。由这两种导体组合并将温度转换成热电动势的传感器叫作热电偶。热电动势是由两种导体的接触电势和单一导体的温差电动势所组成的。

3.3.1.1 珀尔帖效应和接触电动势

不同金属导体接触，由于 A、B 两种材料的自由电子浓度不一样，在接触表面形成一个稳定的电位差，这就是珀尔帖效应，所产生的电位差称为接触电动势，如图 3-6 所示，其大小可表示为

$$E_{AB}(T) = \frac{kT}{e} \ln \frac{N_A}{N_B} \quad (3\text{-}5)$$

式中　k——玻尔兹曼常数，为 1.38×10^{-16}；
　　　T——接触处的绝对温度；
　　　e——电子电荷数；
　　　N_A、N_B——金属 A、B 的自由电子密度。

3.3.1.2 汤姆逊效应和温差电动势

在一根匀质的金属导体中，如果两端温度不同，则在导体内部也会产生电动势，这种效应被称为汤姆逊效应，所产生的电动势被称为温差电动势。温差电动势的形成是由于导体内高温端自由电子的动能比低温端自由电子的动能大，高温端自由电子的扩散速率比低温端自由电子的扩散速率大，温度较高的一边因失去电子而带正电、温度较低的一边因得到电子而带负电，从而形成了电位差，如图 3-7 所示。当导体两端的温度分别为 T、T_0 时，温差电动势可由下式表示

$$E_{AB}^{\pi}(T, T_0) = \int_{T_0}^{T} \sigma_A dT \quad (3\text{-}6)$$

式中　σ_A——A 导体的汤姆逊系数。

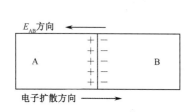

图 3-6　接触电动势的建立

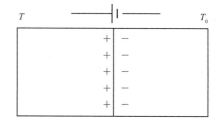

图 3-7　温差电动势的建立

综上所述，对于匀质导体 A、B 组成的热电偶，其总电动势为接触电动势与温差电动势之和，如图 3-8 所示总的热电动势可表示为

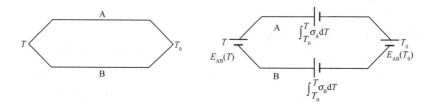

图 3-8　热电动势等效电路

$$E_{AB}(T,T_0) = E_{AB}(T) - E_{AB}(T_0) + \int_{T_0}^{T}(\sigma_B - \sigma_A)dT \tag{3-7}$$

根据上面对热电效应的分析,可以得出如下结论:

(1) 如果热电偶两电极材料相同,但两端温度不同,其总输出电势仍为零。因此,必须由两种不同的材料才能构成热电偶。

(2) 如果热电偶两结点温度相同,则回路中的总电动势必等于零。

(3) 热电动势的大小只与材料和结点温度有关,与热电偶的尺寸、形状及沿电极温度分布无关。

3.3.2 热电偶定理

根据式(3-7)很容易证明下列有关热电偶的几个定理。本书略去证明过程,直接给出结论。

(1) 均质导体定理。由同一种均质导体或半导体组成的闭合回路,不论导体的截面积和长度如何,也不论各处的温度分布如何,都不能产生热电动势。

(2) 中间导体定理。在热电偶回路中接入第三种材料的导线,只要其两端的温度相等,第三导线的引入不会影响热电偶的热电动势。如图 3-9 所示,图中部件 C 可换为仪表、连接导线或测量电路。实际使用热电偶测温时,热电偶是作为一个双端测温元件接入测温仪表的一对输入端子上,其理论基础就是中间导体定理。

(3) 标准电极定理。标准电极定理又称参考电极定律或组成定律。如图 3-10 所示,如果已知热电极 A、B 分别与热电极 C 组成的热电偶在 (T,T_0) 时的热电动势分别为 $E_{AC}(T,T_0)$ 和 $E_{BC}(T,T_0)$,则在相同的温度下,由 A、B 两种热电极配对后的热电动势 $E_{AB}(T,T_0)$ 可按下式计算

$$E_{AB}(T,T_0) = E_{AC}(T,T_0) - E_{BC}(T,T_0) \tag{3-8}$$

图 3-10 中热电极 C 称为标准电极,标准电极通常采用纯铂丝制成,因为铂容易提纯、熔点高、性能稳定。

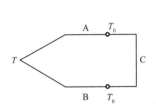

图 3-9 中间导体定理

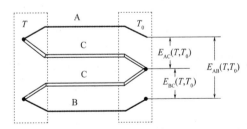

图 3-10 标准电极定理

(4) 中间温度定理。如图 3-11 所示,当热电偶的两个结点温度分别为 T、T_1 时,热电势为 $E_{AB}(T,T_1)$;当热电偶的两个结点温度分别为 T_1、T_0 时,热电动势为 $E_{AB}(T_1,T_0)$;当热电偶的两个结点温度为 T、T_0 时,热电动势为

$$E_{AB}(T,T_0) = E_{AB}(T,T_1) + E_{AB}(T_1,T_0) \tag{3-9}$$

取 $T_0=0°C$,令 T_1 为热电偶的冷端温度,T 为热端温度,上式重新写为

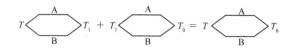

图 3-11 热电偶中间温度定理

$$E_{AB}(T,0) = E_{AB}(T,T_1) + E_{AB}(T_1,0) \tag{3-10}$$

式中的 $E_{AB}(T,T_1)$ 是实际热电偶输出给测温仪表的热电势,由于冷端温度 T_1 不等于 0℃,所以不能用该热电势查分度表。而 $E_{AB}(T,0)$ 和 $E_{AB}(T_1,0)$ 由于冷端固定在 0℃,热电势和热端温度 T 之间存在一一对应关系,可以利用热电偶的分度表来查温度或热电势。只有知道了 $E_{AB}(T,0)$,才能查表求出热端温度 T,而 $E_{AB}(T,0)$ 与热电偶实际输出的热电势 $E_{AB}(T,T_1)$ 之间存在一个差值 $E_{AB}(T_1,0)$,即冷端补偿电势。所以,热电偶测温都必须做冷端补偿,而且冷端补偿时必须由另外一个测温元件先完成对冷端 T_1 的温度测量,只不过这个测温元件通常只是完成对室温环境的测量,其温度范围小,波动频率很低,测温难度低。

该定律为分度表的制定提供了理论依据,只要列出参考温度为 0℃时热电动势和温度关系,就可计算出参考温度不为 0℃的热电势。

【例 3-1】 已知 A、B 组成的热电偶在(100℃,0℃)时热电势为 1mV,A、B 组成的热电偶在(1000℃,0℃)时热电动势为 10mV,则它们在(1000℃,100℃)时的热电动势为 10−1=9mV。

3.3.3 热电偶技术参数

(1) 分度号与分度表。分度号(S、R、B、K、E、J、T、N)代表热电偶的类型。目前常用的热电偶类型包括:S 型(铂铑 10-铂)、R 型(铂铑 13-铂)、B 型(铂铑 30-铂铑 6)、K 型(镍铬-镍硅(镍铝))、E 型(镍铬-铜镍(康铜))、J 型(铁-铜镍)、T 型(铜-铜镍)、N 型(镍铬硅-镍硅镁)。

热电偶的静态特性在标准中由分度表给出,用表格的方式列出温度与热电动势的对应关系。表 3-4 以 K 型(镍铬-镍硅)热电偶为例列出分度表。

表 3-4 K 型热电偶特性分度表

温度(℃)	0	10	20	30	40	50	60	70	80	90
	热电动势(mV)									
0	0.000	0.397	0.798	1.203	1.611	2.022	2.436	2.850	3.266	3.681
100	4.095	4.508	4.919	5.327	5.733	6.137	6.539	6.939	7.338	7.737
200	8.137	8.537	8.938	9.341	9.745	10.151	10.560	10.969	11.381	11.793
300	12.207	12.623	13.039	13.456	13.874	14.292	14.712	15.132	15.552	15.974
400	16.395	16.818	17.241	17.664	18.088	18.513	18.938	19.363	19.788	20.214
500	20.640	21.066	21.493	21.919	22.346	22.772	23.198	23.624	24.050	24.476
600	24.902	25.327	25.751	26.176	26.599	27.022	27.445	27.867	28.288	28.709
700	29.128	29.547	29.965	30.383	30.799	31.214	31.214	32.042	32.455	32.866
800	33.277	33.686	34.095	34.502	34.909	35.314	35.178	36.121	36.524	36.925
900	37.325	37.724	38.122	38.915	38.915	39.310	39.703	40.096	40.488	40.879

续表

温度 (℃)	0	10	20	30	40	50	60	70	80	90
	热电动势（mV）									
1000	41.269	41.657	42.045	42.432	42.817	43.302	43.585	43.968	44.349	44.729
1100	45.108	45.486	45.863	46.238	46.612	46.985	47.356	47.726	48.095	48.462
1200	48.828	49.192	49.555	49.916	50.276	50.633	50.990	51.344	51.697	52.049
1300	52.398	52.747	53.093	53.439	53.782	54.125	54.466	54.807	—	—

（2）允许误差。热电偶的热电动势-温度关系对分度表的最大偏差。根据允许误差将热电偶分为 1 级、2 级、3 级。

（3）测量范围。由于材料熔点不一样，因此不同材料的热电偶有不同的使用温度极限。

（4）响应时间。热电偶的动态特性也是一阶滞后型，响应时间可以用时间常数来表示。影响其时间常数的因数类似于金属热电阻的分析。有些铠装产品的时间常数可达几十秒，两种金属薄膜制成的热电偶的时间常数可达微秒级。

3.3.4 热电偶的冷端补偿

热电偶输出的电动势是两结点温度差的函数。T 为被测端温度，T_0 为参考端温度，分度表中只给出了 T_0 为 0℃时热电偶的静态特性，但在实际中做到这一点很困难，于是产生了热电偶冷端补偿问题。目前常用的冷端补偿法包括：0℃恒温法、冷端温度实时测量计算修正法、自动硬件补偿法。

（1）0℃恒温法。将热电偶冷端置于 0℃的恒温器内，使其工作状态与分度表状态一致，测出电势后查分度表直接得到热端温度值。0℃的恒温器一般采用冰水混合物、半导体致冷器等。

（2）冷端温度实时测量补偿法。这种补偿法无须保持冷端温度 T_0 恒定，而是采用其他测温手段实时测量当前冷端温度 T_0，利用该值对热电偶进行补偿，从而消除冷端温度变化带来的测量误差。这一过程利用了式（3-11）的中间温度定理，并两次查分度表。以 K 型热电偶为例，详细步骤描述见[例 3-2]。

$$E_{AB}(T, 0) = E_{AB}(T, T_0) + E_{AB}(T_0, 0) \tag{3-11}$$

【例 3-2】 用 K 型热电偶（镍铬–镍硅）测量温度，已知热电偶冷端温度为 $T_0=40℃$，用电子电位差计测得 $E_{AB}(T, 40℃) = 2.070\text{mV}$。求温度 T。

① 自动采集两个输入量。一个是热电偶回路的温差电势 $E_{AB}(T, 40℃) = 2.070\text{mV}$；另一个是冷端温度 T_0，假设 $T_0 = 40℃$。

② 求取修正量或称计算机补偿值。计算机根据已经测得的 T_0 值，自动查内存中的热电偶分度表，得到 $E_{AB}(T_0, 0) = E_{AB}(40, 0) = 1.611\text{mV}$。

③ 加法运算：根据中间温度定律计算两结点温度分别为 T、0 时的总温差电动势 $E_{AB}(T, 0)$：

$$E_{AB}(T,0) = E_{AB}(T,T_0) + E_{AB}(T_0,0) = E_{AB}(T,40) + E_{AB}(40,0) = 2.070 + 1.611 = 3.681 \text{mV}$$

④ 查分度表求热端温度 T：在分度表中使用 $E_{AB}(T,0)=3.681\text{mV}$ 查询得到热端温度 $T=90℃$（被测温度）。

（3）自动硬件补偿法。在实际应用中，为提高测量精度，通常使用商业化集成芯片做温度补偿，如 ADI 公司的 AD594/AD595 芯片。AD594/AD595 是完整的单芯片仪表放大器和热电偶冷结补偿器，针对 J 型（AD594）或 K 型（AD595）热电偶进行了预调整。通过将冰点基准源与预校准放大器相结合，该器件可直接从热电偶信号产生高电平（10mV/℃）输出。引脚绑定选项使该产品可用作线性放大器补偿器；采用固定或远程设定点控制的开关输出设定点控制器。它可用于直接放大补偿电压，从而成为提供低阻抗电压输出的独立摄氏温度传感器。AD594/AD595 内置一个热电偶故障报警器，可指示一个或两个热电偶引脚是否断开。

AD594/AD595 可采用单端电源（包括+5V）供电；而通过内置负电源，还可测量 0℃ 以下的温度。

为了匹配 J 型（铁-镍铜）热电偶特性，AD594 通过激光晶圆调整进行预先校准，而 AD595 则针对 K 型（镍铬-镍铝）输入进行激光调整。封装引脚处提供温度传感器电压和增益控制电阻，因此可通过添加两个或三个电阻来针对热电偶的类型重新校准电路。通过这些引脚，还可以针对热电偶和温度计进行更精确的校准。

采用+5V 单电源供电（见图 3-12）时，J 型热电偶（AD594）或 K 型热电偶（AD595）的测温范围为 0～+300℃。供电电压选择+5～+30V 均可，但为了减小芯片发热带来的误差，应尽量选择较低电压供电。报警引脚 13 不用时应接地。预校准反馈网络引脚 8 和输出引脚 9 连在一起，可以提供 10mV/℃ 的温度传递特性。利用电压范围更大的双电源供电（见图 3-13），AD594/AD595 的测温范围可以扩展到 0℃ 以下以及 300℃ 以上的范围。将正电源从+5V 提高到+15V 可以将测温范围扩展到 750℃（J 型热电偶 AD594）或 1250℃（K 型热电偶 AD595）。

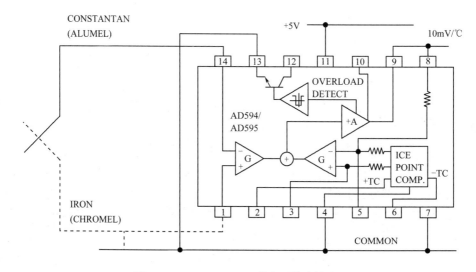

图 3-12　AD594/AD595 单电源模式接线图

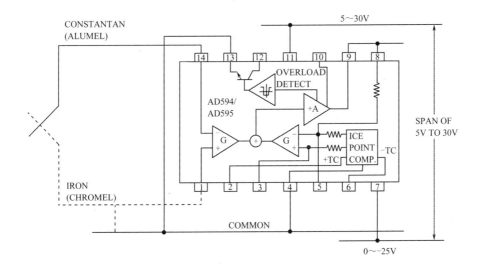

图 3-13 AD594/AD595 双电源模式接线图

在芯片处于 25℃环境下，输出电压与热电偶电压满足：

AD594输出电压=(J型电压+16μV)×193.4   (3-12)

AD595输出电压=(K型电压+11μV)×247.3   (3-13)

AD594/AD595 输出电压与热电偶温度对照表见表 3-5。

表 3-5 输出电压与热电偶温度对照表（芯片环境+25℃，V_S=-5V，+15V）

热电偶温度（℃）	J型电压（mV）	AD594输出（mV）	K型电压（mV）	AD595输出（mV）	热电偶温度（℃）	J型电压（mV）	AD594输出（mV）	K型电压（mV）	AD595输出（mV）
-200	-7.890	-1523	-5.891	-1454	500	27.388	5300	20.64	5107
-180	-7.402	-1428	-5.550	-1370	520	28.511	5517	21.493	5318
-160	-6.821	-1316	-5.141	-1269	540	29.642	5736	22.346	5529
-140	-6.159	-1188	-4.669	-1152	560	30.782	5956	23.198	5740
-120	-5.426	-1046	-4.138	-1021	580	31.933	6179	24.05	5950
-100	-4.632	-893	-3.553	-876	600	33.096	6404	24.902	6161
-80	-3.785	-729	-2.920	-719	620	34.273	6632	25.751	6371
-60	-2.892	-556	-2.243	-552	640	35.464	6862	26.599	6581
-40	-1.960	-376	-1.527	-375	660	36.671	7095	27.445	6790
-20	-0.995	-189	-0.777	-189	680	37.893	7332	28.288	6998
-10	-0.501	-94	-0.392	-94	700	39.13	7571	29.128	7206
0	0	3.1	0	2.7	720	40.382	7813	29.965	7413
10	0.507	101	0.397	101	740	41.647	8058	30.799	7619
20	1.019	200	0.798	200	750	42.283	8181	31.214	7722
25	1.277	250	1	250	760	—	—	31.629	7825
30	1.536	300	1.203	300	780	—	—	32.455	8029

续表

热电偶温度（℃）	J型电压（mV）	AD594输出（mV）	K型电压（mV）	AD595输出（mV）	热电偶温度（℃）	J型电压（mV）	AD594输出（mV）	K型电压（mV）	AD595输出（mV）
40	2.058	401	1.611	401	800	—	—	33.277	8232
50	2.585	503	2.022	503	820	—	—	34.095	8434
60	3.115	606	2.436	605	840	—	—	34.909	8636
80	4.186	813	3.266	810	860	—	—	35.718	8836
100	5.268	1022	4.095	1015	880	—	—	36.524	9035
120	6.359	1233	4.919	1219	900	—	—	37.325	9233
140	7.457	1445	5.733	1420	920	—	—	38.122	9430
160	8.56	1659	6.539	1620	940	—	—	38.915	9626
180	9.667	1873	7.338	1817	960	—	—	39.703	9821
200	10.777	2087	8.137	2015	980	—	—	40.488	10015
220	11.887	2302	8.938	2213	1000	—	—	41.269	10209
240	12.998	2517	9.745	2413	1020	—	—	42.045	10400
260	14.108	2732	10.56	2614	1040	—	—	42.817	10591
280	15.217	2946	11.381	2817	1060	—	—	43.585	10781
300	16.325	3160	12.207	3022	1080	—	—	44.439	10970
320	17.432	3374	13.039	3227	1100	—	—	45.108	11158
340	18.537	3588	13.874	3434	1120	—	—	45.863	11345
360	19.64	3801	14.712	3641	1140	—	—	46.612	11530
380	20.743	4015	15.552	3849	1160	—	—	47.356	11714
400	21.846	4228	16.395	4057	1180	—	—	48.095	11897
420	22.949	4441	17.241	4266	1200	—	—	48.828	12078
440	24.054	4655	18.088	4476	1220	—	—	49.555	12258
460	25.161	4869	18.938	4686	1240	—	—	50.276	12436
480	26.272	5084	19.788	4896	1250	—	—	50.633	12524

3.3.5 补偿导线

补偿导线就是用一定范围内热电性质与热电偶相近的材料制成导线。用它将热电偶的参考端延长到需要的地方，不会对热电偶回路引入超出允许的附加测温误差。补偿导线作用是将热电偶的冷端移至离热源较远且温度较为稳定的地点，从而消除冷端温度变化的影响。

补偿导线必须具备的基本条件是：在补偿温度范围内，由补偿导线材料 C、D 构成的热电偶与测温热电偶有相同的分度值，即

$$E_{AB}(T,0) = E_{CD}(T,0) \tag{3-14}$$

如图 3-14 所示，如果 A、B 材料的热电偶能通过补偿导线 C、D 一直延伸到 T_0 处的话，产生的热电动势应为 $E_{AB}(T, T_0)$，它可以理解成由两部分组成：

$$E_{AB}(T, T_0) = E_{AB}(T, T_0') + E_{AB}(T_0', T_0) = E_{AB}(T, T_0') + E_{CD}(T_0', T_0) \quad (3\text{-}15)$$

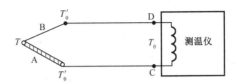

图 3-14 补偿导线法连接示意图

使用补偿导线需要注意以下几点：补偿导线只能与相应型号的热电偶配用；极性不能接反，否则会造成更大的误差；补偿导线与电极连接处两结点的温度必须相同，且不得超过规定范围。

随着热电偶的标准化，补偿导线也形成了标准系列。国际电工委员会也制定了国际标准，适合于标准化热电偶使用，见表 3-6。

表 3-6 补偿导线标准系列

补偿导线型号	配用的热电偶分度号	补偿导线		补偿导线颜色	
		正极	负极	正极	负极
SC	S（铂铑 10-铂）	SPC（铜）	SNC（康铜）	红	白
KC	K（镍铬-镍硅）	KPC（铜）	KNC（康铜）	红	白
EX	E（镍铬-康铜）	EPX（镍铬）	ENX（康铜）	褐绿	白
JX	J（铁-康铜）	JPX（铁）	JNX（康铜）	红	白
TX	T（铜-康铜）	TPX（铜）	TNX（康铜）	红	白

3.3.6 热电偶测温仪表的接线

热电偶产生的热电动势通常在毫伏级范围，可以直接与显示仪表（动圈式毫伏表、电子电位差计、数字表等）配套使用，如图 3-15（a）、图 3-15（b）所示；也可与温度变送器配套，转换成标准电流信号，如图 3-15（c）、图 3-15（d）所示。

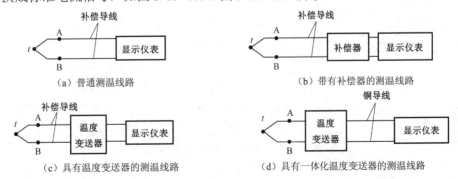

图 3-15 热电偶测温电路

在特殊情况下，热电偶可以串联或并联使用（见图 3-16），但只限于同一分度号的热电偶，且冷端应在同一温度下。

（1）为了获得较大的热电动势输出、提高灵敏度或测量多点温度之和，可以采用热电偶正向串联，如图3-16（a）所示。

（2）采用热电偶反向串联可以测量两点间的温差，如图3-16（b）所示。

（3）利用热电偶并联可以测量多点平均温度，如图3-16（c）所示。

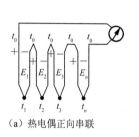
（a）热电偶正向串联

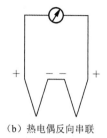
（b）热电偶反向串联

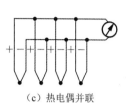
（c）热电偶并联

图 3-16 热电偶串联或并联

3.4 热敏电阻

3.4.1 工作原理

热敏电阻由于材料配方的差异，种类繁多，一般按温度系数正负将热敏电阻分为负温度系数热敏电阻 NTC 和正温度系数热敏电阻 PTC。目前热敏电阻的测量范围一般在 $-50\sim+300$ ℃。NTC 热敏电阻主要由 Mn 系过渡金属氧化物材料制成，PTC 热敏电阻的材料主要有陶瓷基和高分子基两类。低功率热敏电阻以温度测量为主，功率型热敏电阻则可直接与负载串联用于设备的过载保护或温度控制。片状 NTC 热敏电阻实物照片如图 3-17 所示。热敏电阻的特性可以用电阻-温度特性、电压-电流特性、电流-时间特性来描述，其中与温度测量关系密切的主要是电阻-温度特性。

3.4.1.1 电阻-温度特性

NTC 热敏电阻是以锰、钴、镍和铜等过渡金属的氧化物为主要材料，使用不同比例的配方，经高温烧结而成，然后采用不同的封装形式制成珠状、片状、杆状陶瓷。由于具有很高的负电阻温度系数，热敏电阻对温度测量的灵敏度高、体积小，可用作点温或表面温度以及快速变化温度的测量。NTC 热敏电阻广泛应用于温度测量、温度补偿、抑制涌浪等场合。

在一定工作温度范围内，在微小工作电流的条件下，忽略自身发热的影响，NTC 热敏电阻的温度–电阻特性如图 3-18 所示，电阻与温度的关系式可表示为

$$R(T) = A\exp\left(\frac{B}{T}\right) \quad (3\text{-}16)$$

图 3-17 热敏电阻实物照片

式中　A、B——与热敏电阻尺寸、形式及其半导体物理性能有关的常数；
　　　T——绝对温度。

若已知绝对温度 T_0 下的电阻值 R_0，则 $A = R_0 \exp\left(-\dfrac{B}{T_0}\right)$，代入式（3-16），则得到一般表达式

$$R(T) = R_0 \exp\left[B\left(\dfrac{1}{T} - \dfrac{1}{T_0}\right)\right] \quad (3\text{-}17)$$

其中 T_0 常常取 0℃（即绝对温度 273K），B 值称为热敏指数。上式就是热敏电阻的阻温特性关系式，利用该式就可以求取任意温度下的电阻或反过来根据电阻值来测量温度。

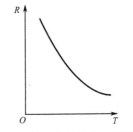

图 3-18　热敏电阻温度-电阻特性

3.4.1.2　温度系数 α_t

其大小表示为

$$\alpha_t = \dfrac{\Delta R/R}{\Delta T} = \dfrac{1}{R}\dfrac{\mathrm{d}R}{\mathrm{d}T} \quad (3\text{-}18)$$

代入式（3-17），得

$$\alpha_t = -\dfrac{B}{T^2} \quad (3\text{-}19)$$

可见，负温度系数的热敏电阻温度系数为负值，在常温度范围为 $-0.05 \sim -0.03℃^{-1}$，比金属热电阻的温度系数高约一个数量级。

3.4.2　热敏电阻的伏安特性

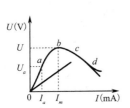

图 3-19　NTC 型热敏电阻的静态伏安特性

热敏电阻的伏安特性是指 25℃ 的静止空气中已达到热平衡的热敏电阻的两端电压和电流的关系。图 3-19 所示为 NTC 型热敏电阻的静态伏安特性，由图 3-19 可见，当电流较小时，曲线遵守欧姆定律，直线性较好。当电流达到 I_a 后，曲线出现非线性，见 ab 段。若电流继续增加，曲线出现负特性，见 bcd 段。这是由于电流过大致使元器件自身发热阻值减小的缘故。

3.4.3　热敏电阻的特点

热敏电阻具有以下优点：
（1）具有很高的电阻温度系数或灵敏度，比金属热电阻高一个数量级。
（2）因为它是陶瓷材料制成，常温下其阻值大，测温时可以忽略引线电阻的影响。
（3）体积可以做得很小，可以测量点温度，动态特性好，适于动态测温。

(4) 成本低、易于维护、使用寿命长,因此适于现场测温。

热敏电阻的主要缺点是分散性大、非线性大、长期稳定性差,不同厂家的产品性能参数很难相互兼容,互换性不好。

NTC 冷态电阻大,通电流工作后温度上升到居里温度后阻值显著下降,利用这一特性可以用于抑制白炽灯、大电容负载的开机浪涌电流。反之,PTC 冷态电阻小,当通电流后发热产生温升,电阻增大,因而温度不会持续升高,可以用 PTC 制成恒温加热器。PTC 材料的另一重要用途就是可以制成自恢复保险丝,可以为负载提供过载或过热保护。

表 3-7 列举了热敏电阻的主要应用。

表 3-7 热敏电阻的主要应用

材 料	用 途	举 例
NTC 或 PTC	温度测量	家用空调进风口和出风口温度测量
NTC	温度补偿	带温度补偿的石英晶体振荡器
NTC	浪涌抑制	抑制开关电源、电动机、白炽灯接通瞬间的浪涌电流
PTC	恒温加热元件	自控温电热器、恒温电烙铁
PTC	过载保护	自恢复保险丝

3.5 霍尔传感器

3.5.1 霍尔效应

霍尔效应是美国物理学家 Edwin Hall 于 1879 年发现的。Hall 在他的论文 "On a New Action of the Magnet on Electric Currents" 中详细介绍了霍尔效应发现的过程。

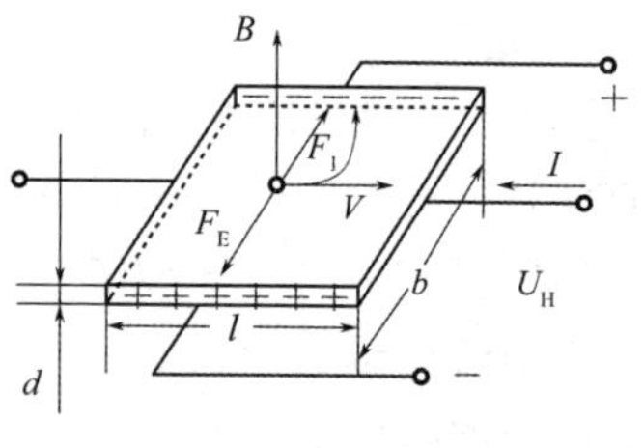

霍尔效应是指金属导体或半导体薄片处于磁场中,当垂直于磁场方向有电流流过时,在垂直于电流和磁场的方向上将产生电动势的现象(见图 3-20),产生的电动势 U_H 称为霍尔电势,半导体薄片称为霍尔元器件。

图 3-20 霍尔效应原理

若霍尔元器件为 N 型半导体材料制成,电子为多数载流子,施加电流 I 后,多数载流子沿着 I 相反方向运动,电子在磁场中受到洛伦兹力 F_l 的作用,即

$$F_l = evB \tag{3-20}$$

式中 e——电子电量;
v——电子的速度。

在 F_l 的作用下,电子向一侧偏转。因此,在半导体薄片的一侧有电子积累而带负电荷,而另一侧因为缺少电子而带正电荷,于是在半导体薄片两侧建立静电场 E_H,作用于运动电子的电场力 F_E 为

$$F_E = -eE_H = -e\frac{U_H}{b} \tag{3-21}$$

式中 b——霍尔元器件的宽度。

电场力 F_E 阻止电子继续偏转。当 $F_I = F_E$ 时，达到动态平衡，由式（3-20）和式（3-21）得

$$U_H = -vBb \tag{3-22}$$

半导体的电流密度 J 可用其电子浓度 n 来表示，即

$$J = -nev$$

因此，电流为

$$I = JS = -nevS = -nevbd$$

由上式求得 v 为

$$v = -\frac{I}{nebd} \tag{3-23}$$

将式（3-23）代入式（3-22），得

$$U_H = \frac{IB}{ned} = k_H IB \tag{3-24}$$

式中 d ——霍尔元器件的厚度；

k_H ——霍尔元器件的灵敏度，$k_H = 1/(ned)$，其单位为 mV/(mA·T)。

霍尔元件的灵敏度 k_H 是极为重要的参数。表示霍尔元件在单位电流、单位磁感应强度作用下，元件输出霍尔电动势 U_H 的大小。一般要求 k_H 越大越好。

由 k_H 的表达式可见，k_H 与 n、e、d 成反比。由于金属的电子浓度 n 较高，k_H 太小，因此金属不宜做霍尔元器件的材料。绝缘体电子浓度 n 很小，k_H 很大，但要产生很小的电流 I 需要施加极高的控制电压，故也不宜做霍尔元器件的材料。半导体的电子浓度 n 适中，而且可通过掺杂来控制 n，因此，目前霍尔元器件基本都由半导体材料构成，多为 N 型半导体材料。霍尔元器件的厚度 d 越小，霍尔效应越明显。

式（3-24）是在磁感应强度 B 与元器件平面垂直条件下导出的。若 B 与元器件平面法线成一角度 θ，则作用于元器件的有效磁感应强度为 $B\cos\theta$，式（3-24）变为

$$U_H = k_H IB\cos\theta \tag{3-25}$$

3.5.2 霍尔效应传感器

霍尔效应传感器是一种磁传感器和磁电转换元器件，可检测磁场及其变化，其输出为电压。按其输出的电压信号的类型可以分为开关型霍尔传感器和模拟型霍尔传感器。

3.5.2.1 开关型霍尔传感器

开关型霍尔传感器应用广泛，典型产品 A3141 的原理图如图 3-21 所示，A3141 是一种三端器件，OC 门输出。实际应用时，其 OC 门输出端一般通过上拉电阻接正电源。当穿过 A3141 霍尔片的 S 极磁感应强度增强到超过 $B_{OP}=100GS$ 时，施密特触发器翻转，输出拉低；而当 S 极磁感应强度变弱并小于 $B_{RP}=45GS$ 时，施密特触发器翻转，输出变高。同系列还有 A314x，其原理相同，但 B_{OP} 和 B_{RP} 不同。

图 3-22 中是开关型霍尔传感器的几种应用举例，图 3-22（a）中检测与磁极间的距离 d，图 3-22（b）中测量环形磁铁的转速，图 3-22（c）中检测气隙的大小。

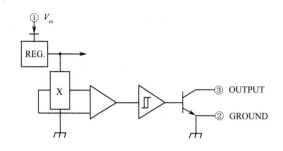

图 3-21　A3141 的原理图

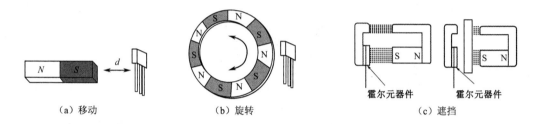

（a）移动　　　　　　（b）旋转　　　　　　（c）遮挡

图 3-22　开关型霍尔传感器的应用

3.5.2.2　模拟型霍尔传感器

实际应用中，有时候还需要测量穿过霍尔片的磁场大小，这时候就要求传感器是能输出连续电压信号的模拟型霍尔传感器，如 ADI 公司的 AD22151 芯片。AD22151 是一款线性磁场传感器，其输出电压与垂直施加于封装上表面的磁场成比例。AD22151 集成了大量霍尔元件阵列技术与调理电路，从而减小了温度漂移。AD22151 的功能模块图如图 3-23 所示。AD22151 单片集成的特点使其仅需添加少量的电路元件就可以满足多种应用场合的测量需求。AD22151 具有如下特点：

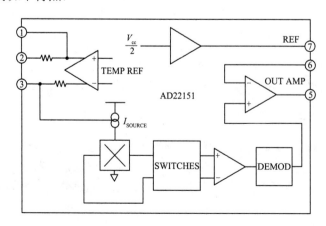

图 3-23　功能模块图

- 可调失调，支持单极性或双极性工作。
- 在整个温度范围内具有低失调漂移。
- 宽增益可调范围。
- 在整个温度范围内具有低增益漂移。
- 可调一阶温度补偿。
- 与 V_{cc} 成比例。

AD22151有两种工作方式，如图 3-24 和 3-25 所示。一种是双极性方式（磁场零点对应输出电压为 $V_{cc}/2$），一种是单极性方式（磁场为零时，输出电压不为 $V_{cc}/2$）。需要选择的外部元件有三部分，温度补偿电阻（R_1）、增益电阻（R_2、R_3）和失调电阻（R_4）。式（3-26）和式（3-27）分别为双极性和单极性方式下系统增益的计算公式。

$$增益=\left(1+\frac{R_3}{R_2}\right)\times 0.4\mathrm{mV/GS} \tag{3-26}$$

$$增益=\left(1+\frac{R_3}{R_2\parallel R_4}\right)\times 0.4\mathrm{mV/GS} \tag{3-27}$$

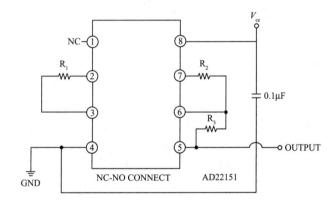

图 3-24　典型的低补偿（<-500ppm）双极型接线

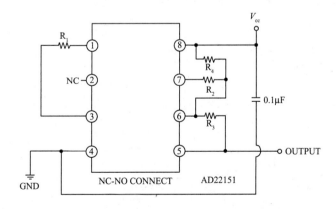

图 3-25　典型的高补偿（=-2000ppm）单极性接线

3.5.3 霍尔电流传感器

霍尔电流传感器可分为霍尔直测式电流传感器和霍尔磁补式电流传感器两类，其共同特点是可以实现对直流、交流、脉冲（冲击）电流的隔离测量。

霍尔直测式电流传感器的原理如图 3-26 所示。按照安培环路定理，只要有电流 I_C 流过导线，导线周围会产生磁场，磁场的大小与流过的电流 I_C 成正比，由电流 I_C 产生的磁场可以通过软磁材料来聚磁产生磁通 $\Phi=BS$，那么加有激励电流的霍尔片会产生霍尔电压 U_H。通过放大检测获得 U_H，已知 k_H、$H=B/\mu$、磁芯面积 S、磁路长度 L 以及匝数 N，由 $U_H = k_H IB$，就可获得磁场 B 的大小；再由安培环路定律 $H \cdot L = N \cdot I_C$，可直接计算出被测电流 I_C。注意 k_H 是与温度有关的。

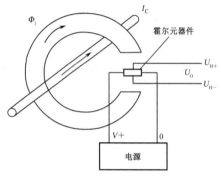

图 3-26 霍尔直测式电流传感器的原理图

霍尔磁补式电流传感器的原理如图 3-27 所示。被测电流 I_P 产生的磁场 H_P 作用于加有电流的霍尔元器件上，使霍尔元器件产生霍尔电压 U_H。U_H 大于零时放大后会控制功率放大模块的输出电流 I_S 不断增加，并产生磁场 H_S，H_S 与 H_P 相反，使得霍尔元器件的输出 U_H 减小，直到 $H_S = H_P$ 时 U_H 为零，I_S 不再增加，这时霍尔片就达到零磁通检测。

在磁平衡时，$N_P I_P = I_S N_S$，因此只要测得 I_S 便可计算出被测电流 I_P。图 3-27 中外接电源用于为霍尔片提供激励电流和功率放大电源，外接测量电阻 R_m 用于 I_S 的测量。

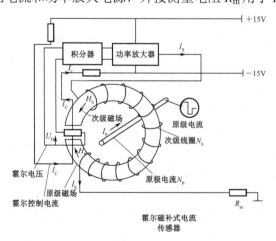

图 3-27 霍尔磁补式电流传感器的原理图

利用霍尔电流传感器的原理可以制成钳形电流表，如图 3-28 所示。主要方法是将磁芯做成张合结构，在磁芯开口处紧贴霍尔传感器，将环形磁芯夹在被测电流流过的导线外，即可测出其中流过的电流。这种钳形电流表既可测交流也可测直流。

图 3-28　霍尔式钳形电流表

3.6　磁敏式传感器

磁敏式传感器是基于磁电转换原理的传感器，是对磁场参量（B，H，ϕ）敏感的元器件或装置，具有把磁学物理量转换为电信号的功能。磁敏式传感器主要有磁敏电阻、磁敏二极管、磁敏三极管。本节主要介绍应用较多的磁敏电阻。

3.6.1　工作原理

置于磁场中的载流金属导体或半导体材料，其电阻值随磁场变化的现象，称为磁致电阻变化效应，简称为磁阻效应。利用磁阻效应制成的元器件称为磁敏电阻，也称为 MR 元器件。磁阻效应与材料性质、几何形状等因素有关。

在磁场中，电流的流动路径会因磁场的作用而加长，使得材料的电阻率增加。当温度恒定时，磁阻效应与磁场强度、载流子的迁移率和几何形状之间的关系可表示为

$$\frac{\rho - \rho_0}{\rho_0} = \frac{\Delta \rho}{\rho_0} = k\mu^2 B^2 [1 - f(L/W)] = 0.273\mu^2 B^2 \qquad (3-28)$$

式中　ρ——材料在磁感应强度为 B 时的电阻率；

　　　ρ_0——材料在磁感应强度为 0 时的电阻率；

　　　k——比例系数；

　　　μ——载流子的迁移率；

　　　B——磁感应强度；

　　　$f(L/W)$——磁敏电阻的形状效应系数，L、W 为磁敏电阻的长（沿电流方向）和宽。

由式（3-28）可以看出，在磁场一定时，载流子的迁移率越高，其磁阻效应越明显。当材料中仅存在一种载流子时磁阻效应几乎可以忽略，此时霍尔效应更为强烈。若在电子和空

穴都存在的材料（如锑化铟（InSb））中，则磁阻效应很强。所以磁敏电阻通常选用锑化铟（InSb）、砷化铟（InAs）、锑化镍（NiSb）等半导体材料。

磁阻效应还与磁阻材料的形状、尺寸密切相关。这种与磁阻材料的形状、尺寸有关的磁阻效应称为几何磁阻效应。长方形磁阻元器件只有在 L（长度）$<W$（宽度）的条件下，才表现出较高的灵敏度。长宽比 L/W 越小，电流偏移引起的电阻变化量越大，其磁阻效应也越明显，灵敏度越高。实验表明，圆盘状的磁敏电阻的磁阻效应最大。

3.6.2 磁阻元器件的主要特性

（1）灵敏度特性。磁阻元器件的灵敏度特性是用在一定磁场强度下的电阻变化率来表示的，即磁场-电阻特性的斜率，常用 K 表示。在计算时常用磁场强度为 0.3T（或 1T）时的磁阻元件电阻值 R_B 与零磁场时的磁阻元器件电阻值 R_0 的比值求得，即 $K=R_B/R_0$。这种情况下，一般磁阻元器件的灵敏度大于 2.7。通常情况下，磁阻元器件的灵敏度是非线性的，并且受温度影响较大，所以使用时应该根据灵敏度特性进行温度补偿。

（2）磁场-电阻特性。磁敏电阻的材料不同，其阻值相对变化率通常也不相同。磁敏电阻的阻值相对变化率通常与磁场的极性无关，它只随磁场强度的增加而增加。如图 3-29 所示，在 $B<0.3$T 时，电阻变化率与磁感应强度 B 呈平方关系，而当 $B>0.3$T 时则呈线性关系。

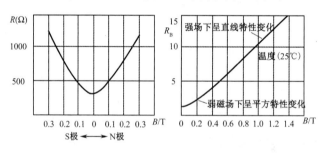

图 3-29 磁敏电阻的磁场-电阻特性

（3）电阻-温度特性。由于磁敏电阻是半导体材料制成的，因此它受温度的影响很大。图 3-30 所示的是一般半导体磁阻元器件的电阻-温度特性曲线。从图 3-30 中可以看出，半导体磁阻元器件的温度特性不好，图中的电阻值在 35℃ 的变化范围内减小了 1/2。因此在应用时，一般都要采取温度补偿措施。

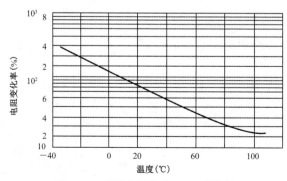

图 3-30 磁敏电阻的电阻-温度特性

(4) 标称阻值和额定功率。磁敏电阻大部分与半导体电路配合使用，其电阻值通常为 50～500Ω，额定功率在环境温度低于 80℃时一般为几毫瓦。

(5) 频率特性。磁敏电阻的工作频率范围通常为 1～10MHz。

3.6.3 磁敏电阻的应用

磁敏电阻可以用于电流传感器、磁场传感器、磁敏开关、角速度/角位移传感器等，可用于开关电源、UPS、变频器、伺服电机驱动器、家用电器、电度表、电子仪器仪表、工业自动化、智能机器人、电梯、智能住宅、断路器、防爆电机保护器、远程抄表、地磁场的测量等。图 3-31 所示的是用磁敏电阻组成的无触点开关电路。当永久磁铁接近磁敏电阻时会使磁敏电阻的阻值增大，根据需要将信号进行放大或直接驱动晶体管，即可实现无触点开关功能或实现计数功能。

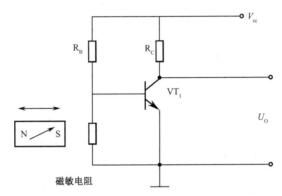

图 3-31 磁敏电阻组成的无触点开关电路

3.7 电场测量探头

当导体带电时，导体周围会存在电场，若一带电粒子进入此空间，则在任意瞬间均受到一定方向的力。在任意点的电场强度是矢量，它等于位于该点单位正电荷所受的力。电场强度的大小以每米的伏特数（V/m）来表示。

电场强度测量仪一般由探头、信号处理电路（检测器）以及探头到检测器的信号传输通道（导线或光纤等）三部分组成。当进行电场强度测量时，检测者必须离探头足够远，以避免探头处电场的明显畸变。引入探头进行测量时，探头的尺寸应使产生电场的边界面（带电或接地表面）上的电荷分布没有明显的畸变。当场强仪在均匀电场中校准过后，被测电场不需要很均匀。

电场强度测量探头按工作原理分为 3 大类：悬浮体型、地参考型和光电型，基本的原理都是测量电荷量。

3.7.1 悬浮体型探头

悬浮体场强仪的工作原理是测量引入被测电场的一个孤立导体的两部分之间的工频感

应电流和感应电荷。它用于在地面以上的地方测量空间电场,并且不要求参考地电位,通常做成携带式。悬浮体场强仪的指示器可以放在探头内构成探头的一个组成部分,探头和指示器用一个绝缘手柄或绝缘体引入电场。还有一种远距离显示电场强度的悬浮体场强仪,信号处理回路的一部分装在探头内,指示器的其余部分放在一个分开的壳体内并有模拟或数字显示,探头和显示单元采用光纤连接。这种形式的探头也可用一绝缘手柄或绝缘体引入电场。

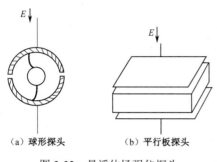

图 3-32 悬浮体场强仪探头

悬浮体场强仪探头有球形和平行板两类,形状如图 3-32 所示,所有的探头可以考虑为偶极子。球形探头如图 3-32(a)所示,位于一均匀电场内,分开两半球的平面垂直于电场,在一个半球上的感应电荷有效值 Q 为

$$Q = 3\pi\varepsilon_0 r^2 E \tag{3-29}$$

式中　ε_0——真空的介电常数;
　　　r——球的半径;
　　　E——均匀电场强度有效值。

由式(3-29)可知:通过测量感应电荷 Q 可计算出电场强度。同样,对此电荷采用微分电路调理可得到的感应电流 I,也可以用来测定场强。

$$I = 3\pi\varepsilon_0 \omega r^2 E \tag{3-30}$$

式中　ω——角频率,$\omega = 2\pi f$。

平行板探头如图 3-32(b)所示,式(3-29)和式(3-30)分别以下面的形式来代替:

$$Q = KE \tag{3-31}$$

$$I = K\omega E \tag{3-32}$$

K 是与几何形状有关的一个系数,由校准来确定。

3.7.2　地参考场强仪

地参考场强仪用来测量地面处的场强。探头可以由一块平板和一个安装在薄绝缘层上的接地电极组成,或者由一薄绝缘层分开的两平行板组成,如图 3-33 所示。后者的下板接地,传感电极用一屏蔽电缆与指示器相连。假定没有电场的边缘效应,在传感电极中的感应电荷由下式给出

$$Q = S\varepsilon_0 E \tag{3-33}$$

式中　S——传感器平板的面积。

对感应电荷进行微分,得到

$$I = S\omega\varepsilon_0 E \tag{3-34}$$

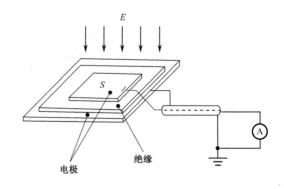

图 3-33 地参考型探头

因为探头是由平板组成的,其使用局限于平坦的地面,界面上电荷分布的畸变通常是不大的。当探头用于非均匀电场时,应注意所测场强是在探头表面上的平均场强。地参考场强仪要求有一参考地电位。

3.7.3 光电场强仪

光电场强仪的基本原理是利用介质晶体的电光效应确定电场强度。与悬浮体场强仪相似,光电场强仪可以测量空间场强,且不要求有一参考地电位,介质探头和指示器用光缆连接。

图 3-34 是光电场强仪探头原理示意图。该探头基于 Pockels 电光效应:即一些晶体在纵向电场(电场方向与光的传播方向一致)作用下会改变其各向异性性质,透

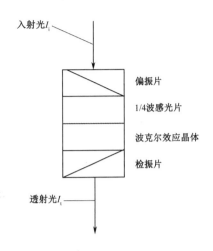

图 3-34 光电场强仪探头原理图

过晶体的光会产生附加的双折射效应。电场引起光的双折射效应大小正比于场强,通过正交偏振光调制观察,透射光 I_t 对入射光 I_i 的比例关系如下

$$I_t / I_i = (1 + \sin M) / 2 \qquad (3-35)$$

$$M = E / F_0$$

$$F_0 = \lambda / 2\pi n^3 cL$$

式中 λ——光的波长;

n——晶体的折射系数;

E——晶体内部的场强;

c——光电系数;

L——晶体的厚度。

3.8 电涡流传感器

3.8.1 工作原理

金属导体置于变化的磁场中,导体内就会产生旋涡状感应电流,称为电涡流或涡流。这种现象称为涡流效应。电涡流式传感器是一种建立在涡流效应原理上的传感器,可以对表面为金属导体的物体实现多种物理量的非接触测量,如位移、振动、厚度、转速、应力、硬度等,工程上常用的金属表面无损探伤传感器大多为电涡流传感器。

将一个通以正弦交变电流 $\dot{I}_1$,频率为 f,外半径为 r 的扁平线圈置于金属导体附近,则线圈周围空间将产生一个正弦交变磁场 H_1,使金属导体中感应电涡流 $\dot{I}_2$,$\dot{I}_2$ 又产生一个与 H_1 方向相反的交变磁场 H_2,如图 3-35 所示。根据楞次定律,H_2 的反作用必然削弱线圈的磁场 H_1。由于磁场 H_2 的作用,涡流要消耗一部分能量,导致传感器线圈的等效阻抗发生变化。线圈阻抗的变化取决于被测金属导体的电涡流效应的强弱程度。

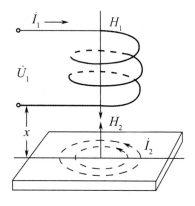

图 3-35 电涡流效应

电涡流效应既与被测体的电阻率 ρ、磁导率 μ 以及几何形状有关，还与线圈的几何参数、线圈中激磁电流频率 f 有关，同时还与线圈与导体间的距离 x 有关。

传感器线圈受电涡流影响时的等效阻抗 Z 的函数关系式为

$$Z = f(\rho, \mu, f, x) \qquad (3\text{-}36)$$

如果保持上式中其他参数不变，而只使其中一个参数发生变化，则传感器线圈的阻抗 Z 就仅仅是这个参数的单值函数。通过与传感器配用的测量电路测出阻抗 Z 的变化量，即可实现对该参数的测量。如被测材料不变、电流频率不变，故阻抗 Z 为距离 x 的单值函数，据此可制成电涡流距离传感器。

为了说明传感器的工作原理与基本特性，一般采用如图 3-36 所示的电涡流传感器的简化模型。在简化模型中，假定电涡流仅分布在环体之内，并且把在被测金属导体上形成的电涡流等效为一个短路环。

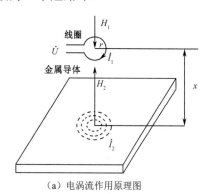
（a）电涡流作用原理图

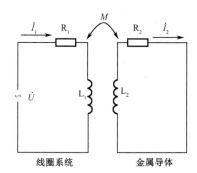
（b）电涡流传感器与被测体等效电路图

图 3-36 电涡流原理及其等效电路

以下分析图 3-36（b）所示的电涡流传感器与被测体的等效电路。图中，电涡流传感器就是通交流电流 $\dot{I}_1$ 的线圈，该线圈也称传感线圈，其电阻为 R_1，电感为 L_1；金属导体的电涡流 $\dot{I}_2$ 等效为在一短路线圈中的短路电流。短路线圈的电阻与电感分别是 R_2 与 L_2。传感器与短路线圈之间靠互感 M 耦合，互感系数 M 随相互距离 x 的减小而增大。根据基尔霍夫定律，可以写出方程

$$\left.\begin{array}{l} R_1\dot{I}_1 + j\omega L_1\dot{I}_1 - j\omega M\dot{I}_2 = \dot{U} \\ R_2\dot{I}_2 + j\omega L_2\dot{I}_2 - j\omega M\dot{I}_1 = 0 \end{array}\right\}$$

式中　ω——线圈激磁电流角频率；
　　　M——互感系数。

联立求解可得

$$Z_{eq} = R_1 + R_2\frac{\omega^2 M^2}{R_2^2 + (\omega L_2)^2} + j\omega\left[L_1 - L_2\frac{\omega^2 M^2}{R_2^2 + (\omega L_2)^2}\right] = R_{eq} + j\omega L_{eq} \qquad (3\text{-}37)$$

其中，R_{eq} 为线圈受电涡流影响后的等效电阻

$$R_{eq} = R_1 + R_2 \frac{\omega^2 M^2}{R_2^2 + (\omega L_2)^2}$$

L_{eq} 为线圈受电涡流影响后的等效电感

$$L_{eq} = L_1 - L_2 \frac{\omega^2 M^2}{R_2^2 + (\omega L_2)^2}$$

从而可得线圈的品质因数 Q_{eq}

$$Q_{eq} = \frac{\omega L_{eq}}{R_{eq}} = \omega \left[L_1 - L_2 \frac{\omega^2 M^2}{R_2^2 + (\omega L_2)^2} \right] \bigg/ \left[R_1 + R_2 \frac{\omega^2 M^2}{R_2^2 + (\omega L_2)^2} \right] \tag{3-38}$$

由此可见，被测参数变化，既能引起线圈等效阻抗 Z_{eq} 的变化，也能引起线圈等效电感 L_{eq}、电阻 R_{eq} 和线圈品质因数 Q_{eq} 值的变化。所以选用 Z_{eq}、L_{eq}、R_{eq}、Q_{eq} 任一参数，并将其转化为电量，即可达到测量的目的。

- M、R_1、R_2、L_1、L_2 变化会引起 Z_{eq}、L_{eq}、R_{eq}、Q_{eq} 的变化。
- M 与距离 x 相关，可用于测量位移、振幅，厚度等。
- R_1、R_2 与传感线圈、金属导体的电导率有关，且电导率是温度函数，可用于测量表面温度、材质判别等。
- L_1、L_2 与金属导体的磁导率有关，可用于测量应力、硬度。

3.8.2 电涡流传感器的基本特性

3.8.2.1 电涡流强度与距离的关系

当 x 改变时，电涡流强度随距离 x 的增大而迅速减小。电涡流强度与距离的关系如图 3-37 所示。

从图 3-37 中可以看出：电涡流强度与距离 x 呈非线性关系，且随着 x/R 的增加而迅速减小；当利用电涡流式传感器测量位移时，只有在 $x/R<1$（一般取 0.05～0.15）的条件下才能得到较好的线性和较高的灵敏度。

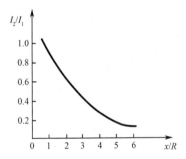

图 3-37 电涡流强度与距离曲线

（R—激励线圈的半径）

3.8.2.2 电涡流的轴向贯穿深度

电涡流不仅沿导体径向分布不均匀，而且导体内部产生的涡流由于趋肤效应，贯穿金属导体的深度也有限，仅作用于表面薄层和一定的径向范围内。磁场进入金属导体后，强度随距离表面的深度的增大按指数规律衰减，并且导体中产生的电涡流强度也是随导体厚度的增加按指数规律下降的。

贯穿深度是指电涡流强度减小到表面强度的 1/e 时的深度，它按指数衰减分布规律可用下式表示

$$J_d = J_0 \exp\left(-\frac{d}{h}\right) \tag{3-39}$$

式中　d——金属导体中某一点距表面的距离;

J_d——沿 H_1 轴向 d 处的电涡流密度;

J_0——金属导体表面电涡流密度,即电涡流密度最大值;

h——电涡流轴向贯穿的深度(趋肤深度)。

当 $d=h$ 时,该处电涡流强度下降至表面电涡流密度 J_0 的 1/e,则此时

$$h = \sqrt{\frac{\rho}{\mu_0 \mu_r \pi f}} \tag{3-40}$$

式中　ρ——被测导体的电阻率;

μ_r——被测导体的相对磁导率;

f——传感线圈中激励电流 I_1 的频率。

由此可见,电涡流密度主要分布在表面附近,被测体电阻率越大,相对磁导率越小,以及传感器线圈的激磁电流频率越低,则电涡流贯穿深度 h 越大。

3.8.3　电涡流传感器的调理电路

根据电涡流式传感器的工作原理可知,被测量的变化可以转换成传感器线圈的 Z_{eq}、L_{eq}、R_{eq}、Q_{eq} 的变化。调理电路的任务是将这些参数转换为电压或电流输出。

- 利用 Q_{eq} 值,该类转换电路使用较少;
- 利用 Z_{eq} 值,该类转换电路一般使用交流电桥,属于调幅电路;
- 利用 L_{eq} 值,该类转换电路一般使用谐振电路,根据输出为电压幅值或电压频率,谐振电路又分为调幅和调频两种。

(1) 电桥调理电路。电涡流式传感器采用电桥测量阻抗的原理如图 3-38 所示,Z_1 是传感器阻抗,Z_2 是平衡用的固定线圈,它们与 C_1、C_2、R_1、R_2 组成电桥的四个臂。电源 $\dot{U}$ 由振荡器供给,振荡频率根据涡流式传感器的需求选择。电桥将反映线圈阻抗的变化,把线圈阻抗变化转换成电压 U_0 幅值的变化。

(2) 谐振调幅式调理电路。由传感器线圈 L、电容器 C 和石英晶体组成的石英晶体振荡电路如图 3-39 所示。石英晶体振荡器通过 R($R \gg Z$)给谐振回路提供一个频率(f_0)稳定的激励电流 i_0,得到 LC 回路输出电压为

$$U_0 = i_0 f(Z) \tag{3-41}$$

式中　Z——LC 回路的阻抗。

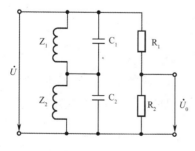

图 3-38　涡流式传感器电桥

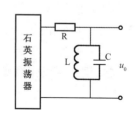

图 3-39　谐振调幅式调理电路

(3)谐振调频式调理电路,如图 3-40 所示,传感器线圈 L 接入 LC 振荡回路,当传感器与被测导体距离 x 改变时,在电涡流影响下,传感器的电感发生变化,将导致振荡频率的变化,该变化的频率是距离 x 的函数,即 $f=L(x)$,该频率可由数字频率计直接测量。振荡频率为

$$f = \frac{1}{2\pi\sqrt{L(x)C}} \qquad (3\text{-}42)$$

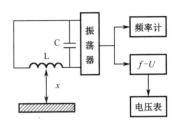

图 3-40 谐振调频式调理电路

3.8.4 电涡流传感器的应用

电涡流传感器应用广泛,由于篇幅所限,仅介绍以上两个应用实例,读者可参考有关文献。

(1)透射式涡流厚度传感器。透射式涡流厚度传感器的结构原理如图 3-41 所示。传感器由两个线圈组成,在被测金属板的上方设有发射传感器线圈 L_1,在被测金属板下方设有接收传感器线圈 L_2。当在 L_1 上加低频电压 U_1 时,L_1 上产生交变磁通 Φ_1,若两线圈间无金属板,则交变磁通直接耦合至 L_2 中,L_2 产生感应电压 U_2。如果将被测金属板放入两线圈之间,则 L_1 线圈产生的磁场将导致在金属板中产生电涡流,并将贯穿金属板。此时,磁场能量受到损耗使到达 L_2 的磁通将减弱为 Φ_1',从而使 L_2 产生的感应电压 U_2 下降。放入两线圈之间的被测金属板越厚,涡流损失就越大,电压 U_2 就越小,如图 3-42 所示。因此,可根据 U_2 电压的大小得知被测金属板的厚度。

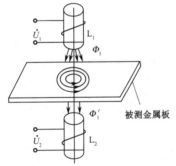

图 3-41 透射式涡流厚度传感器原理

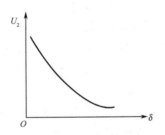

图 3-42 U_2 与金属板厚度关系

(2)电涡流式转速传感器。电涡流式转速传感器工作原理如图 3-43 所示。在软磁材料制成的输入轴上加工一键槽,在距输入轴表面 d_0 处设置电涡流传感器,输入轴与被测旋转轴相连。当旋转体转动时,输入轴与传感器的距离周期性地改变,因此传感器输出信号也周期性改变,该信号经放大和整形后变成一系列脉冲,可用数字式频率计进行测量。设测得的频率为 $f(\text{Hz})$,则被测转轴的转速 $N(\text{r/min})$ 为

$$N = 60f \qquad (3\text{-}43)$$

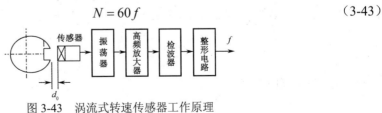

图 3-43 涡流式转速传感器工作原理

3.9 压电传感器

3.9.1 压电效应

1880 年皮埃尔·居里和雅克·居里兄弟首先发现电气石具有压电效应（piezoelectricity effect），次年又发现了逆压电效应。

压电式传感器是一种有源的机电传感器，其工作原理正是基于压电材料的压电效应（见图 3-44）。

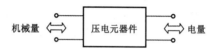

图 3-44　压电式传感器原理示意图

压电效应指某些晶体或多晶陶瓷，当沿着一定方向受到外力作用时，内部就产生极化现象，同时在某两个表面上产生符号相反的电荷；当外力去掉后，又恢复到不带电状态；当作用力方向改变时，电荷的极性也随着改变；晶体受力所产生的电荷量与外力的大小成正比。上述现象称为正压电效应。反之，如对晶体施加一定电场，晶体本身将产生机械变形，外电场撤离，变形也随着消失，称为逆压电效应。

选用合适的压电材料是设计高性能传感器的关键，一般应考虑以下几个方面：

- 转换性能：具有较高的耦合系数或具有较大的压电常数。
- 机械性能：压电元器件作为受力元器件，希望它的机械强度高、机械刚度大，以期望获得宽的线性范围和高的固有振动频率。
- 电性能：希望具有高的电阻率和大的介电常数，以期望减弱外部分布电容的影响并获得良好的低频特性。
- 温度和湿度稳定性要好：具有较高的居里点，以期望得到宽的工作温度范围。
- 时间稳定性：压电特性不随时间退变。

常用压电材料可以分为三类：压电晶体（石英晶体 SiO_2）、压电陶瓷（钛酸钡 $BaTiO_3$）和高分子压电材料（如聚二氟乙烯 PVF2 和聚氯乙烯 PVC）。

（1）石英晶体。如图 3-45 所示，石英晶体是规则的六角棱柱体。有三个晶轴：z 轴，又称光轴，与晶体的纵轴线方向一致；x 轴，又称电轴，它通过六面体相对的两个棱线并垂直于光轴；y 轴，又称机械轴，它垂直于两个相对的晶轴棱面。

若从晶体上沿 y 方向切下一块如图 3-45（c）所示的晶片，当沿电轴方向施加作用力 F_x 时，则在与电轴 x 垂直的平面上将产生电荷，如图 3-46 所示，其大小为

$$q_x = d_{11}F_x \tag{3-44}$$

式中　d_{11}——x 方向受力的压电系数（C/N）。

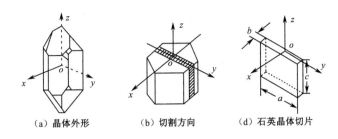

图 3-45 石英晶体的外形、切割方向及其切片

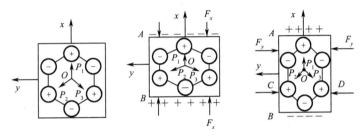

图 3-46 晶体受力产生电荷示意图

如图 3-46 所示,若在同一切片上,沿机械轴 y 方向施加作用力 F_y,则仍在与 x 轴垂直的平面上产生电荷 q_y,其大小为

$$q_y = d_{12} \frac{a}{b} F_y \tag{3-45}$$

式中 d_{12}——y 轴方向受力的压电系数,根据石英晶体的对称性,有 $d_{12} = -d_{11}$;

a,b——晶体切片的长度和厚度。

电荷 q_x 和 q_y 的符号由受压力还是受拉力决定。

(2)压电陶瓷。未经过极化处理的陶瓷材料不具有压电效应,极化处理后陶瓷材料具有很高的压电系数。压电陶瓷在极化面上受到垂直于它的作用力时,则在两个极化面上分别出现正、负电荷,如图 3-47 所示。电荷量的大小与外力成如下的正比关系

$$q = d_{33} F \tag{3-46}$$

式中 d_{33}——压电陶瓷的压电系数(C/N);

F——作用力。

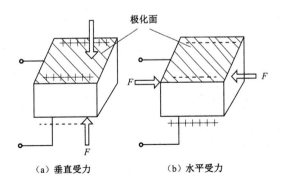

图 3-47 压电陶瓷受力与电荷示意图

3.9.2 压电传感器的等效电路

压电式传感器对被测量的变化是通过压电元器件产生电荷量的大小来反映的,因此它相当于一个电荷源。

压电元器件电极表面聚集电荷时,它又相当于一个以压电材料为电介质的电容器,其电容量为

$$C_a = \frac{\varepsilon_0 \varepsilon_r A}{h} = \frac{\varepsilon A}{h} \tag{3-47}$$

式中　A——压电片的面积;
　　　ε_r——压电材料相对介电常数;
　　　ε_0——真空介电常数;
　　　h——压电元器件厚度;
　　　ε——压电片的介电常数;
　　　C_a——压电元器件的等效电容。

当压电元器件受外力作用时,两表面产生等量的正负电荷 Q,压电元器件的开路电压(认为其负载电阻为无穷大)U_a 为

$$U = \frac{Q}{C_a} \tag{3-48}$$

这样,可以把压电元器件等效为一个电压源 U 和一个电容器 C_a 串联的等效电路,如图 3-48(a)所示;同时也等效为一个电荷源 Q 和一个电容器 C_a 并联的等效电路,如图 3-48(b)所示。图 3-45 中还考虑了压电传感器自身的泄漏电阻 R_a。

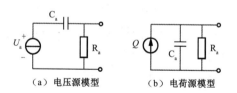

(a) 电压源模型　　(b) 电荷源模型

图 3-48　压电元件的等效电路

当压电传感器接入测量仪器或测量电路后,必须考虑连接电缆的寄生等效电容 C_c,下一级测量电路的输入电容 C_i 和输入电阻 R_i。所以,实际压电传感器在测量系统中的等效电路如图 3-49 所示。

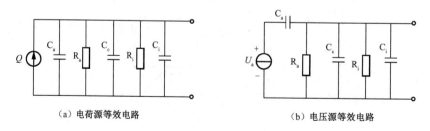

(a) 电荷源等效电路　　(b) 电压源等效电路

图 3-49　压电传感器的等效电路

由于外力作用而在压电材料上产生的电荷只有在无泄漏的情况下才能保存，即需要测量回路具有无穷大的输入阻抗，这实际上是不可能的，因此压电式传感器不能用于静态测量。压电材料在交变力的作用下，电荷可以不断得到补充，以供给测量回路一定的电流，故适用于动态测量。

3.9.3 压电传感器的调理电路

由于压电材料等效电路中 C_a 的存在，压电传感器的内阻抗很高且输出的信号非常微弱，因此对调理电路的要求是前级输入端要防止电荷迅速泄漏，以减小测量误差。前置放大器的作用是将压电式传感器的高输出阻抗经放大器变换为低阻抗输出，并将微弱的信号进行放大。

3.9.3.1 高输入阻抗的电压放大器

高输入阻抗的电压放大器可以将压电式传感器的高输出阻抗经放大器变换为低阻抗输出，并将微弱的电压信号进行适当放大，因此也把这种测量电路称为阻抗变换器。采用电压放大器存在的致命问题是输入电压与放大电路的输入等效电容 $C=C_a+C_i+C_c$ 密切相关，而 C_a、C_i、C_c 在同一数量级（几十皮法），并且 C_c 会随连接电缆的长度与形状而变化，从而会给测量带来不稳定因素，影响传感器的灵敏度。放大器的输入电压与连接传感器与前置放大器的电缆长度有关，所以电压放大器不宜直接用于压电传感器的信号放大，而应采用电荷放大器。

$$U_i = \frac{Q}{C_c + C_a + C_i} \tag{3-49}$$

3.9.3.2 电荷放大器

由于电压放大器使所配接的压电式传感器的灵敏度将随电缆分布电容及传感器自身电容的变化而变化，而且电缆的更换将引起重新标定的麻烦，因此很少使用，基本都采用便于远距离测量的电荷放大器。

电荷放大器由一个带有反馈电容 C_f 的高增益运算放大器构成，其结构图如图 3-50 所示。

由于传感器的泄漏电阻 R_a 和放大器的输入电阻 R_i 很大，近似看做开路，而运算放大器输入阻抗极高，在其输入端几乎没有分流，故可略去 R_a 和 R_i，简化的等效电路如图 3-51 所示。

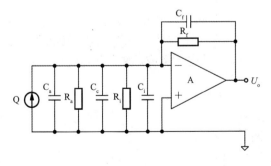
图 3-50 电荷放大器结构图

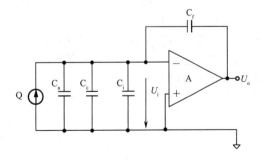
图 3-51 电荷放大器等效电路

如果忽略电阻 R_a、R_i 及 R_f 的影响，则放大器输入端的电荷量为

$$Q_i = Q - Q_f \tag{3-50}$$

$$Q_f = (U_i - U_o)C_f = \left(-\frac{U_o}{A} - U_o\right)C_f = -(1+A)\frac{U_o}{A}C_f \tag{3-51}$$

$$Q_i = U_i(C_i + C_c + C_a) = -\frac{U_o}{A}(C_i + C_c + C_a) \tag{3-52}$$

式中　A——开环放大系数。

将式（3-51）、式（3-52）代入式（3-50）中得

$$-\frac{U_o}{A}(C_i + C_c + C_a) = Q - \left[-(1+A)\frac{U_o}{A}C_f\right] = Q + (1+A)\frac{U_o}{A}C_f \tag{3-53}$$

化简后可得 U_o 为

$$U_o = \frac{-AQ}{C_i + C_c + C_a + (1+A)C_f} \tag{3-54}$$

当 $A \gg 1$ 时，则 $(1+A)C_f \gg C_i + C_c + C_a$，此时放大器输出电压可以表示为

$$U_o = -\frac{Q}{C_f} \tag{3-55}$$

式中，负号表示输出信号与输入信号反相。

由式（3-55）可见，由于引入电容负反馈，电荷放大器的输出电压 U_o 仅取决于输入电荷 Q 与反馈电容 C_f，电缆电容 C_c 等其他因素的影响可以忽略不计，且与电荷 Q 成正比，这是电荷放大器的最大特点。

电荷放大器的灵敏度为

$$K = U_o/Q = -1/C_f \tag{3-56}$$

为了得到必要的测量精度，要求反馈电容 C_f 的温度和时间稳定性都很好。在实际电路中，考虑到不同的量程等因素，C_f 的容量做成可选择的，范围一般为 $10^2 \sim 10^4$ pF。C_f 越小，放大器灵敏度越高。

如图 3-50 所示，为了放大器的工作稳定，减小零漂，在反馈电容 C_f 两端并联了一反馈电阻，形成直流负反馈，用于稳定放大器的直流工作点。

3.9.4　压电传感器的应用举例

压电元器件是一种典型的力敏感元器件。可用来测量最终能转换为力的多种物理量。在检测技术中，常用来测量动态力和加速度（振动）。图 3-52 是一种压电式加速度传感器的结构图。它主要由压电元器件、质量块、预压弹簧、基座及外壳等组成。整个部件装在外壳内，并由螺栓加以固定。

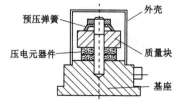

图 3-52　压电式加速度传感器的结构图

3.10 光电传感器

3.10.1 光电效应及其元器件

光电效应就是指当一束光线照射到物质上时,物质的电子吸收光子的能量而发生了相应的电效应现象。产生光电效应的物质就叫光电材料。

根据光电效应现象的不同特征,可将光电效应分为如下三类。

(1) 外光电效应:在光线照射下,使电子从物体表面逸出的现象,如光电管、光电倍增管等。

(2) 内光电效应:在光线照射下,使物体的电阻率发生改变的现象,如光敏电阻等。

(3) 光生伏特效应:在光线照射下,使物体产生一定方向的电动势的现象,如光敏二极管、光敏三极管、光电池等。

3.10.1.1 光敏电阻

光照射在光敏电阻上,导电性能增加,电阻值下降。光敏电阻在不受光照射时的阻值称暗电阻,此时流过的电流称暗电流;光敏电阻在受光照射时的阻值称亮电阻,此时的电流称亮电流。亮电流与暗电流之差即光电流。光敏电阻的暗电阻越大,亮电阻越小,则性能越好,灵敏度越高。光敏电阻上的电压恒定时,流过的电流是由入射到光敏电阻器上的光照度值决定的。照度越大,在光敏电阻器回路中流过的电流也越大。CdS 光敏电阻的光照特性如图 3-53 所示。

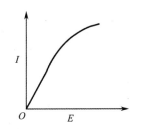

图 3-53 光敏电阻的光照特性

3.10.1.2 光敏二极管

光敏二极管是基于半导体光生伏特效应原理制成的光电元器件。光敏二极管工作时外加反向工作电压,在没有光照射时,反向电阻很大,反向电流很小,此时光敏二极管处于截止状态。当有光照射时,在 PN 结附近产生光生电子和空穴对,从而形成由 N 区指向 P 区的光电流,此时光敏二极管处于导通状态。其结构和工作原理如图 3-54 所示。

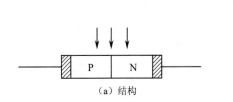

(a) 结构　　(b) 工作原理

图 3-54 光敏二极管的结构和工作原理

3.10.1.3 光敏三极管

光敏三极管有 NPN 和 PNP 型两种，光敏三极管的工作原理和结构如图 3-55 所示。当光照射在基极–集电极上时，就会在集电结附近产生光生电子–空穴对，从而形成基极光电流。集电极电流是基极光电流的 β 倍。

这一过程与普通三极管放大基极电流的作用很相似，即光敏三极管放大了基极光电流，但它的灵敏度比光敏二极管高出许多。

图 3-55 光敏三极管的结构和工作原理

3.10.2 光电传感器的应用

光电传感器多用于对光电信号进行检测，检测方法主要有透射式、反射式、辐射式、遮挡式及开关式五类，原理如图 3-56 所示。

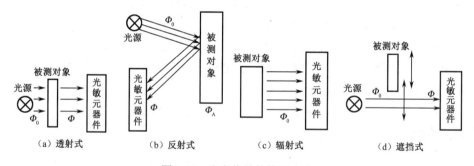

图 3-56 光电信号的检测方法

（1）透射式。恒光源发出的光通量为 Φ_0，经被测物质后衰减为 Φ，如图 3-56（a）所示，其关系为

$$\Phi = \Phi_0 e^{-\mu d} \tag{3-57}$$

式中　μ——被测对象的吸收系数；
　　　d——被测对象的厚度。

（2）反射式。恒光源的光通量 Φ_0 经被测对象后损失了部分光通量，到达光电元器件的光通量为 Φ，如图 3-56（b）所示。此法可用于测量物体表面的粗糙度、反射率及转速等。

（3）辐射式。如图 3-56（c）所示，被测对象辐射的光通量 Φ_0 投射到光电元器件上，转换成光电流。此法可用于测量温度及与温度有关的参数。例如，光电高温计和光电比色高温计等就是根据该原理测温的。

（4）遮挡式。恒光源的光通量 Φ_0 被被测对象遮挡了一部分，到达光电元器件的光通量为 Φ，如图 3-56（d）所示。此法可用于测量物体的几何尺寸、振动、位移和膨胀系数等。

（5）开关式。原理与遮挡式相似。光源的连续光被被测物体调制为脉冲光投射到光电元器件上，转换成电流或电压脉冲。它属于数字式传感器，多用于光电计数和光电式转速测量。

3.10.3 光电传感器测量转速

转速测量使用的传感器很多，目前常用的数字式测速传感器多采用光电传感器实现。

（1）反射式光电传感器。反射式光电传感器的工作原理如图 3-57 所示，在红外发光二极管 A、K 两端加固定电压 E，并串入限流电阻 R_a，使红外二极管发光，发光经反射面（一般为铝箔）反射到硅光敏三极管使得 U_o 输出为低电平。当反射面被涂成黑色而无反射时，U_o 输出为高电平。

（2）电机转速测量。如图 3-58 所示，在电机轴盘上贴一片铝箔纸作为反射面，并将反射式光电开关传感器对准轴盘。对于传感器 A，其发光二极管发出恒定光，由于电机旋转时经过铝箔纸反射面时有反射光，使得该传感器的输出 U_o 为低电平，而经过其余部分时无反射

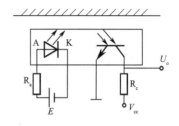

图 3-57　反射式光电传感器工作原理

光，使得输出 U_o 为高电平。电机高速转动时，输出 U_o 则为一系列脉冲。如图 3-59 所示，A、B 传感器的输出经逻辑电路由系统计数器定时收集便可获得与转速成正比的输出。

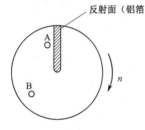

图 3-58　电机转速测量传感器安装示意图

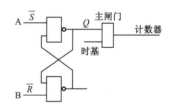

图 3-59　电机转速测量逻辑电路

安装时，传感器 A 和 B 应保持与轴心等距离且弧度距大于铝箔反射面宽度，这样可保证两传感器的输出不同时为 0，这种双传感器设计可防止由于转轴抖动而导致某个传感器被误触发而导致错误的计数。传感器输出 A、B 与触发器输出 Q 之间的真值表见表 3-8。

表 3-8　传感器输出与触发器输出间关系

R(B)	S(A)	Q
0	0	不定
0	1	0
1	0	1
1	1	不变

（3）增量编码器。增量编码器又称脉冲盘式编码器，属于脉冲计数式数字传感器。增量编码器的原理如图 3-60 所示。在圆盘上等角距地开有能透光的两圈缝隙，内缝隙 A 和外缝隙 B 相错半条缝，最外圈开有一个透光狭缝表示码盘零位。在码盘的一侧装有发光二极管，

另一侧装有光敏三极管，码盘通过转动轴连接，这样当轴转动时，接收端可获得 A、B 两路脉冲信号。

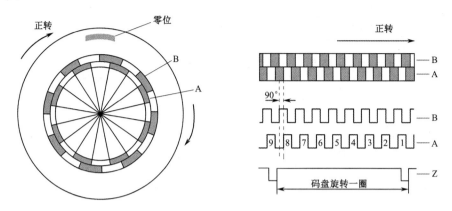

图 3-60　增量编码器原理图

由图 3-61 可知，A、B 为两个正交脉冲，通过 D 触发器和计数器进行旋转方向的辨识，从而实现转速和角度位置的准确测量，辨向原理如图 3-61 所示。外缝隙 B 接至 D 触发器的 D 端，内缝隙 A 接到触发器的 CP 端。当 A 超前于 B 时，触发器 Q 输出为 0，表示正转；而 B 超前于 A，触发器输出 Q 为 1，表示反转。A、B 两路信号相与后，经适当的延时送入计数器。触发器的输出 Q，可用来控制可逆计数器，即正转时做加法计数，反转时做减法计数。

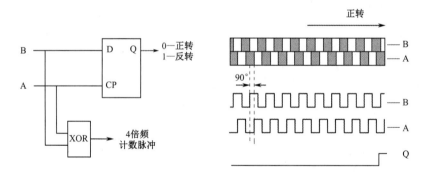

图 3-61　增量编码器辨向原理图

无论圆盘正转和反转，计数码每次反映的都是相对上次角度的增量，故称为增量编码器。目前许多 MCU 有专门针对正交脉冲编码和计数的接口电路，后面章节将介绍这种接口在电机转速和位置测量中的应用。

3.11　电容式传感器

电容式传感器是以各种形式的电容器作为变换器或传感器元器件，将被测的物理量转化为电容量变化的传感器，可以用来测量位移、压力、加速度、质量、力矩等各种非电物理量。

3.11.1 工作原理及其分类

通过图 3-62 所示的平板电容器可以说明电容式传感器的工作原理，若忽略其边缘效应，两个金属平板间的电容量为

$$C = \frac{\varepsilon_0 \varepsilon_r A}{d} = \frac{\varepsilon A}{d} \quad (3\text{-}58)$$

由式（3-58）可知，当 d、A 或 ε 发生变化时，都会引起电容的变化。因此，电容式传感器包括改变极板距离的变间隙式、改变极板面积的变面积式及改变介电常数的变介电常数式三类。

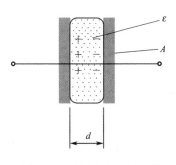

图 3-62 平板电容器原理图

3.11.1.1 变间隙式电容传感器

图 3-59 中，假定左板为动极板，右板为固定级板。设在被测量作用下，动极板向右移动 Δd，其电容量增加，电容变化量为

$$\Delta C = C - C_0 = C_0 \frac{\Delta d}{d_0}\left[\frac{1}{1-\Delta d/d_0}\right] \quad (3\text{-}59)$$

式中　C_0——初始电容量，$C_0 = \varepsilon A / d_0$。

在 $\Delta d/d_0 \ll 1$ 时，将式（3-59）展开成麦克劳林级数：

$$\Delta C = C_0 \left[\frac{\Delta d}{d_0} + \left(\frac{\Delta d}{d_0}\right)^2 + \left(\frac{\Delta d}{d_0}\right)^3 + \cdots\right] \quad (3\text{-}60)$$

若动极板向左位移 Δd，同理可得

$$\Delta C = C_0 - C = C_0 \frac{\Delta d}{d_0}\left[\frac{1}{1+\Delta d/d_0}\right] \quad (3\text{-}61)$$

同理，将式（3-61）展开成麦克劳林级数，得

$$\Delta C = C_0 \left[\frac{\Delta d}{d_0} - \left(\frac{\Delta d}{d_0}\right)^2 + \left(\frac{\Delta d}{d_0}\right)^3 - \cdots\right] \quad (3\text{-}62)$$

由式（3-61）和式（3-62）可见，变间隙式电容传感器的特性是非线性的。若 $\Delta d/d_0 \ll 1$，忽略高次方非线性，方可认为其特性是线性的，即

$$\Delta C = C_0 \frac{\Delta d}{d_0} \quad (3\text{-}63)$$

因此，可得其灵敏度为

$$k = \frac{\Delta C}{\Delta d} = \frac{C_0}{d_0} \quad (3\text{-}64)$$

变气隙式电容传感器的特点是灵敏度高，但非线性严重，通常 $\Delta d/d_0$ 在 0.1～0.2 之间选取。

3.11.1.2 变面积式电容传感器

（1）角位移变面积型。如图 3-63 所示，当动片转动一个角度 θ，遮盖面积发生变化，电

容量也随之改变。当 $\theta=0$ 时，其电容量为

$$C_0 = \frac{\varepsilon A}{d} \qquad (3\text{-}65)$$

当 $\theta \neq 0$ 时，其电容量为

$$C_\theta = \frac{\varepsilon A(1-\theta/\pi)}{d} = C_0(1-\theta/\pi) \qquad (3\text{-}66)$$

其灵敏度为

$$k = \frac{\mathrm{d}C_\theta}{\mathrm{d}\theta} = -\frac{C_0}{\pi} \qquad (3\text{-}67)$$

（2）板状线位移变面积式。如图 3-64 所示，当动板沿箭头所示方向移动 x 时，传感器的电容量为

$$C_x = \frac{\varepsilon b(l-x)}{d} = C_0\left(1-\frac{x}{l}\right) \qquad (3\text{-}68)$$

其灵敏度为

$$k = \frac{\mathrm{d}C_x}{\mathrm{d}x} = -\frac{\varepsilon b}{d} \qquad (3\text{-}69)$$

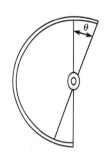
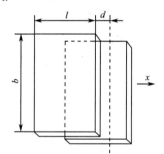

图 3-63　角位移变面积式电容传感器　　　图 3-64　板状线位移变面积式电容传感器

（3）筒状线位移变面积型。如图 3-65 所示，当动板圆筒沿轴向移动 x 时

$$C_x = \frac{2\pi\varepsilon(l-x)}{\ln(R/r)} = \frac{2\pi\varepsilon l}{\ln(R/r)}\left(1-\frac{x}{l}\right) = C_0\left(1-\frac{x}{l}\right) \qquad (3\text{-}70)$$

其灵敏度为

$$k = -\frac{C_0}{l} \qquad (3\text{-}71)$$

3.11.1.3　变介电常数式电容传感器

当电容极板之间的介电常数发生变化时，电容量也随之发生变化，根据这一原理可构成变介电常数式电容式传感器，可用以测量物位、含水量及成分分析等。图 3-66 为变介电常数式电容液位传感器原理图。

在被测介质中放入两个同心圆筒形极板，大圆筒内径为 R_2，小圆筒内径为 R_1。当被测液面在同心圆筒间变化时，传感器电容随之变化，其容量为

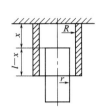 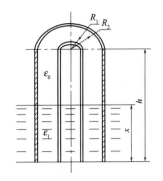

图 3-65 筒状线位移式电容传感器　　图 3-66 变介电常数式电容液位传感器原理图

$$C = C_0 + C_1 = \frac{2\pi\varepsilon_0(h-x)}{\ln\frac{R_2}{R_1}} + \frac{2\pi\varepsilon_1 x}{\ln\frac{R_2}{R_1}} = \frac{2\pi\varepsilon_0 h}{\ln\frac{R_2}{R_1}} + \frac{2\pi x}{\ln\frac{R_2}{R_1}}(\varepsilon_1 - \varepsilon_0) \quad (3-72)$$

式中　C_0——空气介质的电容量（F）；
　　　ε_0——空气的介电常数（F/m）；
　　　C_1——液体介质的电容量（F）；
　　　ε_1——液体的介电常数（F/m）；
　　　H——电极总高度（m）；
　　　X——液体高度（m）。

式（3-72）中，当液位高度 $x=0$ 时，$C=C_0$，若令

$$\frac{2\pi(\varepsilon_1 - \varepsilon_0)}{\ln\frac{R_2}{R_1}} = k \quad (3-73)$$

则式（3-72）可写成

$$C = C_0 + kx \quad (3-74)$$

由式（3-74）可见，传感器电容量 C 随液位高度 x 的变化呈线性变化；k 为常数，$(\varepsilon_1 - \varepsilon_0)$ 越大，灵敏度越高。

3.11.2　调理电路举例

电容式传感器的调理电路的种类很多，目前较为常用的有电桥电路、脉宽调制电路、调频电路等。

3.11.2.1　电桥电路

电容式传感器常用交流电桥和变压器电桥作为测量电路。

【例 3-4】　图 3-67 是电容式自动平衡液位测量仪原理框图，试推导指针偏转角 θ 与液位 h 的表达式。

解：由图可见，当 $h=0$ 时，$C_x = C_{x0} = C_0$，且电位器 R_P 的电刷在 o 点，即 $R_P = 0$，此时电桥应平衡，桥路输出电压 $U_{ac} = 0$，则

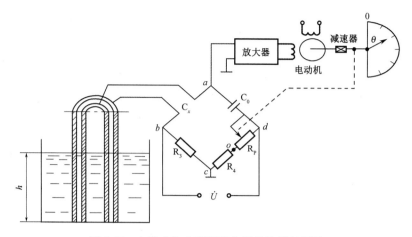

图 3-67 电容式自动平衡液位测量仪原理框图

$$\frac{C_{x0}}{C_0} = \frac{R_4}{R_3} \tag{3-75}$$

当液位为 h 时，$C_x = C_{x0} + \Delta C$，$\Delta C = k_1 h$，k_1 为电容传感器的灵敏度。此时 $U_{ac} \neq 0$，经放大后，使单相电动机转动，经减速后带动指针转动，同时带动电位器的电刷移动，直到 $U_{ac} = 0$，系统重新平衡为止，此时

$$\frac{C_{x0} + \Delta C}{C_0} = \frac{R_4 + R}{R_3} \tag{3-76}$$

联立求解上面两式得

$$R = \frac{R_3}{C_0} \Delta C = \frac{R_3}{C_0} k_1 h \tag{3-77}$$

由于指针转角 θ 与电位器电刷同轴相连，它们之间的关系为

$$\theta = k_2 R \tag{3-78}$$

因此

$$\theta = \frac{R_3}{C_0} k_1 k_2 h \tag{3-79}$$

式中 k_2——比例系数。

可见，指针偏转转角 θ 与液位高度 h 成比例。

3.11.2.2 脉宽调制电路

脉宽调制电路如图 3-68 所示，它由 A_1、A_2、R-S 触发器和电容充放电回路组成。设接通电源瞬间 R-S 触发器的 Q 端为高电平（$Q=1$），$\bar{Q}$ 端为低电平（$\bar{Q}=0$）。此时，VD_1 截止，VD_2 导通，Q 端通过 R_1 对电容 C_1 充电，C_2 通过 VD_2 对 $\bar{Q}$ 迅速放电。随着 C_1 充电，F 点的点位上升，当 $U_F > U_r$ 时，A_1 输出负脉冲使 R-S 触发器翻转为 $Q=0$，$\bar{Q}=1$。因此，

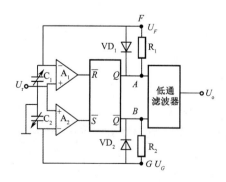

图 3-68 脉宽调制电路

VD_1 导通，VD_2 截止，Q 通过 VD_1 迅速放电，$\bar{Q}$ 通过 R_2 对 C_2 充电。同理，当 $U_G > U_r$ 时，A_2 输出负脉冲使 R-S 触发器翻转为 $Q=1$，$\bar{Q}=0$。于是又重复上述过程，如此周而复始，R-S 触发器的输出端 A 点和 B 点输出电压脉冲宽度受 C_1 和 C_2 的调制，如图 3-69 所示。C_1 和 C_2 是差动电容传感器的两个电容，一个电容量增加，另一个电容量必然减小。

当 $C_1 = C_2$ 时，由于 $R_1 = R_2$，C_1 和 C_2 充放电时间常数相等，因此 U_A 的脉宽等于 U_B 的脉宽。$U_{AB} = U_A - U_B$，所以 U_{AB} 是正、负幅值和宽度均相等的矩形脉冲。U_{AB} 经低通滤波器后，其平均值为零，即 $U_o = 0$，如图 3-69（a）所示。

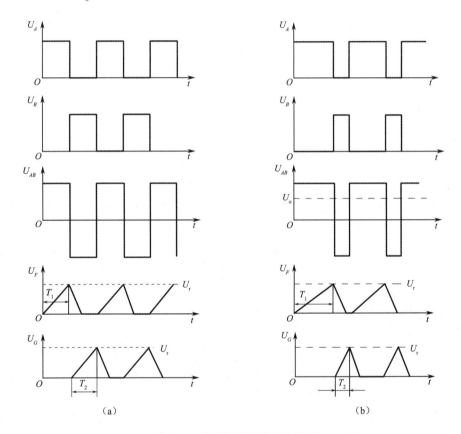

图 3-69 脉宽调制电路输出波形

当 $C_1 > C_2$ 时，C_1 的充放电时间常数大于 C_2 的充放电时间常数，U_A 的脉宽大于 U_B 的脉宽。U_{AB} 是正、负幅值相等而宽度不等的矩形脉冲，其平均值为正，即 $U_o > 0$，如图 3-69（b）所示。

若 $C_1 < C_2$，同理，U_A 的脉宽小于 U_B 的脉宽，U_{AB} 的平均值为负，即 $U_o < 0$。

由于 U_o 是 U_{AB} 的平均值，由图 3-69 可求得

$$U_o = \frac{T_1}{T_1 + T_2} U_1 - \frac{T_2}{T_1 + T_2} U_1 = \frac{T_1 - T_2}{T_1 + T_2} U_1 \qquad (3-80)$$

式中　T_1、T_2——电容 C_1、C_2 的充电时间；

　　　U_1——触发器输出的高电平，是已定值。

电容 C_1 和 C_2 的充电时间为

$$T_1 = R_1 C_1 \ln \frac{U_1}{U_1 - U_r} \tag{3-81}$$

$$T_2 = R_2 C_2 \ln \frac{U_1}{U_1 - U_r} \tag{3-82}$$

将 T_1 和 T_2 代入式（3-80），得

$$U_o = \frac{C_1 - C_2}{C_1 + C_2} U_1 \tag{3-83}$$

由于 C_1、C_2 为差动结构电容，令 $C_1=C_0+\Delta C$，$C_2=C_0-\Delta C$，且 $\Delta C<<C_0$，则式（3-83）可改写为

$$U_o = \frac{\Delta C}{C_0} U_1 \tag{3-84}$$

由式（3-84）可见，脉宽调制电路的输出电压 U_o 与差动电容的变化量 ΔC 成正比。

3.11.3　电容传感器的应用

电容传感器的结构简单，灵敏度高，分辨率高，无反作用力，需要的动作能量低，动态响应好，可实现无接触测量，能在恶劣的环境下工作；缺点是输出特性非线性，受分布电容影响大。

电容传感器可以用来测量直线位移、角位移、振动振幅（尤其适合测量高频振动振幅）、精密轴系回转精度、加速度等机械量，还可用来测量压力、差压、液位、料面、成分含量（如油、粮食、木材的含水量）及非金属材料的涂层、油膜等的厚度。此外，也可以用来测量电介质的温度、密度、厚度等。

3.12　电感式传感器

电感式传感器是利用线圈自感或互感系数的变化来实现测量的一种装置，可以用来测量位移、振动、压力、流量、质量、力矩等各种非电物理量。电感式传感器分类按基本原理分为自感型、互感型、电涡流式、压磁式等类型，如图 3-70 所示。本节主要介绍自感型传感器的工作原理。

图 3-71 是简单自感传感器结构的示意图，它由线圈、铁芯和衔铁所组成。线圈是套在铁芯上的。在铁芯与衔铁之间有一个空气隙，其厚度为 δ。根据磁路的基本知识，传感器线圈的电感量可按下式计算

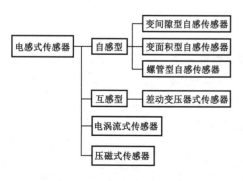

图 3-70　电感式传感器分类

$$L = \frac{\psi}{I} = \frac{N\Phi}{I} = \frac{N^2}{\sum R_m} \tag{3-85}$$

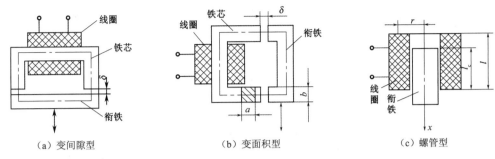

图 3-71 简单自感传感器结构示意图

式中　N——线圈匝数；

　　　$\sum R_m$——以平均长度表示的磁路的总磁阻。如果空气隙厚度 δ 较小，而且不考虑磁路的铁损，则总磁阻为

$$\sum R_m = \sum \frac{l_i}{\mu_i S_i} + \frac{2\delta}{\mu_0 S} \tag{3-86}$$

式中　l_i——各段导磁体的磁路平均长度；

　　　μ_i——各段导磁体的磁导率；

　　　S_i——各段导磁体的横截面积；

　　　μ_0——空气隙的磁导率，$\mu_0 = 4\pi \times 10^{-9} \mathrm{H/cm}$；

　　　S——空气隙截面积。

因为空气隙的磁阻比导磁体的磁阻大很多，故在计算时，可忽略导磁体磁阻，则有

$$L = \frac{N^2 \mu_0 S}{2\delta} \tag{3-87}$$

式（3-87）是制作自感传感器的理论依据。可见，电感值和灵敏度均随间隙的增大而减小。

3.12.1　变间隙型自感传感器

变间隙型自感传感器工作原理如图 3-72 所示。式（3-87）中，保持 S 不变，空气隙厚度变化 $\pm \delta$，此时传感器工作特性为

$$L = \frac{N^2 \mu_0 S}{2(\delta_0 \pm \Delta \delta)} \tag{3-88}$$

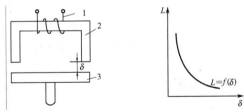

1—线圈；2—铁芯；3—衔铁

图 3-72　变间隙型自感传感器工作原理

当 $\delta = \delta_0 - \Delta \delta$ 时，电感变化量为

$$\Delta L = L - L_0 = L_0 \frac{\Delta \delta}{\delta_0 - \Delta \delta} \tag{3-89}$$

$$L_0 = N^2 \mu_0 S / (2\delta_0)$$

式（3-89）可改写成

$$\Delta L = L_0 \frac{\Delta \delta}{\delta_0} \left(\frac{1}{1 - \frac{\Delta \delta}{\delta_0}} \right) \tag{3-90}$$

当 $\Delta \delta / \delta_0 \ll 1$ 时，可将式（3-90）展开成麦克劳林级数

$$\Delta L = L_0 \frac{\Delta \delta}{\delta_0} \left[1 + \frac{\Delta \delta}{\delta_0} + \left(\frac{\Delta \delta}{\delta_0}\right)^2 + \cdots \right]$$

$$= L_0 \left[\frac{\Delta \delta}{\delta_0} + \left(\frac{\Delta \delta}{\delta_0}\right)^2 + \left(\frac{\Delta \delta}{\delta_0}\right)^3 + \cdots \right] \tag{3-91}$$

同理，当 $\delta = \delta_0 + \Delta \delta$ 时，电感量减小，即

$$\Delta L = L_0 - L = L_0 \frac{\Delta \delta}{\delta_0 + \Delta \delta} \tag{3-92}$$

把式（3-92）展开成麦克劳林级数

$$\Delta L = L_0 \left[\frac{\Delta \delta}{\delta_0} - \left(\frac{\Delta \delta}{\delta_0}\right)^2 + \left(\frac{\Delta \delta}{\delta_0}\right)^3 - \left(\frac{\Delta \delta}{\delta_0}\right)^4 + \cdots \right] \tag{3-93}$$

由式（3-91）和式（3-93）可见，式中第一项为线性的，其灵敏度为

$$k = \frac{\Delta L}{\Delta \delta} = \frac{L_0}{\delta_0} \tag{3-94}$$

而第二项以后是非线性项，含有 n 次方的非线性。若仅考虑二次方非线性，其非线性误差为

$$r_{l2} = \left| \frac{L_0 \frac{\Delta \delta}{\delta_0} - L_0 \left[\frac{\Delta \delta}{\delta_0} + \left(\frac{\Delta \delta}{\delta_0}\right)^2 \right]}{L_0 \frac{\Delta \delta}{\delta_0}} \right| \times 100\% = \frac{\Delta \delta}{\delta_0} \times 100\% \tag{3-95}$$

变间隙型自感传感器的特点是：灵敏度高，测量范围小，但非线性误差大，为减小非线性误差，因此 $\Delta \delta / \delta_0$ 不能取得过大，通常情况下取 $\Delta \delta / \delta_0 = 0.1 \sim 0.2$ 为宜。

3.12.2 变面积型自感传感器

铁芯与衔铁之间相对覆盖面积随被测量的变化而改变，导致线圈的电感量发生变化，这种形式称为变面积型电感传感器，如图3-73（a）所示。L 与 δ 是非线性的，但与 S 呈线性，特性曲线如图3-73（b）所示。

式（3-87）中保持 δ 和 μ_0 不变，S 随被测量变化而变化，则可构成变面积型自感传感器。由式（3-87）可见，其工作特性是线性的，其灵敏度为

$$k = \frac{dL}{dS} = \frac{N^2 \mu_0}{2\delta} \quad (3\text{-}96)$$

变面积型自感传感器的特点是：测量范围较大，非线性误差小，但灵敏度较低。

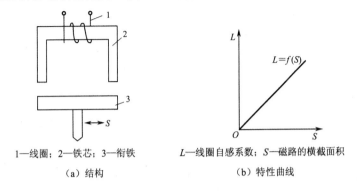

1—线圈；2—铁芯；3—衔铁　　　　L—线圈自感系数；S—磁路的横截面积

（a）结构　　　　　　　　　　（b）特性曲线

图 3-73　变面积型电感传感器工作原理

3.12.3　螺管型电感传感器

螺管型电感传感器如图 3-74 所示，内径为 r 的线圈中放入半径为 r_c 的圆柱形衔铁铁芯，衔铁的导磁率为 μ_m，衔铁随被测物左右移动，其电感量将相应的变化。线圈电感量与衔铁插入深度 l_c 有关。设线圈内的磁场强度是均匀的，且 $l_c < l$，则线圈的电感量 L 与衔铁插入深度 l_c 的关系为

$$L = \frac{\mu_0 W^2 \pi}{l^2}(r^2 l + r_c^2 \mu_m l_c) \quad (3\text{-}97)$$

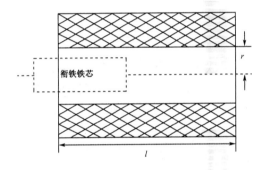

图 3-74　螺管型电感传感器

上式说明电感量 L 与插入深度 l_c 成线性关系。

3.13　差动传感器与测量电桥

3.13.1　差动测量系统

电容式传感器、电感式传感器、电阻式传感器等电参量传感器通常采用差动式结构并配接相应的差动电路组成测量系统，系统框图如图 3-75 所示。与非差动测量系统相比，这种

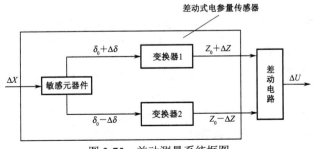

图 3-75　差动测量系统框图

差动测量系统的静态特性获得了很大改善，主要反映在提高灵敏度和减少非线性化误差两个方面，同时对减小外界干扰的影响也有较好的抑制作用。

3.13.2 差动传感器

传感器差动结构的主要原理是利用对称结构的两个传感器，被测量反对称作用在两个传感器上。下面分别以电感式传感器和电容式传感器为例分别介绍其实现原理和方法。

3.13.2.1 差动自感传感器

用两个相同的传感线圈共用一个衔铁，构成差动式电感传感器，可以提高传感器的灵敏度、减小测量误差。下面以变间隙式差动自感传感器为例加以说明。

变间隙式差动自感传感器原理如图 3-76 所示，它由一个公共衔铁和上下两个对称的线圈 W_1 和 W_2 组成。

当衔铁向上位移 $\Delta\delta$，电感 L_1、L_2 的变化量之和为

$$\Delta L = \Delta L_1 + \Delta L_2 = 2L_0 \left[\frac{\Delta\delta}{\delta_0} + \left(\frac{\Delta\delta}{\delta_0}\right)^3 + \left(\frac{\Delta\delta}{\delta_0}\right)^5 + \cdots \right] \tag{3-98}$$

上面结果中部分高次项被抵消，特别是二次项，而二次项引起的非线性度问题比高次项要严重得多。同时，式（3-98）中第一项是线性项，其灵敏度为

$$k = \frac{\Delta L}{\Delta\delta} = \frac{2L_0}{\delta_0} \tag{3-99}$$

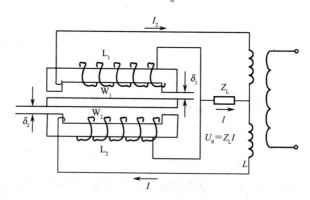

图 3-76 变间隙式差动自感传感器

可见，差动自感传感器的灵敏度是简单自感传感器的两倍。

差动自感传感器仅含奇次方非线性项，其三次方非线性误差为

$$\gamma_{l3} = \left(\frac{\Delta\delta}{\delta_0}\right)^2 \times 100\% \tag{3-100}$$

实际上，差动结构电感传感器在与差动电桥配合使用时，就能自动实现式（3-98）的运算，电桥输出的线性度和灵敏度都得到改善。

3.13.2.2 差动电容式传感器

变间隙式、变面积式和变介电常数式三种电容传感器均可制成差动电容传感器。由于变间隙式电容传感器的非线性严重,实际上是很少使用的,通常制成差动形式。由于篇幅所限,仅介绍变间隙式差动传感器及其特性,其结构如图 3-77 所示。图中中间为动极板,两边为定极板,被测量 x 作用于动极板而使其产生位移。

设 $x=0$,则 $d_1=d_2=d_0$,此时电容量为

$$C_0 = \frac{\varepsilon A}{d_0} \qquad (3\text{-}101)$$

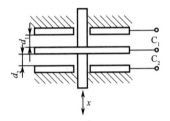

图 3-77 变间隙式差动电容传感器

在 x 的作用下,动极板向上位移 Δd,则 $d_1 = d_0 - \Delta d$,$d_2 = d_0 + \Delta d$,因此 C_1 增加 ΔC_1,C_2 减小 ΔC_2,即

$$\Delta C_1 = C_1 - C_0 = C_0 \frac{\Delta d}{d_0} \left[\frac{1}{1 - \frac{\Delta d}{d_0}} \right] \qquad (3\text{-}102)$$

$$\Delta C_2 = C_0 - C_2 = C_0 \frac{\Delta d}{d_0} \left[\frac{1}{1 + \frac{\Delta d}{d_0}} \right] \qquad (3\text{-}103)$$

式(3-102)、式(3-103)按麦克劳林级数展开,并将差动电容传感器 C_1 和 C_2 的电容变化量求和,得

$$\Delta C = \Delta C_1 + \Delta C_2 = 2C_0 \left[\frac{\Delta d}{d_0} + \left(\frac{\Delta d}{d_0}\right)^3 + \left(\frac{\Delta d}{d_0}\right)^5 + \cdots \right] \qquad (3\text{-}104)$$

由式(3-104)可见,变间隙式差动电容传感器仅含奇次方的非线性,因此其线性度得到了很大程度的改善。在 $\Delta d \ll d_0$ 时,忽略 3 次方以上非线性项,可得

$$\Delta C = 2C_0 \frac{\Delta d}{d_0} \qquad (3\text{-}105)$$

因此,其灵敏度为

$$k = \frac{\Delta C}{\Delta d} = 2 \frac{C_0}{d_0} \qquad (3\text{-}106)$$

同单个电容式传感器的灵敏度相比增加了 1 倍。事实上，差动电容传感器常常与差动电桥结合使用，所得结论与差动变间隙电感传感器完全类似。

3.13.3 测量电桥

3.13.3.1 测量电桥的分类

电桥是将电阻、电感、电容或阻抗参量的变化转换为电压或电流输出的一种测量电路。特点是电路简单，准确度和灵敏度较高，使用广泛。按照激励电源的性质分为直流与交流电桥，按照输出方式分为平衡电桥与不平衡电桥。与传感器配接的电桥主要采用不平衡电桥，按照电源供电的方式分为恒压源供电电桥和恒流源供电电桥。按照电桥的结构分为单臂电桥、差动半桥、差动全桥。

如图 3-78 所示，Z_1、Z_2、Z_3、Z_4 为四个桥臂阻抗。A、C 两端接电压源（电流源），则在 B、D 两端输出不平衡电压 U。

恒压源供电

$$U = U_B - U_D = \frac{Z_1 Z_4 - Z_2 Z_3}{(Z_1 + Z_2)(Z_3 + Z_4)} E \quad (3\text{-}107)$$

恒流源供电

$$U = U_B - U_D = \frac{Z_1 Z_4 - Z_2 Z_3}{Z_1 + Z_2 + Z_3 + Z_4} I \quad (3\text{-}108)$$

（1）单臂电桥。图 3-79 所示的为单臂电桥，将电桥的一个桥臂阻抗接电参数型传感器的变换器 $(Z_0 \pm \Delta Z)$，其余三个臂的阻抗均恒定，$Z_2 = Z_3 = Z_4 = Z_0$。

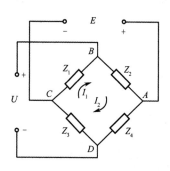
图 3-78　电桥电路

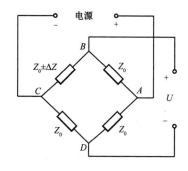
图 3-79　单臂电桥

（2）差动半桥。图 3-80 所示为差动半桥，两个桥臂与电参数型传感器的两个差动变换器相接，则构成差动半桥，即两个桥臂阻抗发生差动变化（$Z_0 \pm \Delta Z$，$Z_0 \mp \Delta Z$），其余两个臂的阻抗均恒定，$Z_3 = Z_4 = Z_0$，这对应于接入一个差动式传感器的两个差动变换器作为 $Z_0 \pm \Delta Z$ 与 $Z_0 \mp \Delta Z$ 的情况。

（3）差动全桥。图 3-81 所示为差动全桥，若四个桥臂阻抗均为电参数型传感器的四个差动变换器，且四个桥臂阻抗发生差动变化，则构成差动全桥电路。

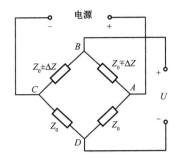
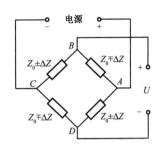

图 3-80　差动半桥　　　　　　　图 3-81　差动全桥

3.13.3.2　测量电桥的静态特性

1. 测量电桥的输入/输出关系

根据电路理论分析，由电压源供电时，不同测量电桥的输入/输出特性如下：

单臂电桥

$$U = \frac{E}{4} \frac{\Delta Z}{Z_0 + \frac{\Delta Z}{2}} \tag{3-109}$$

差动半桥

$$U = E \frac{\Delta Z}{2Z_0} \tag{3-110}$$

差动全桥

$$U = E \frac{\Delta Z}{Z_0} \tag{3-111}$$

由电流源供电时：

单臂电桥

$$U = \frac{I}{4} \Delta Z \frac{1}{1 + \frac{\Delta Z}{4Z_0}} \tag{3-112}$$

差动半桥

$$U = \frac{I}{2} \Delta Z \tag{3-113}$$

差动全桥

$$U = I \Delta Z \tag{3-114}$$

2. 测量电桥的灵敏度

测量电桥的灵敏度大小为

$$K_S = \frac{U}{\Delta Z / Z_0}$$

由电桥的输入/输出特性，恒压源供电时测量电桥的灵敏度如下：

单臂电桥

$$K_S = \frac{E}{4} \frac{1}{1+\frac{\Delta Z}{2Z_0}} \neq \text{const} \quad (3\text{-}115)$$

差动半桥

$$K_S = \frac{E}{2} \quad (3\text{-}116)$$

差动全桥

$$K_S = E \quad (3\text{-}117)$$

由此，可以得到如下结论：差动半桥的灵敏度近似为单臂电桥的两倍，差动全桥的灵敏度是差动半桥的两倍，近似为单臂电桥的四倍；单臂电桥的灵敏度不为常数，具有非线性；差动半桥的灵敏度和差动全桥的灵敏度与 ΔZ 无关且为常数，是理想的直线。

3．测量电桥的线性度

由测量电桥的输入/输出关系可知，无论电流源供电和电压源供电，差动半桥和差动全桥的 ΔZ-U 特性为理想直线，故线性度为零。

4．电桥对同符号干扰量的补偿特性（温度补偿）

最常见的同符号干扰是温度变化引起的各桥臂变换器阻抗值的改变，各差动变化器的改变量相同。假设该变化量的数值相同，为 ΔZ_T，那么桥臂阻抗值是有用信号和温度干扰信号共同作用的结果。将各桥臂的阻值代入不同电桥的输入/输出关系式。

电压源供电时：

单臂电桥

$$U = \frac{E}{4} \frac{\Delta Z + \Delta Z_T}{Z_0} \frac{1}{1+\frac{\Delta Z + \Delta Z_T}{2Z_0}} \quad (3\text{-}118)$$

差动半桥

$$U = \frac{E}{2} \frac{\Delta Z}{Z_0} \frac{1}{1+\frac{\Delta Z_T}{Z_0}} \quad (3\text{-}119)$$

差动全桥

$$U = E \frac{\Delta Z}{Z_0} \frac{1}{1+\frac{\Delta Z_T}{Z_0}} \quad (3\text{-}120)$$

电流源供电时：

单臂电桥

$$U = \frac{I}{4} \frac{\Delta Z + \Delta Z_T}{Z_0} \frac{1}{1+\frac{\Delta Z + \Delta Z_T}{4Z_0}} \quad (3\text{-}121)$$

差动半桥

$$U = \frac{I}{2} \Delta Z \frac{1}{1 + \frac{\Delta Z_T}{2Z_0}} \quad (3\text{-}122)$$

差动全桥

$$U = I\Delta Z \quad (3\text{-}123)$$

由此可见，差动电桥分子中没有ΔZ_T，消除了ΔZ_T对被测作用量ΔZ的影响；分母中存在干扰量ΔZ_T，但比值$\Delta Z_T/Z$很小，对输出影响很小；恒流源供电的差动全桥输入/输出特性中没有干扰量ΔZ_T，理论上无温度误差。

由以上分析，可以得到下述关于测量电桥的结论：
- 与单臂电桥相比，差动电桥灵敏度更高、非线性误差更小，对同符号干扰有补偿作用。
- 差动传感器与差动电桥相配合，能使测量系统具有更加优良的特性。
- 恒流源供电的差动全桥理论上无温度误差。

3.13.3.3 变压器式交流电桥及相敏整流电路

变压器式交流电桥如图3-82所示。电桥的两臂Z_1和Z_2为差动自感传感器中的两个线圈的阻抗，另两臂为电源变压器二次线圈的两半（每一半的电压为$\dot{U}/2$），输出电压取自A、B两点。假定0点为参考零电位，则

A点的电位为

$$\dot{U}_A = \frac{\dot{U}Z_1}{Z_1 + Z_2} \quad (3\text{-}124)$$

B点的电位为

$$\dot{U}_B = \frac{\dot{U}}{2} \quad (3\text{-}125)$$

$$\dot{U}_o = \dot{U}_A - \dot{U}_B = \left(\frac{Z_1}{Z_1 + Z_2} - \frac{1}{2}\right)\dot{U} \quad (3\text{-}126)$$

当衔铁处于中心位置时，由于两线圈完全对称，因此$\dot{U}_o = 0$，可得

$$Z_1 = Z_2 = Z_0 \quad (3\text{-}127)$$

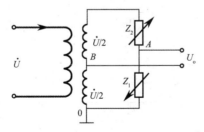

图3-82 变压器式交流电桥

当衔铁向下移动时，下面线圈的阻抗增加，即$Z_1 = Z_0 + \Delta Z$，而上面线圈的阻抗减小，即$Z_2 = Z_0 - \Delta Z$，故此时的输出电压为

$$\dot{U}_o = \left(\frac{Z_0 + \Delta Z}{2Z} - \frac{1}{2}\right)\dot{U} = \frac{\Delta Z}{2Z_0}\dot{U} \quad (3\text{-}128)$$

同理，当传感器衔铁上移同样大小的距离时，可推得

$$\dot{U}_o = \left(\frac{Z_0 - \Delta Z}{2Z_0} - \frac{1}{2}\right)\dot{U} = -\frac{\Delta Z}{2Z_0}\dot{U} \tag{3-129}$$

比较式（3-128）、式（3-129）可知，当衔铁向上移动和向下移动相同距离时，其输出大小相等、方向相反。由于电源电压是交流，尽管式中有正负号，还是无法加以分辨。其输入输出特性曲线如图3-83（a）所示，理想的输入输出特性应该如图3-83（b）所示。

图 3-84 所示是一种带相敏整流的交流差动电桥原理图。该图中有四个二极管，由于二极管总存在一定的导通阈值，所以在零电压附近波形失真，影响测量精度。

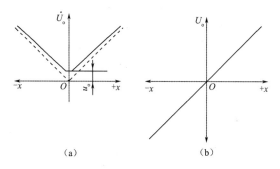

图 3-83 变压器电桥的输入输出特性曲线

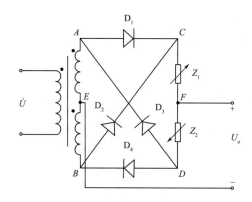

图 3-84 一种带相敏整流的交流差动电桥原理图

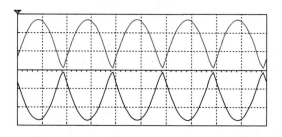

图 3-85 带相敏整流的交流电桥的输出波形（上下波形分别为 $Z_1<Z_2$ 和 $Z_1>Z_2$ 时的波形）

设 E 点电位为 0，当衔铁处于中间位置时，$Z_1=Z_2=Z_0$，电桥处于平衡状态，$U_E=U_F=0$，输出电压 $U_o=0$；当衔铁上移，使上线圈阻抗增大，$Z_1=Z_0+\Delta Z$，而下线圈阻抗减少，$Z_2=Z_0-\Delta Z$。

设 A 点为正，B 点为负，则二极管 D_1、D_4 导通，D_2、D_3 截止。在 $A \to C \to D \to B$ 支路中，由于 $Z_1 > Z_2$，F 点电位小于 0，即 F 点电位低于 E 点电位，此时 U_o 为负。

设 A 点为负，B 点为正，则二极管 D_2、D_3 导通，D_1、D_4 截止。在 $B \to C \to D \to A$ 支路中，由于 $Z_1 > Z_2$，所以仍然是 F 点电位小于 0，即 F 点电位低于 E 点电位，U_o 为负。

因此只要衔铁上移，不论输入电压是正半周还是负半周，输出电压 U_o 总为负。

3.13.3.4 线性差动变压器及其调理电路

线性可变差分变压器（linear variable differential transformer，LVDT）是一种常见的位移传感器（见图 3-86），它由一个初级线圈、两个次级线圈、铁芯等部件组成，其中铁芯为移动部件，次级线圈采用差分连接方式。当铁芯处于平衡位置时，两个次级线圈产生的电动势大小相等，差分输出电压为零。当铁芯产生位移后，偏离平衡位置，磁路的不对称使两个次级线圈产生的感应电动势不再相等，产生一个由位移量决定的不为零的输出电压。在工作区间内，输出电压与铁芯位移近似呈线性关系。

调理电路通常采用商品化的芯片，如 ADI 公司的 AD598。AD598 是一款完整的单芯片线性可变差分变压器（LVDT）信号调理子系统，结合 LVDT 使用，能够以较高精度和可重复性将传感器机械位置转换为单极性或双极性直流电压。所有电路功能均集成于芯片内。只要增加几个外部无源元件以设置频率和增益，AD598 就能将原始 LVDT 副边输出转换为一个比例直流信号。

图 3-87 是一个典型的利用 AD598 构成的 LVDT 信号调理电路原理示意图。AD598 内置一个低失真正弦波振荡器，用来驱动 LVDT 原边。正弦波频率由单个电容决定，频率范围为 20Hz 至 20kHz，幅度范围为 2V RMS 至 20V RMS。LVDT 副边输出由两个正弦波组成，用来直接驱动 AD598。AD598 采集这两个信号工作，将其差值除以其和值，产生一个单极性或双极性比例直流输出。这个直流信号的大小直接反映了位移的大小和方向。当采用双极性输出时，其输出电压与位移关系如图 3-88 所示（图中数值与 LVDT 和电路的具体参数有关，仅作参考）。

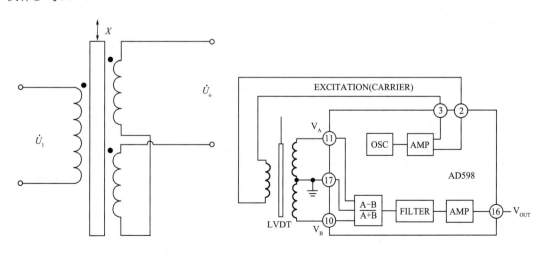

图 3-86 LVDT 原理图　　　　图 3-87 LVDT 调理电路原理示意图

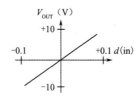

图 3-88 AD598 输出电压（满量程±10V）与铁芯位移（±0.1in）关系

习 题

3-1 从使用材料、测温范围、线性度几个方面比较，Pt100、K 型热电偶、NTC 热敏电阻有什么不同？

3-2 测温传感器 Pt100、K 型热电偶、NTC 热敏电阻都具有一阶滞后的特性，其时间常数一般不会超过 10s，但工业生产中用这些传感器制成的测温探头的时间常数常常要几十秒，为什么？

3-3 PTC 和 NTC 热敏电阻除了测温外，还有哪些用途？

3-4 热电偶测温为什么一定做冷端温度补偿？

3-5 采用 Pt100 的测温调理电路如图 3-5 所示，设 Pt100 的静态特性为：$R_t=R_0(1+At)$，$A=0.0039/℃$，三运放构成的仪表放大电路输出送 0～3V 的 10 位 ADC，恒流源电流 $I_0=1mA$，如测温电路的测温范围为 0～512℃，放大电路的放大倍数应为多少？可分辨的最小温度是多少摄氏度？

3-6 试比较磁平衡式霍尔电流传感器与电磁式电流互感器的异同点。

3-7 某磁平衡式霍尔电流传感器的原边结构为穿孔式（$N_1=1$），额定电流为 25A，二次侧输出额定电流为 25mA，二次侧绕匝数为多少？用该传感器测量 0～30A 的工频交流电流，检流电阻 R_M 阻值为多大时，才能使电阻上的电压为 0～3V？

3-8 影响电涡流传感器等效阻抗的因数有哪些？根据这些影响因数，推测电涡流传感器能测量哪些物理量？

3-9 压电传感器的等效电路是什么？为什么用压电传感器不能测量静态力？

3-10 分析为什么压电传感器的调理电路不能用一般的电压放大器，而要用电荷放大器？

3-11 使用电场测量探头应注意什么？为什么？

3-12 磁阻传感器的基本原理是什么？

3-13 光电二极管的基本原理是什么？在电路中使用光电二极管时，与普通二极管的接线有何不同？

3-14 增量式光电编码器的输出脉冲有何特点？分析辨向电路是如何工作的？

3-15 电容传感器有哪几类？为什么变间隙式的电容互感器多采用差动结构？

3-16 采样变介电常数式电容传感器测量液体位置的原理是什么？

3-17 自感式传感器有哪几类？各自有什么应用特点？

3-18 采用差动结构的传感器和测量电桥有什么好处？画出单臂电桥、差动半桥、差动全桥的电路图，并讨论说明三种电桥的灵敏度和线性度。

3-19 为什么差动全桥对同符号干扰量有补偿作用？

第 4 章 测量系统中的调理电路

> 操千曲而后晓声，观千剑而后识器。
> ——南朝·刘勰

在现代电气测量系统中，信号调理电路是测量系统的一个重要组成部分。本章以信号调理电路中最常用的元器件——集成运算放大器为主要内容，在详细介绍通用集成运放的结构特点和主要技术参数的基础上，介绍几种电气测量中常用的高性能集成运放，包括仪表放大器、集成差分放大器、隔离放大器等。集成运算放大器主要完成线性放大及加减运算，另一种模拟运算器件——集成乘法器则可以完成乘法、除法运算，本章最后也将简单介绍集成乘法器的原理及主要应用。

4.1 集成运算放大器

4.1.1 集成运算放大器概述

集成运算放大器等效电路来可以用图 4-1 来表示，实际集成运放与理想集成运放的区别见表 4-1。虽然实际集成运放产品还不能称得上是"理想集成运放"，但建立在理想集成运放基础上的假设和推论仍然是分析集成运算放大电路的基本出发点。

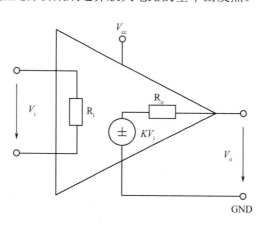

图 4-1 运放的等效电路

表 4-1 实际集成运放与理想集成运放的区别

特征参数	理想集成运放		实际集成运放
	基本假设	推论	
输入电阻 R_i	无穷大	虚断	$>10^6 \Omega$
开环电压放大倍数 K	无穷大	虚短	$>10^6$
输出电阻 R_o	零	输出电流任意值	$10^2 \Omega$

实际的集成运算放大器产品按照其性能大致可以分为通用型和高性能型两大类。

（1）通用集成运算放大器。通用集成运算放大器很难下统一的定义，但一般认为通用集成运算放大器是相对于高性能集成运放而言的。现阶段，集成通用运放的主要性能指标的平均值如下：

- 输入失调电压（Input Offset Voltage）：1～10mV。
- 单位增益带宽（–3dB bandwidth@gain=1）：0.5～2MHz。
- 差模输入电阻（Input Resistance）：1～10MΩ。
- 电压摆率（slew rate）：1V/μs。

（2）高性能集成运算放大器。这类运放在某些性能指标方面相比通用型有显著提高，一般从其名称上就可分辨出来。这类运放包括高阻抗型、高速型、仪表运算放大器、差分运算放大器、隔离运放、可调增益运放等，本章后续内容会对以上各种类型的集成运放做进一步介绍。

为了便于直观理解各类运放的主要特性参数，表 4-2 列出了一些典型产品的主要性能指标，便于比较。

表 4-2 典型运放的部分技术参数（T=25℃）

运放类型	典型产品	输入失调电压（mV）	DC CMRR（dB）	输入电阻（MΩ）	–3dB 带宽（MHz）	电压摆率（V/μs）
通用型	uA741	1	90	2	1	0.5
低失调型	OP27	30×10^{-3}	120	4	8	2.8
斩波稳零型	ICL7650	5×10^{-3}	130	10^6	2	2.5
高阻抗型	CA3140	2	90	10^6	4.5	9.0
仪表型	AD623	25×10^{-3}	110	2000	0.8	0.3
高速型	AD8033	1	100	2000	80	80

表 4-3 是几种高性能运放的特色指标对照表。

表 4-3 几种高性能运放的特色指标对照

运放类型	特色指标 1	特色指标 2	适用电路
通用集成运放	无	无	一般应用
低失调/高精度	输入失调电压低	CMRR 高	精密测量
高阻抗	输入电阻高	输入偏置电流小	信号源内阻高
仪表放大器	输入失调电压低	输入阻抗高	输入电压含共模分量
高速	电压摆率高	带宽>50MHz	放大阶跃、脉冲信号
宽带型	带宽大	—	高频小信号
可调增益	增益数字量控制	—	需调节放大倍数
隔离型	输入输出隔离	—	需要隔离一次侧
轨对轨	输出电压摆幅	输入电压摆幅	宽输入或宽输出电压范围

现在的集成运放已是百花齐放，针对不同应用需求，不同的运放产品都有针对性的设计，并非价格越贵越好。根据实际应用对放大电路的性能需求，正确选用集成运放产品已是模拟电路设计非常重要的一个环节。

4.1.2 集成运算放大器的基本电路

集成运放的基本放大电路可以分为单端输入的放大电路和单运放差分放大电路。

4.1.2.1 单端输入的放大电路

反相放大电路（inverter amplifier）和同相放大电路（non-inverter amplifier）都属于这类电路。它们在使用中要特别注意以下几点：

（1）输入电压信号必须是单端信号（single-ended），即输入电压的参考端就是放大电路的公共端，不能用于含有共模信号的差分输入（differential input）电压信号的放大。

（2）集成运放本身的输入电阻非常高（通常在 10MΩ 以上），但与外部电阻构成图 4-2（a）所示的反相放大电路后，放大电路的输入电阻 $R_{in}=R_1$（一般在 1~10kΩ范围），远远小于集成运放的输入电阻。而图 4-2（b）所示的同相放大电路的输入阻抗就等于集成运放的输入阻抗。所以，信号源内阻的大小对反相放大电路的影响较大，为了减小负载效应，信号源的内阻最好能低于放大电路输入电阻的 1%。

（3）图 4-2 中的可调电阻 Null 用于调节输入失调（null offset）。即当输入 V_{in} 为零而输出不为零时，通过调节该可调电阻，使输出为零。显然，这是一种静态调零，当电路参数出现漂移时，零位还需要再手动调节。而斩波稳零型集成运放（如 ICL7650）针对输入失调问题，内部专门设计了每秒 200 次自动调零，可以把输入失调电压降低到 $1\mu V$ 的水平，当然这类运放的动态响应性能有所下降。

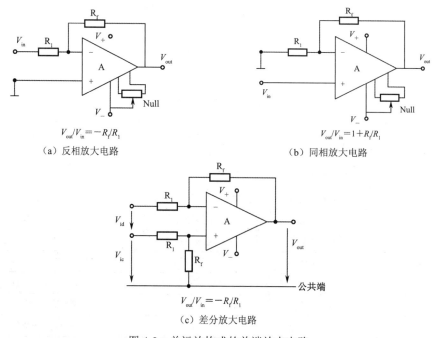

图 4-2 单运放构成的单端放大电路

4.1.2.2 单运放差分放大电路

图 4-2（c）所示为用单个集成运放构成的低成本的差分放大电路，可放大含叠加于共模分量 V_{ic} 之上的差模信号 V_{id}，但该电路的差分输入电阻取决于 R_1 和 R_f 的阻值，不可能达到集成运放的输入电阻，同样不适用于高内阻的信号源。另外，为了不牺牲集成运放的 CMRR，要求同相输入和反相输入端所接的电阻阻值要严格对称，这对于分立电阻元器件而言也非常难，特别用于大批量生产时更难以控制。

4.2 集成运放的结构特点与主要技术参数

4.2.1 结构特点

要使用好集成运算放大器，必须结合集成运算放大器的结构特点来理解其主要技术参数。图 4-3 是一款典型集成运放的内部电路原理图，它由三级电路构成。

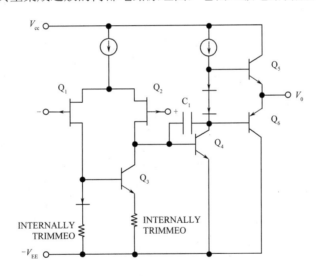

图 4-3 一款典型集成运放的内部电路原理图

（1）输入级：Q_1 和 Q_2 构成差分输入放大级，实现共模抑制和差模信号的放大。

（2）中间级：Q_4 带有源负载进一步放大。补偿电容 C_1 防止闭环应用出现自激振荡。高速运放需要使用更小的电容，但闭环放大倍数不宜太小（如 OP37 的闭环放大倍数应大于 5），否则太深的负反馈容易引起自激振荡。

（3）输出级：Q_5 和 Q_6 构成典型的推挽输出结构，有利于减小输出电阻，增强带负载能力。

另外，集成运放中大量使用电流源作为有源负载，与无源电阻相比，可以获得更高的动态阻抗，实现更高的电压增益。

4.2.2 集成运算放大器的主要技术参数

理想集成运放的技术性能参数是理想化的，即：
(1) 输入阻抗无穷大，所以输入电流为零，也即"虚断"。
(2) 开环放大倍数无穷大，有限的输出电压则对应零输入电压，也即"虚短"。
(3) 输出阻抗为零，所以可等效为理想的电压源，输出电流可以为任意值。

基于上述理想化的假设，理想集成运放的所有性能指标参数都是一样的。实际集成运算放大器产品都为实现上述理想化特性方面采取了针对性的设计，如用恒流源作为负载来提高放大倍数，输出级采用推挽电路来减小内阻，但仍不可能达到理想化的集成运放。而且，实际的集成运放产品为了满足具体应用的不同需求，在某些技术指标参数上也存在显著的差别，这就要求我们能做出正确的选择。正确的选择源自准确的理解和掌握这些技术指标参数的具体含义。

下面介绍集成运放的部分主要技术指标参数。

4.2.2.1 输入失调与输入失调参数

输入失调对集成运放的放大精度（零位及线性度）有重要影响，相关的参数有输入失调电压（input offset voltage）、输入失调电流（input offset current）和共模抑制比（common mode restriction ratio，CMRR）。输入失调现象与集成运放输入级差分放大电路是否完全对称或平衡密切相关。理想的差分放大电路中背靠背两侧对应的器件参数应完全匹配，这样可以保证差分放大电路只放大两个输入端的电位差（即差模信号），而两个输入端都包含的共模分量则被完全抑制。但实际的差分放大电路与理想的差分放大电路还是有差异的。举例来说，图4-3 中的集成运放内部输入级 Q_1 与 Q_2 的电流放大系数 $\beta_1 \neq \beta_2$，当输入差模信号为零，即反向输入端和同相输入端都只包含相同的对地分量（即共模分量）时，由于输入级差分电路的不对称，组成差分放大电路的两个单端信号放大电路输出必然也不对称，即差动输出不为零，这种现象就是运放的输入失调。为了纠正这种由参数不对称所造成的非零差动输出，可以在运放的两个输入端之间加上一个直流偏置电压，通过调整这个电压使得运放的输出为零，这个直流偏置电压就被称为输入失调电压。输入失调电压的大小主要反映了该集成运放内部差分电路参数的不对称或不平衡程度。

当然还有其他要求对称的参数的失配同样会影响差分放大电路抑制共模信号的能力，如从集成运放两个输入端看出去的信号源内阻抗（包括信号导线的阻抗）不平衡就常常导致某些放大电路虽然采用了共模抑制性能优异的集成运放，但差分放大电路的共模抑制性能远远达不到集成运放的共模抑制性能。

输入失调电流是指在运放差模输入电压为零时，放大器两个输入端平均偏置电流的差值。显然对于理想的完全对称的差分输入放大电路，在输入端电位相等时，两输入端的平均偏置电流也应该一致。与输入失调电压不同的是，输入失调电流是从运放输入偏置电流的角度来描述输入失调的程度的。

另外一个与输入失调相关的重要技术参数是共模抑制比（CMRR）。CMRR 是指运算放大器的差模电压增益 G_d 与共模电压增益 G_C 之比，并用分贝数（dB）来表示 CMRR 的大小，即

$$CMRR = 20\lg(G_d/G_C)$$

CMRR 是从运放对共模输入信号和差模输入信号的区别性放大的角度来说明输入失调的程度的。由于理想的运放不存在输入失调，完全对称的差分放大电路应该只放大差模输入电压，而对共模输入的电压增益为零，即完全抑制，因此理想的 CMRR 是无穷大的。当然，由于实际运放或多或少存在输入失调的问题，因此 CMRR 不可能无穷大。集成运放 CMRR 一般在 80～120dB，少数可达 130dB 以上。以典型的 $CMRR=100$dB 为例，$20\lg(G_d/G_C)=100$，则 $G_d/G_C=10^5$，说明放大器的差模增益是共模增益的 10^5 倍，显然从信号放大的角度上看，共模信号是受到了极其不公平的对待。

按照集成运算放大器的输入失调电压的高低，大致可以分为高失调、低失调、超低失调等三类。高失调以 uA741、LM324、LM358 等为代表，其主要特征是采用有源负载，输入失调电压约为 1mV。低失调以 Analog Device 的 OP27 为代表，由于采用超β管工艺，输入失调电压最低可以达到几十微伏，精度明显改善，输入电阻也提高到 60MΩ。超低失调以 ICL7650 为代表，其主要特征是采用动态斩波稳零技术，每秒 200 次动态调节输入失调电压，使输入失调电压下降到 1μV。

斩波稳零型集成运放针对输入失调问题，专门设计了一套动态调整输入失调的电路，可以使得输入失调电压大幅降低。下面简要介绍 ICL7650 的工作原理。

ICL7650 的工作原理如图 4-4 所示，MAIN 是主放大器（CMOS 运算放大器），Null 是调零放大器（CMOS 高增益运算放大器）。内部的振荡与控制电路 OSC 控制四个电子开关来切换两个工作阶段。第一阶段：电子开关 A 和 B 导通，$\overline{A}$ 和 C 断开，Null 电路处于失调检测和寄存阶段，Null 运放的输出失调被保存在 C_{EXTA} 上。第二阶段：电子开关 $\overline{A}$ 和 C 导通，A 和 B 断开，电路处于动态校零和放大阶段。由于 ICL7650 中的 Null 运算放大器的增益 A_{ON} 一般设计在 100dB 左右，因此，即使主运放 MAIN 的失调电压 V_{OSN} 达到 100mV，整个电路的失调电压也仅为 1μV。由于以上两个阶段不断交替进行，电容 C_{EXTA} 和 C_{EXTB} 将各自所寄存的上一阶段结果送入运放 MAIN、Null 的调零端，这使得图 4-4 所示电路几乎不存在失调和漂移，可见，ICL7650 是一种高增益、高共模抑制比和具有双端输入功能的运算放大器。

集成运算放大器的输入失调电压、输入失调电压和共模抑制比是反映运放性能的重要参数，它直接关系到放大的精度和对共模信号的抑制能力，而它们又直接与运放电路输入失调程度相关。

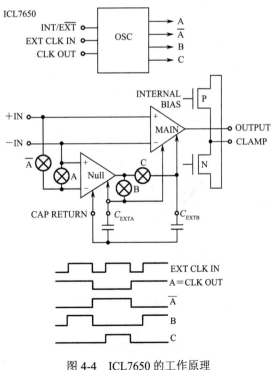

图 4-4 ICL7650 的工作原理

输入失调现象如今已得到了很大改进，不同阶段的典型产品的输入失调相关技术指标的提高可以参见表 4-2 的数据。

4.2.2.2 输入参数

（1）输入偏置电流 I_{IB}。输入偏置电流是输出电压等于零时，两个输入端偏置电流的平均值。一定的偏置电流是集成运算放大器输入级晶体管正常工作所必需的，虽然该电流可能只有微安级甚至更小，但绝对不能为零。集成运放输入阻抗越高，输入偏置电流就越小。

（2）差模输入电阻 R_{id}。差模输入电阻是指差分放大器从两输入端看进去所呈现的视在电阻。该阻值越大，说明对信号源的负载效应越小。高阻抗集成运放的差模输入电阻可达 $10^6 \text{M}\Omega$。

（3）共模输入电压范围。保证集成运放输入不会被过高的共模输入阻塞的前提下所允许的最大共模输入电压范围。该电压范围通常是一个与电源电压有关的六边形所限定的范围，详细说明见 4.4 节。

4.2.2.3 频率特性和动态响应技术指标

根据理想运算放大器的输入/输出特性可知，理想集成运放对任何频率的输入信号应该具有完全一致的放大特性。而实际上由于集成运放电路内部分布电容、布线电感的存在，当输入信号频率很高时，这些分布电容和电感将不能忽略，从而影响了信号的线性放大。另外，理想集成运放的开环增益很高，为了避免闭环放大出现振荡，生产厂家也常在环路中设计电容来保证集成运放闭环反馈应用的稳定。这些影响可以用频率和动态响应指标来描述，如开环增益的频率特性、–3dB 带宽、单位增益带宽（bandwidth@gain=1）、电压摆率（slew rate）等。

（1）开环增益及其频率特性。图 4-5 是 uA741 在小输入信号条件下的开环增益的频率特性，从图上可以看出，开环增益在 3～4Hz 前有 105dB 以上，之后就以约–20dB/10 倍频程的斜率下降，当被放大信号频率到 1MHz 时增益降至 0dB（对应的电压放大倍数为 1），0dB 点对应的频率就是单位增益带宽。集成运放的–3dB 带宽是指幅频特性下降到–3dB（对应的电压放大倍数为 $10^{-3dB/20}=0.707$）时所对应的频率范围，图 4-5 中约为 1.1MHz。

（2）单位增益带宽。集成运算放大器的带宽与放大电路的电压增益有关。电压增益越高，则带宽范围越小。在–3dB 带宽范围内，不同电压增益下该增益与带宽的乘积为一个常数，称为增益带宽积（gain bandwidth product），它实际上就等于单位增益带宽，图 4-5 中 uA741 的增益带宽积约为 1MHz。应该注意的是，当输入信号频率超过–3dB 增益带宽时，增益下降斜率将变陡，此时增益带宽积将小于单位增益带宽。

（3）电压摆率。电压摆率是指集成运放在额定负载条件下，输入一个大幅度的阶跃信号时，输出电压的最大变化率，单位为 V/μs。该

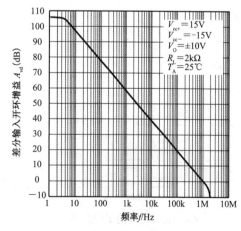

图 4-5 uA741 的开环增益的频率特性

指标以阶跃响应的上升速率来反映放大电路响应快速变化的大输入信号的能力。例如 OP07 的电压摆率为 0.3V/μs，即 1μs 时间内输出电压最快从 0V 上升到 0.3V，而 OPA637 的电压摆率为 135 V/μs，明显比 OP07 快。在实际工作中，输入信号的变化率一般不要大于集成运放的电压摆率，否则输出电压会因集成运放来不及响应而产生畸变。

需要特别指出的是，宽带集成运算放大器与高速集成运算放大器经常容易被混淆，这是一种误解。宽带运放用于放大高频小信号，主要看–3dB 带宽和增益带宽积两个指标是否满足要求，高速运放主要用于大信号的放大，如阶跃信号和脉冲信号，从性能指标上看，其单位增益带宽一般大于 50MHz，电压摆率大于 50V/μs。

4.2.2.4　温度漂移

集成运算放大器生产厂商在其产品技术指标中都会列出某种运放产品的输入失调电压的大小，同时也会指出这个指标是在一定的温度下测试出来的结果，标准测试温度一般为 25℃或室温。半导体材料本身的性能参数基本都是与温度相关的，当温度发生漂移（drift）时，技术指标也会出现漂移，所以就有输入失调电压温漂、输入失调电流温度漂等温度漂移指标。温度漂移指标参数是指当温度每变化 1℃时，某技术指标变化的大小，如仪表运放 AD620 的输入失调电压温度漂移最大为 0.6μV/℃。

4.2.2.5　输入和输出电压的摆幅

集成运放的输入和输出的电压范围总是在运放的正负电源电压所规定的上下限以内的。早期的集成运放的最高输出正电压 V_{OH} 和最低的输出 V_{OL} 一般距离其正负电源电压有一小段"距离"。这个"距离"主要是由于其推挽输出电路中的上拉管和下拉管的压降造成的，例如 ADI 的低成本仪表放大器 AD620A 的最高输出电压比正电源电压低 1.2V，而最低输出电压比负电源电压高 1.1V，这个压降是推挽电路的上拉管和下拉管工作在线性放大状态而必须具有的最低电压。而现在一种被称为具有"轨对轨"（rail-to-rail）的集成运放是指其输入或输出的最高和最低电压分别可达上轨和下轨，正、负电源电压就是上轨和下轨，这类运放因此而得名。例如 ADI 公司的 OP191 系列集成运放的输出电压摆幅只比正负电源电压范围小 1～2mV。这种输出摆幅的扩大对于作为 A/D 输入前级的运放有重要意义，特别在采用 3.3V 电源的低电压数据采集系统中（ADC 的输入电压范围一般为 0～3V），如果 ADC 前级的运放输出电压摆幅只有 1.0～2.0V，则 ADC 就会损失上下各 1.0V 的输入电压范围，并且损失的 2.0～3.0V 这段输入电压范围的转换精度是最高的。而如果想要充分利用 ADC 的 0～3V 的输入电压范围，只有提高前级运放的电源电压，这样就至少需要两组不同的电源电压分别为运放和 ADC 供电。

4.2.2.6　输出电流

按照集成运放的输出电流的流向分为拉电流（source current）和灌电流（sink current），前者是指电流由集成运放通过输出引脚流向外部电路，而后者则相反。除非特别申明具有大电流输出特性，一般运放的输出电流的极限为几十毫安，但长期正常工作的输出电流则为几毫安。

4.2.2.7 极限参数

极限参数是指集成运放能安全使用的最大极限参数,主要有最大电源电压、最大输入共模电压、最大差模输入电压、极限工作温度范围等。需要指出的是,生产厂家会提供不同等级极限工作温度范围的同类产品供用户选择,如 Analog Device 的 AD620A 的极限工作温度范围为-40~+85℃,而 AD620S 则是-55~+125℃。集成运放一旦在极限参数以外工作,将极有可能发生不可逆转的损伤,所以使用时应避免。

4.3 仪表放大器

4.3.1 仪表放大器的基本电路结构

图 4-6 是用 3 个通用运算放大构成的典型的仪表放大电路。该电路分为两级:第一级由 A_1 和 A_2 构成高阻抗的差分电压放大器,差分信号从 V_{IN1} 和 V_{IN2} 输入。该级的输出可以看成两个同相放大器(分别由 A_1、$0.5R_G$、R_1 和 A_2、$0.5R_G$、R_1 组成)的输出电压 V_A 和 V_B 之差,且每个同相放大电路的电压放大倍数为 $1+R_1/(0.5R_G)$。由于 A_1 和 A_2 的输出电阻非常低,输出电压很容易传递给后级的放大电路。第一级放大电路的另一个重要作用就是抑制输入信号中的共模分量。应强调的是,图 4-6 所示的基本仪表放大电路的共模输入分量的范围是不能超出集成运放 A_1 和 A_2 的正负电源电压范围的,否则就会造成 A_1 和 A_2 的输出饱和,输入的差模信号无论怎样"完美",也不会在输出得到丝毫体现,好像实际输入的有用信号被"堵塞"了一样。所以,图 4-6 所示电路只能针对含较低共模信号的差分信号进行放大和阻抗变换。

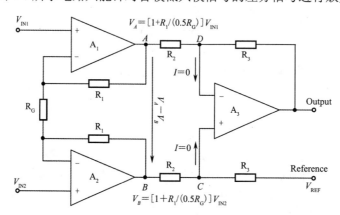

图 4-6 由 3 个通用运放构成的典型仪表放大电路

第二级由 A_3 与 4 个电阻($2×R_2$ 和 $2×R_3$)构成一个差分输入的电压放大器,其输出信号 Output 是相对 Reference 端的单端信号,本级的电压放大倍数为 R_3/R_2。

分析详解:图 4-6 中第一级电路的 R_G 可以看成两个 $0.5R_G$ 的电阻串联,由于对称的结构,R_G 中点电位就等于输入信号的共模电压分量。根据线性叠加定理,在分析差模信号的放大特性时,可以暂不考虑共模分量,即假设共模分量为零,也就是 R_G 中点电位此时可视为零电位。这样 A_1 和 A_2 可以看成两个独立的同相输入运放,它们的输出分别为 V_A 和 V_B。当

Reference 端接 V_{REF} 时，由于 A_3 的两个输入电流近视为零，有

$$\frac{V_A - V_D}{R_2} = \frac{V_D - V_{OUT}}{R_3} \tag{4-1}$$

$$\frac{V_B - V_C}{R_2} = \frac{V_C - V_{REF}}{R_3} \tag{4-2}$$

根据运放"虚短"原则有 $V_C=V_D$，用式（4-1）减去式（4-2），可得

$$\frac{V_A - V_B}{R_2} = \frac{V_{REF} - V_{OUT}}{R_3} \tag{4-3}$$

将 V_A、V_B 代入式（4-3），整理可得

$$V_{OUT} = -\left(1 + \frac{2R_1}{R_G}\right) \cdot \frac{R_3}{R_2} \cdot (V_{IN1} - V_{IN2}) + V_{REF} \tag{4-4}$$

式（4-4）可以改写成

$$V_{OUT} = -K_V V_{IN} + V_{REF} \tag{4-5}$$

上式说明输出电压 V_{OUT} 对差分输入 V_{IN} 的放大倍数为 $K_V = \left(1 + \frac{2R_1}{R_G}\right) \cdot \frac{R_3}{R_2}$，且输出被向上平移了 V_{REF}，负号源自于输入信号的参考方向与第二级放大电路输入端正负极性不一致。

Reference 在一般的应用中接电源地，但当后级为单极性的 A/D 转换器时，Reference 端接 A/D 转换器的参考电压，可以给输出电压加上一个恒定的偏置电压，从而允许放大电路的输入 V_{IN} 为双极性的信号，这大大简化了交流电气量的 A/D 转换前级的放大电路的设计。

举例说明：

设 V_{IN}=sin314t（V），A/D 输入电压范围为 0～3V，利用图 4-6 所示电路作为 ADC 的前级调理电路，则 V_{REF} 应接在 0～3V 的中点即 1.5V 的参考电压上（利用 ADC 的参考电压或外部专门的参考电压源），同时把 V_{IN} 放大 1.5 倍，这样就可充分利用 ADC 的输入电压范围来转换输入交流电压（−1～+1V）。

图 4-6 所示电路的输入电阻只取决于通用运放的同相输入电阻，所以很高，一般在 1GΩ 以上，如果上下侧的电阻 R_1、R_2 和 R_3 分别严格匹配，其 DC-低频时的 CMRR 一般在 100dB 以上，共模输入电压范围小于正负电源电压范围，而输入失调一般在几十微伏。这样的性能指标非常适合放大含共模分量的差分信号，而且允许信号源的内阻高达几十千欧。

需要强调的是，图 4-6 所示的电路是集成仪表放大器的基本电路。同时，对仪表放大器的理解绝不能"顾名思义"地理解为仪表专用的运算放大器。集成仪表放大器本身是闭环结构，内部反馈电阻都非常精密，输入失调非常低，CMRR 则很高。而闭环电压增益一般只需要通过一个外部增益电阻（图 4-6 中的 R_G）来调节，也有通过数字量来编程设定的，并且仪表放大器输入为差分信号，输出则为相对参考端的单端信号。输出参考端可以根据具体情况来连接到运放的电源地或某个参考电压来获得电平平移。

4.3.2 集成仪表放大器

集成仪表放大器的种类很多，用途也很广。ADI 的 AD62x 系列通用集成仪表放大器性价比较高，得到了广泛应用。图 4-7 是 AD623 的原理图，可以看出，AD623 的基本电路还

是三运放构成的仪表放大器,主要不同点在于输入 PNP 管(Q_1、Q_2)可以将输入共模电压电平上移从而可以允许低于负电源电压 0.2V 的电压输入。其次,输入端的两个嵌位二极管可以提供输入过压保护。电压增益 gain=1+100/R_G (注应用此公式时 R_G 单位为 kΩ)。

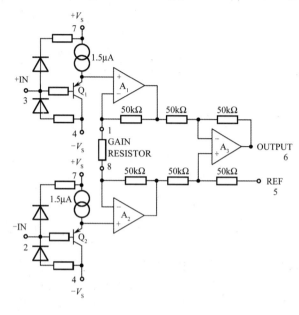

图 4-7 AD623 原理图

图 4-8 中,通用仪表放大器 AD623 用来放大直流电阻电桥的输出。图中差模电压一般在毫伏级,而当电桥的四个桥臂阻抗都为 Z_0 时,电桥两个中点的直流偏压是 2.5V,这就是同极性、同幅值的共模输入电压分量,而且此时只有共模输入。抑制电源电压范围内的共模分量是选用仪表放大器的主要原因,但由于任何集成运放都不同程度地存在输入失调,仪表放大器也不例外,同样无法彻底抑制掉共模信号,输出端总会有一些残余成分。

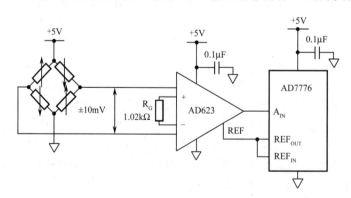

图 4-8 AD623 对电桥输出电压中共模分量的抑制

共模抑制比(CMRR,单位为 dB)是用来衡量共模信号相对于差模信号而言被放大器抑制程度的一个量化指标,它可以用式(4-6)来表示

$$CMRR = 20\lg\frac{G_d}{G_C} = 20\lg(G_d \cdot \frac{V_{Cin}}{V_{Cout}}) \tag{4-6}$$

式中 G_d——放大器的差模增益；

G_C——放大器的共模增益；

V_{Cin}——输入端的共模电压；

V_{Cout}——输入共模电压在输出端的反映。

假设图 4-8 中 AD623 集成仪表放大电路的电压放大倍数为 10 时，CMRR 为 100dB，因为图 4-8 中共模电压为 2.5V，由式（4-6）求出它在输出端的电压为 250μV。这个电压是由于 AD623 存在输入失调导致 CMRR 为有限值而产生的非零输出。

在图 4-8 中，共模信号是稳态的直流电压。在实际测量中，50Hz/60Hz 输电干线交流电压会通过电容耦合到仪表放大器的两个输入端（详见 8.1 节）。在大多数的测量实践中，仪表放大器输入端的空间电容耦合基本相等，穿透空间耦合电容的电流是共模电流，它们叠加在输入偏置电流上，在输出端可以看到该共模电流分量的影响，其影响的大小则取决于该频率下的 CMRR 的大小。图 4-9 表示了 AD623 在+5V 供电时 CMRR 的频率特性。

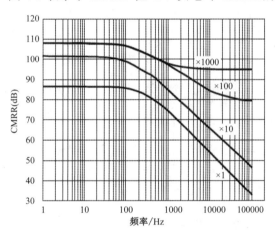

图 4-9 单电源供电时 AD623 的 CMRR 在不同增益下的频率特性

从图 4-9 可以看出，通用仪表运放 AD623 的 CMRR 在整个频率范围内并非恒定不变，单电源供电时 AD623 的 CMRR 在 100Hz 以前很平坦，之后开始下降，但对于最常见的 50Hz/60Hz 电网共模信号能被很好地抑制。其次，当电压增益增加时，CMRR 也随之增加，说明在小信号输入时抑制共模能力比大信号输入时强。

集成仪表放大器虽然能放大差分信号，但集成仪表放大器本身的静态偏置电流还需要能流通到电路公共端的直流路径。图 4-10 所示为用电流互感器 TA 测量

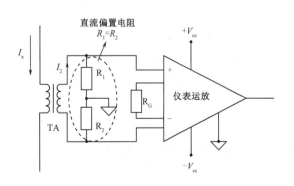

图 4-10 仪表放大电路的输入偏置电路

交流电流 I_x，TA 二次侧是一个正比于 I_x 的小电流 I_2，该电流流过虚线框内的电阻转变为电压信号。虚线框内的电阻不能使用一个独立的电阻 R，而是将 R 分成两等份 R_1 和 R_2，并且中间接放大电路的公共端，这样就保证了仪表运放的输入端的直流静态偏置电流能够流通。类似问题也存在于热电偶放大电路、经电容耦合的交流电压信号放大电路中，这类信号源的一个共同特征是它们都是"浮地"的差分信号，即信号源与电路公共端之间没有直流路径，所以需要按如图 4-10 中虚线框所示增加到公共端的直流路径。

4.4 电气测量中的共模信号

4.4.1 电气测量中常见的共模信号

（1）以电桥作为信号源（见图 4-11）。

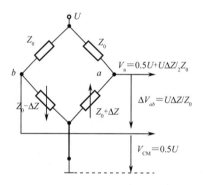

图 4-11　以电桥作为信号源

（2）用串联电阻采样电路高端电流（见图 4-12）。

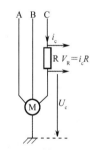 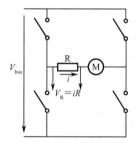

（a）用电阻采样三相电机进线电流　　（b）用电阻采样逆变全桥的负载电流

图 4-12　用串联电阻采样电路高端电流

（3）多点接地引起的地电位不一致（见图 4-13）。图 4-13 中，信号源和放大电路处两点都接地，两个接地点之间的阻抗 Z_g 流过电流 I_g，产生压降 U_g，该压降 U_g 本质上就是由于两点接地而额外引入的共模输入电压。

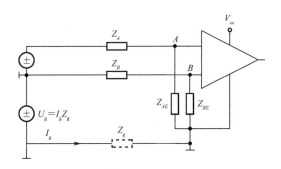

图 4-13 多点接地引起的地电位不一致

（4）高压线路通过电容耦合引起的共模（见图 4-14）。

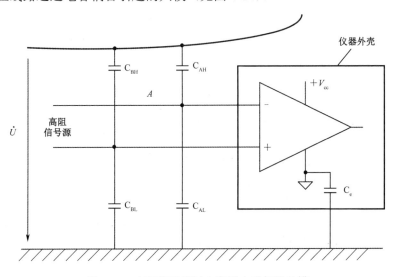

图 4-14 高压线路通过电容耦合引起的共模

4.4.2 共模输入的危害

4.4.2.1 高共模信号分量挤压甚至阻塞差模信号分量的输入

图 4-15 是通用集成仪表运算放大器 AD623 的共模输入/输出范围，图中有两个"共模六边形"，外圈的六边形对应 AD623 的工作电源为 ±5V，内圈的六边形对应 AD623 的工作电源为 ±2.5V。以外圈的六边形为例，上下两条水平边线 ED 和 AB 分别对应 AD623 可能达到的正负最高输出电压，这两条边所对应的共模输入电压为 –2.5～+1V。注意，这里的纵坐标表示的是针对差模输入分量进行放大后可能的最大输出；显然，使用集成仪表放大器时，应当将共模输入分量限制在图中的 AB 或 ED 边线所对应的范围以内。假如在输出负电压时共模输入超过 B 点（或在输出正电压时共模输入超过 D 点），则可能的最大输出电压出现拐点并向水平零线倾斜，可能的输出范围变小。当输入共模电压达到约 3.5V 时，可能的最大输出电压只有零，即无论输入差模多大，放大电路增益如何，都不会有输出，这时集成仪表放大器的输入就完全被高共模输入"阻塞"了。"阻塞"现象说明集成运放的输入差分对管在高共模输入电压下进入饱和或截止状态，丧失放大能力。关于"六边形"的负共模输入，也

是同样的原理,不再赘述。

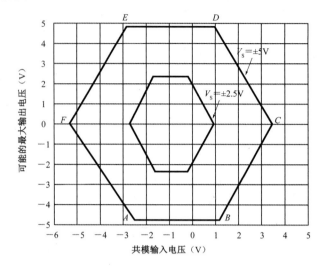

图 4-15　AD623 的共模输入对可能的最大输出的限制

需要强调的是,图 4-15 中的关于仪表放大器共模输入/输出范围的"六边形"适用于任何仪表放大器,不同之处只是六个顶点出现的位置会有差异,下面将要介绍的集成差分放大器允许共模输入的范围比集成仪表放大器宽很多。

4.4.2.2　共模信号分量在存在输入失调的差分放大电路中的表现

在一个存在输入失调的差分放大电路中,如在输入信号中含有共模分量 U_{CM},则根据线性电路叠加定律,可假设输入信号的差模分量为零来分析共模输入所引起的输出,故得到图 4-16。

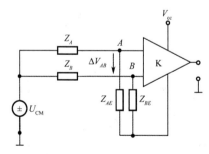

图 4-16　共模信号分量在存在输入失调的差分放大电路中的表现

由于图 4-16 所示的差分放大电路存在输入失调,可假设输入失调完全由输入阻抗不平衡导致,即

$$\frac{Z_A}{Z_{AE}} \neq \frac{Z_B}{Z_{BE}}$$

共模分量 U_{CM} 在运放输入端 A、B 间引起的电位差 ΔV_{AB} 将不为零,也就是说共模输入分量 U_{CM} 由于输入失调的存在在运放的两个输入端之间产生了差模电压输入,共模输入没有被完全抑制。

从上面的分析可以看出，输入信号中的共模分量作用于存在输入失调的差分放大电路，则放大电路的输出会出现共模干扰。

4.5 集成差分放大器

集成仪表放大器的共模抑制比虽然很高，但允许输入的共模电压范围却受正负电源电压的范围限制。在有些应用中（如常在电动机电源进线中串联电流采样电阻，逆变桥高端桥臂上的电流采样电阻），电流采样电阻两端的电压通常包含极高的共模电压分量，该共模分量一般都超出集成仪表放大器的电源电压范围，集成仪表放大器无法使用。集成差分放大器在集成仪表放大器的前级增加一个专门抑制高共模输入的差分放大级。ADI 的 AD8200 系列在单+5V 供电时允许的共模电压范围为–8～28V，其内部结构如图 4-17 所示，集成仪表运放 A_1 与两侧的分压电阻配合，可以扩展输入共模电压的范围，A_2 为通用运放。

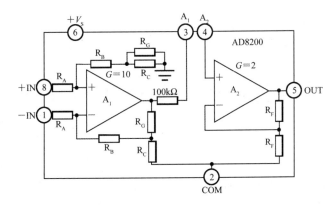

图 4-17 集成差分放大器 AD8200 的二级结构

在电气测量中，常常需要用分流器来测量主回路的电流，图 4-18 是用分流电阻测量电流的例子。由于分流电阻与 H 桥驱动的负载电机串联，共模电压主要取决于直流母线的电压水平。如果直流母线的电压高于 28V，通用型仪表放大器和 AD8200 系列的共模输入电压范

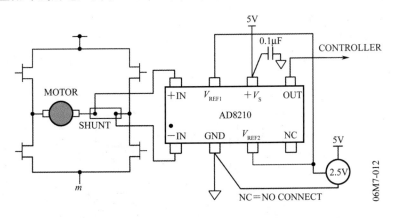

图 4-18 用集成差分放大器 AD8210 放大高端取样电阻的电流

围将不再满足要求。ADI 的 AD8210 系列集成差分放大器内部用两个可以耐受高共模输入电压的三极管代替 AD8202 内部的分压电阻 R_B，从而使允许输入的共模输入电压范围扩展到 $-5 \sim 68V$。AD8210 的 CMRR 具有很宽的频率范围，在 100kHz 时，其 CMRR 从 DC 时的 120dB 下降到 80dB，完全可以满足高频电力电子电路中测量功率电流的需要。此外，AD8210 提供了 20 倍的固定电压增益。

4.6 隔离放大器

在电气测量中，测量电路总是作为控制系统的输入环节。为了保护整个控制系统不受一次高电压大电流回路的冲击，常常要求一次主回路和二次控制系统电气隔离。隔离放大器就是为了实现这种需要而设计的。图 4-19 是隔离放大器 AD202 的内部结构图。

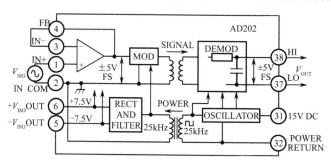

图 4-19 隔离放大器 AD202 的内部结构图

隔离放大器需要隔离一次侧的测量信号和为一次侧测量电路供电的电源。AD202 采用了变压器隔离方式，可以隔离最大 2kV 的持续电压。电源变压器由 25kHz 的振荡器为高频变压器供电，变压器副边输出经整流滤波后得到一组 $\pm 7.5V$ 的直流电源为一次侧的测量电路提供电源。一次测量回路的 DC 或低频输出信号被调制单元（modulator）调到高频载波上后通过隔离变压器耦合到副边，再由解调单元（demodulator）完成调制信号的检波，然后输出。为了能在集成电路非常有限的面积上实现上述功能，两个隔离变压器必须非常小，所以需要传输的电信号必须是高频的。

图 4-20 中，$5m\Omega$ 的电流取样电阻输出的差分信号送到隔离放大器 AD204 的一次侧输入，通过内部变压器的隔离，放大后的信号可以与数据采集系统的 A/D 转换器直接相连。

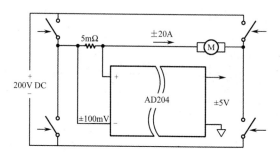

图 4-20 用 AD204 实现隔离测量 200V 直流母线供电的逆变输出电流

4.7 集成乘法器的应用

4.7.1 集成乘法器的介绍

各类放大电路本质上完成了输入信号与某个常数（电压增益）的乘法运算，而用集成运放还可方便地构成比较器、加法器和减法器等运放电路。在有些数字化测量中，还要求调理电路完成一些 MCU 或定点 DSP 不擅长或特别费时的运算，如浮点数的乘法或除法、开方或乘方运算等，这些运算在实时电功率、电压电流均方根值的测量中常常涉及，这些运算可以用模拟集成乘法器快速完成。同时，用集成乘法器和低通滤波器结合还可以方便地实现信号的调制和解调。集成乘法器的这些功能可以大大减少数字化测量的软件编程的工作量，由于采用硬件电路代替软件的运算，大大提高了运算速度，特别是在实时性要求高的数字化测控系统中可以节省大量的 CPU 开销。

图 4-21 是通用集成乘法器 AD532 的原理示意图，它将两个任意极性的输入 $V_x=X_1-X_2$ 和 $V_y=Y_1-Y_2$ 相乘后，再除以常数 10V 后送至一个差分放大电路，放大后的输出 OUTPUT 是相对 V_{os} 的单端电压。图 4-22 给出了用 AD532 构成的乘法电路的典型接线方式。

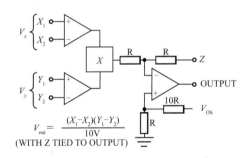 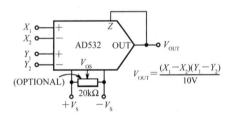

图 4-21　AD532 的原理示意图　　　　图 4-22　用 AD532 构成乘法电路

集成乘法器的输入/输出关系一般都可以表示为

$$V_{out}=KV_xV_y$$

根据允许输入的 V_x 和 V_y 的极性，可以分为单象限、二象限和四象限乘法器。单象限乘法器只允许 V_x 和 V_y 为同一极性，二象限乘法器只允许 V_x 和 V_y 为相反极性，而四象限乘法器允许 V_x 和 V_y 为任意极性。所以 AD532 是一种四象限乘法器，这对于交流量的测量非常重要。

4.7.2 集成乘法器能完成的运算

集成乘法器除了能完成乘法运算外，还可以完成除法、乘方、开方等运算。
图 4-23 给出了用 AD532 的构成的四种运算的典型电路。

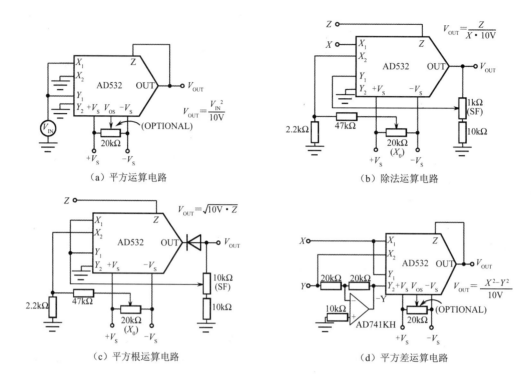

图 4-23 AD532 的典型应用电路

图 4-23（a）完成平方运算，所以将 X_1 和 Y_1 接需要平方的输入信号 V_{in}。

图 4-23（b）完成二象限的除法运算，所以输入（X_1–X_2）必须为负极性，图中 X_2 接直流偏置电压用于调零，负极性的信号接 X_1；如果输入信号为正，则 X_1 和 X_2 接线互换。另一输入接自输出 V_{OUT} 的反馈，所以 $Z=V_xV_{OUT}/k$，整理得到 $V_{OUT}=kZ/V_x$。

图 4-23（c）中两个输入同时接输出电压的反馈，所以有 $Z=V_{OUT}/k \cdot V_{OUT}/k$，整理得 $V_{OUT}=KZ^{1/2}$。

图 4-23（d）完成对输入 X、Y 的平方差运算，图中 X_1–$X_2=X$–Y，由于 Y 经反向跟随后在接入 Y_2，故 Y_1–$Y_2=X$–$(-Y)$，而 AD532 对两个输入信号相乘的结果为 $V_{OUT}=(X^2-Y^2)/10V$。

4.7.3 集成乘法器用于调制和解调

在集成隔离放大器 AD202 中已经看到调制和解调用于需要电气隔离的信号的传输，事实上，无线传感器、电力线载波传输也都无一例外地需要将被测信号通过调制变为高频信号，接收器则在对包含测量信号的高频调制波解调后得到所需信号。图 4-24（a）为用集成模拟乘法器实现调幅的原理图，图 4-24（b）则是用集成模拟乘法器实现解调的原理图。

设图 4-24 中调制信号为 $u_\Omega(t)=U_{\Omega m}\cos\Omega t$，$U_d$ 为直流偏置电压，用于防止调幅失真，高频载波为 $u_C(t)=U_{CM}\cos\omega_C t$，$u_\Omega(t)$ 和 U_d 叠加后再与 $u_C(t)$ 相乘后得到

$$[u_\Omega(t)+U_d]u_C(t)=U_dU_{CM}\left(1+\frac{U_{\Omega m}}{U_d}\cos\Omega t\right)\cos\omega_C t=U'_{Cm}\left(1+m_a\cos\Omega t\right)\cos\omega_C t$$

即调幅电路的输出

$$u_o(t) = U'_{Cm}(1 + m_a\cos\Omega t)\cos\omega_C t \tag{4-7}$$

式（4-7）中，m_a 为调制系数，当 $m_a \leqslant 1$ 时，调幅波波形如图 4-25（c）所示，其包络线不会出现失真。

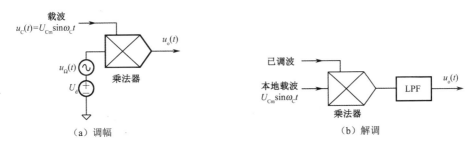

图 4-24 用集成模拟乘法器实现调幅和解调的原理图

图 4-25 分别表示了 $u_\Omega(t)$、$u_C(t)$ 和 $u_o(t)$ 的波形，其中 $u_o(t)$ 的振荡周期为载波的周期，而幅值的包络线则包含了调制信号 $u_\Omega(t)$ 的全部信息。

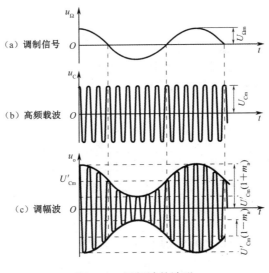

图 4-25 调幅波的波形

将调幅波 $u_o(t)$ 整理如下

$$\begin{aligned}u_o(t) &= U'_{Cm}(1 + m_a\cos\Omega t)\cos\omega_C t \\ &= U'_{Cm}\cos\omega_C t + \frac{m_a U'_{Cm}}{2}\cos(\omega_C - \Omega)t + \frac{m_a U'_{Cm}}{2}\cos(\omega_C + \Omega)t\end{aligned} \tag{4-8}$$

上式中包含三种频率成分，第一项只包含载波频率，而后两项分别包含下边频（$\omega_C-\Omega$）和上边频（$\omega_C+\Omega$），两个边频都包含调制波的信息，如果在发射调制波时，抑制掉第一项 $U'_{Cm}\cos\omega_C t$ 而只传送后两项，则被称为双边带调制（DSB）。事实上，也可只传送其中一个边带就足以将调制信息传送出去，这种调幅被称为单边带调制（SSB）。单边带调制可以提高发送设备的功率的利用率，节省频带的占用。

假设采用单边带方式传送，并设传送的单边带调幅波为

$$u_{SSB}(t) = \frac{m_a U'_{Cm}}{2}\cos(\omega_C + \Omega)t$$

则在接收器端由调谐电路（俗称高频头）接收后送解调电路，解调电路如图4-24（b）所示。接收到的单边带调幅信号与本地载波信号一起送集成模拟乘法器，乘法器的输出为

$$\frac{m_a U'_{Cm}}{2}\cos(\omega_C + \Omega)t \cdot U_{Cm}\cos\omega_C t = \frac{m_a U'_{Cm} U_{Cm}}{4}[\cos\Omega t + \cos(2\omega_C t + \Omega)] \quad (4\text{-}9)$$

式（4-9）中包含两项，第一项的波形与调制信号的波形完全一致，而第二项包含两倍载波频率与调制波频率之和，频率远高于第一项，低通滤波器LPF可以轻易滤除，而滤波器的输出就只包含调制信号频率的正弦波，从而完成调幅波的解调。

习　题

4-1　理想集成运算放大器的虚断、虚短、虚地应如何理解？

4-2　集成运算放大器从结构上可以分为输入级、中间级和输出级，它们分别是哪种电路形式？作用是什么？

4-3　集成运算放大器的输入失调指什么？输入失调电压和输入失调电流是如何定义的？通用集成运放的输入失调电压一般在什么范围？

4-4　集成运放的共模抑制比是如何定义的？以图4-8中的AD623为例，影响CMRR的因素有哪些？

4-5　增益带宽积和单位增益带宽是如何定义的？uA741作为典型的通用集成运放，从图4-5中找出其单位增益带宽，增益带宽积和单位增益带宽总是近似相等吗？

4-6　集成运放的输出电压摆率和输出电压摆幅的定义是什么？

4-7　请根据设计需要从列出的选项中选择适合的集成运放（运放电源电压为±5V）：
A．通用集成运放　　B．仪表放大器　　C．集成差分放大器
D．高摆率集成运放　E．宽带集成运放　F．隔离放大器
（1）放大不含共模的单端直流和工频小电压信号；
（2）放大工频小电压信号（含小于1V的直流共模分量）；
（3）放大工频小电压信号（含大于5V的直流共模分量）；
（4）用集成运放来设计比较器；
（5）放大FM103.7电台发射的信号。

4-8　假如某款仪表放大器的CMRR为无穷大，那么该运放是否可以放大含任何共模分量的输入电压信号？为什么？

4-9　集成仪表运算放大器的基本电路是什么？它具有什么特点？

4-10　假设某测量系统只有一个用某集成仪表运算放大器构成的线性放大电路。该集成仪表运放的输出失调电压为1mV，差模电压放大倍数为10，请写出该测量系统的输入输出特性方程。该测量系统的零位是零吗？这个零位与共模输入分量的大小有关吗？

4-11　用集成运算放大器能构成哪些算术运算电路？用集成乘法器又能构成哪些算术运算电路？

第5章 电气测量技术

> 博观而约取,厚积而薄发。
> ——苏轼

本章主要介绍交流电气量的测量技术,包括电力系统中常用的交流高电压和大电流的测量方法,以及频率、周期、相位的数字化测量技术,对传统的磁电系、电磁系及电动系电工仪表的工作原理、电磁机构及其特点进行详细说明,最后介绍电力设备几个主要的绝缘性能指标及测试方法。

5.1 高电压的测量

高电压测量的方法主要是将高电压变换成方便测量的小电压信号,再用电压表或数字测量仪器进行测量。高电压转换为低电压的设备主要是各种类型的互感器。传统的电磁式电压互感器由于存在铁磁谐振,目前只在 66kV 及以下电网中使用较多,而 66kV 及以上电压等级的电网中,电容式电压互感器 CVT 已经被越来越多地使用。随着传感技术、光纤技术和数字化变电站的发展,适合数字化信号采集的电子式电压互感器(electronic voltage transformer,EVT)未来将逐步取代传统的互感器。电子式电压互感器主要包括电容式电压互感器、光电式互感器两类。

5.1.1 电磁式电压互感器

电磁式电压互感器简称 PT(potential transformer)或 TV,其工作原理和变压器相同,运用电磁感应原理将交流高压变为低电压。电压互感器实际相当于降压变压器,电压互感器的二次侧负荷比较恒定,所接测量仪表和继电器的电压线圈阻抗很大,因此在正常运行时电压互感器接近于空载状态。

5.1.1.1 电磁式电压互感器的工作原理

额定电压为 3~10kV 的电压互感器有单相、三相三芯柱、三相五芯柱三种,额定电压为 35kV 及以上的电压互感器均制成单相式。无论单相还是三相,它们的基本工作原理相同,完全可以用一个单相电压互感器来说明。

电压互感器的工作原理可以参考等值电路(见图 5-1)来说明。当电压互感器一次绕组加上交流电压 $\dot{U}_1$ 时,绕组中流过电流 $\dot{I}_1$,铁芯内就有交变主磁通 $\dot{\Phi}_0$ 与一次绕组、二次绕组交链,一、二次绕组上感应的电动势(V)分别为

$$E_1 = 4.44 f W_1 \Phi_0 \times 10^{-8}$$

$$E_2 = 4.44 fW_2 \Phi_0 \tag{5-1}$$

将以上两式相除得额定电压比 K_U 为

$$K_U = \frac{E_1}{E_2} = \frac{W_1}{W_2} \tag{5-2}$$

这就表明，电压互感器一、二次绕组感应电动势之比等于匝数之比。

如果电压互感器是理想电压互感器，即无功率损失的电压互感器，忽略很小的空载电流和负载电流在一、二次绕组产生的电压降时，$U_{1N}=E_1$，$U_{2N}=E_2$，故实际电压比 K 为

$$K = \frac{U_{1N}}{U_{2N}} = \frac{E_1}{E_2} = \frac{W_1}{W_2} = K_U \tag{5-3}$$

一次线圈额定电压 U_{1N} 是电网的额定电压（如 10kV、35kV、110kV、220kV、330kV、500kV、1000kV 等），二次电压 U_{2N} 的输出范围统一为 0~100（或 100/1.732、100/3）V，所以 K_U 也标准化。

理想电压互感器一次绕组电压 U_1 与二次绕组电压 U_2 的比值为常数，等于一次和二次绕组的匝数比，称为电压互感器的额定电压比。被测电压实际等于接在二次绕组的电压表读数乘以电压互感器的电压变比。

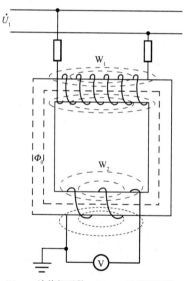

W_1——一次绕组匝数；W_2——二次绕组匝数

图 5-1 电压互感器接入电路原理图

5.1.1.2 电磁式电压互感器技术参数

1. 绕组的额定电压及额定变比

电压互感器铭牌上分别标明了一次绕组、二次绕组、零序电压绕组的额定电压值。

绕组额定电压是指加于三相电压互感器一次绕组上的线电压，是绕组能够长期工作的电压，是电网的额定电压（如 10kV、35kV、110kV、220kV、330kV、500kV、1000kV 等）；

接于三相系统线与地之间的单相电压互感器的额定一次电压应为上述额定电压的 $\frac{1}{\sqrt{3}}$，如 $\frac{6}{\sqrt{3}}$kV、$\frac{10}{\sqrt{3}}$kV、$\frac{35}{\sqrt{3}}$kV 等。

二次额定电压是指三相电压互感器二次绕组的长期工作线电压，二次电压 U_{2N} 的输出范围统一为 0～100（或 100/1.732，100/3）V；供三相系统线与地之间用的单相电压互感器的二次额定电压规定为 $\frac{100}{\sqrt{3}}$V。

保护用电压互感器一般设有零序电压绕组，供接地故障产生零序电压用。零序绕组接成开口三角形，一旦某一相有故障，出现电压不平衡时，开口处的电压值就会有所变化。零序电压绕组的额定电压是指供大电流接地系统用的电压互感器的零序电压绕组能长期工作的电压，规定为 100V；供小电流接地系统用的电压互感器，其零序电压绕组的二次额定电压为 $\frac{100}{3}$V。

2. 准确度等级

电压互感器的准确度等级就是对电压互感器所指定的误差等级。在规定的使用条件下，电压互感器的误差应在规定的限度之内。

电力系统中应用的电压互感器按用途分为两大类：一类为测量用电压互感器，另一类为继电保护用电压互感器。按照《电磁式电压互感器》(GB 1207—2006) 的规定，测量用电压互感器准确度等级分为 0.1 级、0.2 级、0.5 级、1 级、3 级，其所容许的误差极限值见表 5-1。继电保护用的电压互感器准确等级一般以 3P、6P 等符号表示，表示在 5%额定电压到额定电压因数（中性点接地系统为 1.2 和 1.5，中性点不接地系统为 1.2 和 1.9）相对应电压范围内最大允许电压误差的极限分别为 3%和 6%。零序电压绕组的准确等级一般为 6P。

表 5-1 测量用电压互感器容许的误差极限值

准确度等级	一次绕组电压为一次额定电压的百分数（%）	误差限值		二次负载为额定负载的百分数（%）
		比差（%）	角差（′）	
0.1	80～120	±0.1	±5	25～100
0.2	80～120	±0.2	±10	25～100
0.5	85～115	±0.5	±20	25～100
1	85～115	±1.0	±40	25～100
3	100	±3.0	未规定	25～100

3. 额定负载

电压互感器的额定负载也叫额定容量，是按照其准确度等级制造的容量，是当二次电压为额定值时，规定允许接入的负载，通常用视在功率表示。在额定二次负载下，电压互感器的误差应符合其准确度等级的规定。

5.1.1.3 电磁式电压互感器稳态测量误差分析

实际的电压互感器有能量损耗，绕组中有电压降，即 $U_1 \neq E_1$，$U_2 \neq E_2$，U_1 和 U_2 的比值不是一个常数，而是随不同的条件而稍有变化的。影响电压互感器 U_1 与 U_2 比值的参数表示在等值电路（图 5-2）中。

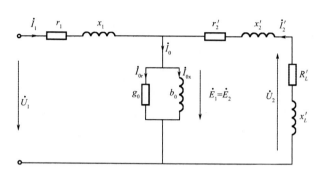

图 5-2 电压互感器的等值电路图

图 5-2 中，$\dot{U}_1$ 为一次绕组端电压，$\dot{I}_1$ 为一次电流，$\dot{I}_0$ 为空载电流即励磁电流，它包含铁损电流分量 $\dot{I}_{0r}$ 和磁化电流分量 $\dot{I}_{0x}$，r_1 为一次绕组电阻，x_1 为一次绕组漏抗，r_2 为二次绕组电阻，x_2 为二次绕组漏抗，$\dot{I}_2'$ 为二次电流，$\dot{U}_2$ 为二次绕组端电压，b_0 为励磁电纳，$\dot{E}_1$ 为一次绕组感应电动势，$\dot{E}_2$ 为二次绕组感应电动势，g_0 为励磁电导。

各参数之间关系为：

$$Z_1 = r_1 + jx_1, \quad Z_2' = r_2' + jx_2', \quad Z_L' = R_L' + jx_L',$$

$$\dot{U}_1 = \dot{I}_1(r_1 + jx_1) - \dot{E}_1, \quad \dot{U}_2' = \dot{E}_2' - \dot{I}_2'(r_2' + jx_2') = \dot{I}_2'(R_L' + jx_L')$$

$$\dot{I}_0 = \dot{I}_{0r} + \dot{I}_{0x}, \quad \dot{I}_0 = -g_0 \dot{E}_1, \quad \dot{I}_{0x} = jb_0 \dot{E}_1$$

根据等效电路及上述关系式作相量图，如图 5-3 所示。从图 5-3 看出，电压互感器运行时，受励磁电流 $\dot{I}_0$、一二次绕组内的电压降（均随二次负载变化）等影响，使按额定电压比折算至一次侧并旋转 180°后的二次电压（图 5-3 中为 $-\dot{U}_2'$）与一次电压 $\dot{U}_1$ 大小不等，则电压互感器存在比差；如相位不重合，则电压互感器存在角差。

比差等于实际二次电压 U_2 与折算到二次回路的实际一次电压 U_1 的差值与 U_1 的比值，通常比差 f_u 以百分数来表示，即

$$f_u = \frac{U_2 - U_1/K_U}{U_1/K_U} \times 100 = \frac{K_U U_2 - U_1}{U_1} \times 100\% \tag{5-4}$$

由于 $K = \dfrac{U_1}{U_2}$，则上式简化为

$$f_u = \frac{K_U - K}{K} \times 100\% \tag{5-5}$$

式中　U_1——实际一次电压有效值；
　　　U_2——实际二次电压有效值；

K_U——额定电压比,等于原副边线圈匝数比;
K——实际电压比。

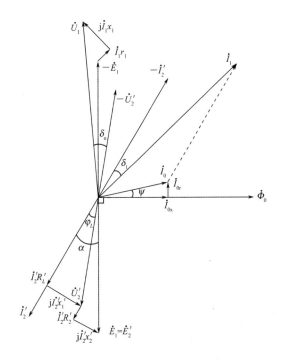

图 5-3 电压互感器比差、相角误差相量图

相角差简称角差,是指实际一次电压与旋转180°后二次电压相量间的夹角δ'_u。当反转后的二次电压超前于一次电压相量时,角差为正值,反之角差为负值。

电压互感器铁芯材料的磁导率和铁芯结构(包括铁芯截面积和磁路长度)影响励磁电流的大小,铁芯结构还影响绕组的匝数及长度。综合前面提到的因素,电压互感器的比差、角差与励磁电流、一二次绕组阻抗、二次负载的大小及其功率因数角有关。电压互感器的比差、角差公式的形式不止一种,推导也较为麻烦,这里从略,只将公式介绍如下。

当电压互感器空载时,由等值电路及相量图可求得空载时的比差f_0及角差δ_0(')分别为

$$f_0 = \frac{I_{0r}r_1 + I_{0x}x_1}{U_1} \times 100\% \tag{5-6}$$

$$\delta_0 = \frac{I_{0x}r_1 + I_{0r}x_1}{U_1} \times 3438 \tag{5-7}$$

当负载为Z_L时的比差f_u及角差δ_u(')分别为

$$f_u = \left[\left(\frac{r_1}{k_{12}^2} + r_2\right)\cos\varphi_L \left(\frac{x_1}{k_{12}^2} + x_2\right)\sin\varphi_L\right]\frac{I_2}{U_2} \times 100\% \tag{5-8}$$

$$\delta_u = -\left[\left(\frac{r_1}{k_{12}^2} + r_2\right)\sin\varphi_L \left(\frac{x_1}{k_{12}^2} + x_2\right)\cos\varphi_L\right]\frac{I_2}{U_2} \times 3438\% \tag{5-9}$$

实际使用中,电压互感器的比差和角差是用仪器测量出来的。如果电压互感器空载下的

比差 f_0、角差 δ_0 为已知，再把电压互感器在额定负载 Z_N、负载功率因数为 1 的情况下的比差 f_N 及角差 δ_N 测量出来，当电压互感器在现场实际运行时，只需要测量出实际二次负载 Z_L 及其功率因数角 φ_L，就可计算出比差 f_u 及角差 δ_u。这也就是任意负载 Z_L 下的比差和角差。这两个公式在实际工作比较有用，即

$$f_u = f_0 - \frac{z_N}{z_L}\left[(f_0 + f_N)\cos\varphi_L + 0.0291(\delta_0 + \delta_N)\sin\varphi_L\right] \times 100\% \quad (5\text{-}10)$$

$$\delta_u = \delta_0 - \frac{z_N}{z_L}\left[(\delta_0 - \delta_N)\cos\varphi_L + (f_0 - f_N)\sin\varphi_L\right] \quad (5\text{-}11)$$

另外，一次电压 U_1 增加，比差和角差的绝对值减小；U_1 降低时，比差和角差的绝对值增大。但在正常情况下，电压的变化范围不大，因而对误差的影响较小。频率变化对电压互感器比差与角差也有影响，而电力系统频率变化很小，因此叙述从略。

需要注意的是，比差和角差都是根据有效值或向量分析计算得到的反映正弦稳态状态下的稳态误差。在故障状态下（如出现短路或谐振的暂态过程），因为非线性电路参数（如铁芯饱和）的作用，电压或电流波形可能含有高次谐波而发生畸变，比差或角差就不再适用了。

5.1.1.4 电磁式电压互感器的安装及使用

采用电磁式电压互感器测量高电压的主要优点如下：

（1）可以把测量端与一次设备隔离，保证人员和二次设备的安全。

（2）统一设计标准，将一次电气系统的高电压变换成同一标准的低电压值，使仪表和继电器的生产标准化。

（3）降低表耗，节省设备投资。

电磁式电压互感器在变电站的主要安装方式如图 5-4 所示。图 5-4（a）用于单相电压的测量，图 5-4（b）用于三相电压的测量，图 5-4（c）用于线电压的测量。

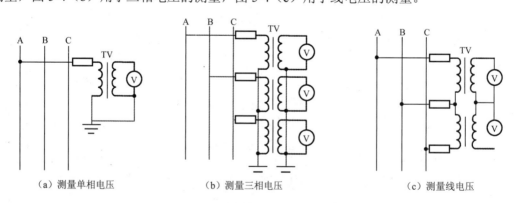

（a）测量单相电压　　　（b）测量三相电压　　　（c）测量线电压

图 5-4　电压互感器主要安装方式

电压互感器在使用时要注意其二次绕组不能短路。电压互感器在正常运行中，二次负载阻抗很大，电压互感器近似恒压源，内阻抗很小，容量很小，一次绕组导线很细，当互感器二次发生短路时，一次电流很大，若熔丝选择不当、保险丝不能熔断时，电压互感器极易被烧坏。

5.1.1.5 电磁式电压互感器的铁磁谐振问题及其抑制方法

电磁式电压互感器是电力系统中的铁芯电感元件，其励磁特性具有非线性的饱和特性，而电力网中存在大量分布电容或杂散电容。通常电压互感器的感性电抗大于系统等效电容的容性电抗，但是开关操作或短路、闪络等故障过程会导致电力系统进入暂态过程，引起互感器暂态趋于饱和或完全饱和，致使感抗降低，就可能激发持续时间很长的非线性铁磁共振现象，即铁磁谐振。这种谐振既可能发生于不接地系统，也可能发生于直接接地系统。铁磁谐振产生的过电流或高电压可能造成互感器损坏，特别是低频谐振时，互感器相应的励磁阻抗大为降低而导致铁芯深度饱和，励磁电流急剧增大，高达额定值的数十倍至百倍以上，从而严重损坏互感器。谐振过电压影响高压电气设备的绝缘性能，甚至影响电力系统的安全稳定运行，给电力系统带来很大危害。

下面以中性点不接地系统单相接地故障为例介绍铁磁谐振产生的机理。如图 5-5 所示，系统中电磁式电压互感器与母线或线路对地电容形成的回路，在一定激发条件下可能发生铁磁谐振而产生过电压及过电流，图中 TV 为电磁式电压互感器，TV_A、TV_B、TV_C 为电压互感器三相一次绕组，TV 一次绕组中性点直接接地；C_0 为系统对地等效电容；E_A、E_B、E_C 为系统三相电源电势。为了研究铁磁谐振机理，忽略系统中的电阻、相间电容和系统电源阻抗，假设系统处于空载状态。系统正常运行时，系统中性点 N 电压为零，电压互感器激磁阻抗很大，其激磁电流很小。当图 5-5（a）中 K 点发生单相接地短路故障，系统中性点 N 的电压升高不为零，接地短路电流在三相系统、C_0 及接地点 K 间流动，其数值较大；非故障相电压升高到 $\sqrt{3}$ 倍额定相电压，使非故障相 C_0 充满电。当单相接地故障消失后，非故障相 C_0 上的 $\sqrt{3}$ 倍额定相电压必然经 TV 一次绕组及其中性点放电恢复到额定电压，线路对地电容经 TV 放电过程的等效电路如图 5-5（b）所示，在此暂态过程中，TV 激磁电流突然增大，使 TV 铁芯处于严重饱和状态，其激磁阻抗下降。当 TV 激磁阻抗与 C_0 的容抗相等时，产生铁磁谐振。因此，TV 铁芯的非线性铁磁特性是产生铁磁谐振的根本原因。

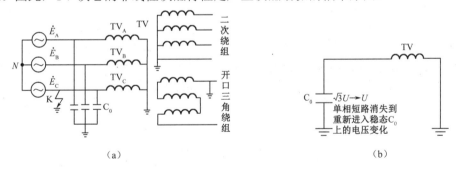

图 5-5 铁磁谐振机理示意图

除了单相接地故障消失后能激发铁磁谐振外，线路非同期合闸、电磁式电压互感器突然投入运行、线路断线、电力系统瞬时过电压等条件作用下，也可能产生铁磁谐振。不同的激发条件产生的铁磁谐振频率不同，分为基频谐振、分频谐振和高频谐振三种类型，不同类型的谐振频率与电力系统各相对地电容容抗 X_c 与电压互感器单相绕组在额定电压时电抗值 X_L 的比值有直接关系。

抑制铁磁谐振的方法主要从两个方面入手：一是改变电力系统电感、电容元件参数，减小 PT 的饱和程度，使它们不具备谐振条件；二是增大共振回路的阻尼，快速消耗谐振能量，降低谐振过电压、过电流的倍数。在实际应用中，常采用下述消谐措施：

（1）电压互感器一次绕组中性点经消谐电阻接地消谐。消谐电阻可限制互感器一次绕组中的励磁电流大小，避免互感器铁芯过饱和产生谐振。消谐电阻越大，抑制谐振的效果越好，但是消谐电阻太大时也会产生负面影响，如：发热严重易被烧毁；单相接地故障时，消谐电阻承担大部分零序电压，使电压互感器开口三角绕组输出电压降低，影响继电保护装置动作的灵敏度。选择合适大小的消谐电阻，此方法既能消除铁磁谐振过电压，又能抑制分频谐振过电流，适用于容量较大且对地电容较大的电网。

（2）在电压互感器的开口三角绕组接入阻尼电阻消谐。阻尼电阻一般为压敏电阻。系统正常运行时，开口三角绕组输出电压为零，电阻呈高阻值；发生谐振时，电压互感器一次绕组有零序电流，在开口三角绕组出现零序电压，此时电阻呈低阻值且消耗谐振能量。阻尼电阻越小，消耗谐振能量效果越显著，但在开口三角绕组及阻尼电阻将流过较大的电流，可能使电压互感器和阻尼电阻烧毁。该方法很难区分基频谐振和单相接地故障，无法抑制分频谐振过电流，适用于容量较小且对地电容不大的电网。

（3）电力系统中性点经消弧线圈接地消谐。电网发生单相接地故障时，消弧线圈中的电感电流补偿了接地电容电流，使接地点电流大大减小，接地点不易产生电弧，降低弧光过电压发生的概率。因为消弧线圈的电感远小于互感器的励磁电感，所以 PT 被消弧线圈短接，不会因电压互感器铁芯饱和而产生过电压。

除以上方法外，根据电网系统的实际情况，还可以采用其他消除铁磁谐振的方法，包括：电压互感器一次绕组中性点经一台单相电压互感器接地，使互感器等值阻抗增加；减少并联运行的电磁式电压互感器台数，增大互感器等值电抗；设计合理电力系统中性点工作方式；采用励磁特性较好又不宜饱和的电压互感器；增加对地电容破坏谐振条件；在满足运行要求前提下，尽量采用电容式电压互感器等。

5.1.2 电容式互感器

电容式电压互感器简称 CVT（capacitor voltage transformers），主要利用电容器的分压作用将高电压按比例转换为低电压，其基本原理如图 5-6 所示，图中 U_i 和 U_o 分别为待测高电压和互感器输出电压，C_1 和 C_2 分别为主电容器和分压电容器。由电路原理，被测量电压与输出电压之间的关系为

$$U_i = \frac{C_1 + C_2}{C_1} U_o \qquad (5-12)$$

实际应用 CVT 主要由电容分压器（包括主电容器 C_1、分压电容器 C_2）、中间变压器（T）、补偿电抗器 L、保护装置 F 及阻尼器 D 等元器件组成，如图 5-7 所示。CVT 接地回路通常还接有电力线载波耦合装置，对于工频电流，载波耦合装置阻抗很小，但对于载波电流则呈现较高的阻抗。

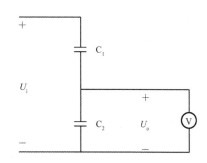

图 5-6　电容式电压互感器基本原理

利用电容分压器将输电电压降到中压（10～20 kV），再经过中间变压器降压到100V或100/3V供给计量仪表和继电保护装置。由于电容式电压互感器的非线性阻抗和固有电容有时会在电容式电压互感器内引起铁磁谐振，因而用阻尼装置 D 抑制谐振，阻尼装置由电阻和电抗器组成，跨接在二次绕组上，正常情况下阻尼装置有很高的阻抗，当铁磁谐振引起过电压，在中压变压器受到影响前，电抗器已经饱和了，只剩电阻负载，使振荡能量很快被降低。

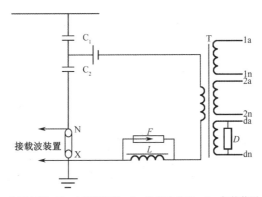

C_1、C_2—高压、中压电容；T—中压变压器；L—补偿电抗器；F—保护装置；D—阻尼器；
1a，1n—主二次绕组1号；2a，2n—主二次绕组2号；da，dn—剩余电压绕组；接载波装置时N、X打开

图 5-7 CVT 组成示意图

电容式电压互感器的等值电路如图 5-8 所示，Z_1、Z_2、Z_c 分别为中间变压器的一次侧和二次侧的等效阻抗以及励磁阻抗，工频情况下，C_1+C_2 与补偿电抗器 L 谐振，完全补偿电容引起的电压变化。

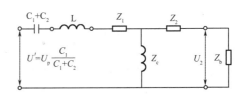

图 5-8 CVT 等效电路图

CVT 具有造价低（110 kV 及以上产品）、可兼顾电压互感器和电力线路载波耦合装置中的耦合电容器两种设备的功能，同时在实际应用中又能可靠阻尼铁磁谐振，并具备优良的瞬变响应特性，故近几年在电力系统中应用的数量日益增加，不仅在变电站线路出口上使用，而且大量应用在母线上代替电磁式电压互感器。

CVT 的照片及现场图片如图 5-9 所示。CVT 中的电容分压器由瓷套和装在其中的若干串联电容器组成，瓷套内充满保持 0.1MPa 的绝缘油，并用钢制波纹管平衡不同环境以保持油压，电容分压可用做耦合电容器连接载波装置。中压变压器由装在密封油箱内的变压器、补偿电抗器和阻尼装置组成，油箱顶部的空间充氮。一次绕组分为主绕组和微调绕组，一次侧和一次绕组间串联一个低损耗电抗器。

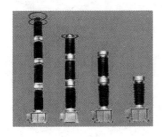 

图 5-9 CVT 的照片及现场图片

CVT 是目前最常用的有源电子式电压互感器，其二次部分采用新型的电子元器件和先进的电磁兼容设计，可直接与数字化仪表、测量保护装置及计算机相连，较好地解决了计算机技术对电流电压完整信息进行全过程数字化处理的要求，进而完成对电网电气设备进行在线状态监测、控制和保护。CVT 和常规的电磁式电压互感器相比，具有不含铁芯、没有磁饱和、频带宽、动态测量范围大、测量准确度高、测量保护范围内完全线性、传输性能好等优点，且体积小、质量轻。另外，CVT 二次短路不会产生大电流，也不会产生铁磁谐振，根除了电力系统运行中的重大故障隐患，保证了人身和设备安全。

CVT 一般适用于 110kV 及以上电压等级，由于受设计制造经验、工艺水平和原材料等多种因素的限制，作为承受高电压的电容分压器，如果介质击穿不仅会影响测量准确度，更严重的有可能造成爆炸、起火等恶性事故，运行中如不及时发现异常情况，就可能会影响电网的安全运行。

除了 CVT 以外，利用分压原理测量高电压的常用方式还包括阻容分压和电阻分压，在中压系统或 GIS 中，使用电阻分压或阻容分压可能获得更好的稳定性和经济性，其二次输出电压较低，适用于微机保护和电子测量仪表。阻容分压的原理如图 5-10 所示。由图 5-10 可知输出/输入的频率响应可描述为

$$W(\mathrm{j}\omega) = \frac{Z_2}{Z_1 + Z_2} = \frac{\dfrac{R_2}{1 + \mathrm{j}\omega C_2 R_2}}{\dfrac{R_1}{1 + \mathrm{j}\omega C_1 R_1} + \dfrac{R_2}{1 + \mathrm{j}\omega C_2 R_2}} \tag{5-13}$$

由式（5-13）可知，当 $R_2C_2=R_1C_1$ 时，分压器的传递函数与信号频率无关。此时，即使输入为高频信号，分压器的输出波形也不会发生畸变。克服了对高频信号进行分压时由分布电容的影响所导致的分压电路输出波形畸变。

电阻分压的原理如图 5-11 所示，由图可知被测量电压与输出电压的关系为

$$U_\mathrm{i} = \frac{R_1 + R_2}{R_2} U_\mathrm{o} \tag{5-14}$$

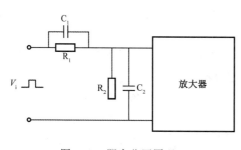

图 5-10 阻容分压原理

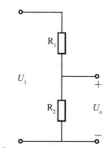

图 5-11 电阻分压的原理

5.1.3 光学电压传感器

光学电压传感器（optical voltage transducer，OVT）又称无源电子式电压传感器，采用的传感机理是晶体的线性电光效应（pockels 效应）。Pockels 效应是指晶体在电场作用下，透过晶体的光发生双折射，这一双折射快慢轴之间的相位差与晶体内部电场强度呈正比关

系。将 Pockels 元器件直接连接到被测电压的两端,在 Pockels 晶体内部产生正比于电压的电场,入射光经 Pockels 晶体后输出,再经光电变换及相应的信号处理便可求得被测电压。能够稳定应用于高压测量的晶体不多,目前应用最多的电光晶体就是 BGO 晶体(锗酸铋晶体)。

光学电压传感器组成原理如图 5-12 所示。由一个 1/4 波长板和两个偏振器组成的偏振检测系统将 Pockels 偏振调制转化为光强度调制。Pockels 晶体纵向外加电压 $u(t)$,离开晶体的偏振光强度 $P_s(t)$ 可用下式表示

$$P_s(t) = \frac{P_0}{2}\{1 + \sin[K \cdot u(t)]\} \tag{5-15}$$

式中 P_0——输入光强度;
K——Pockels 灵敏度常数。

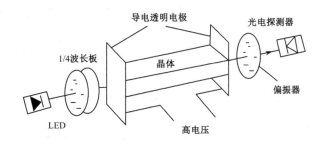

图 5-12 光学电压传感器组成原理

OVT 实现的技术关键是如何提高 OVT 的温度稳定性、长期运行的可靠性以及测量的精度,国外公司虽已研制出高至 765kV 的系列光学电压互感器,但其稳定性与可靠性也未能真正达到实用化的要求。

影响 OVT 稳定性与可靠性主要取决于传感晶体和工作光源的温度特性,以及传感头的加工和传光光纤的振动。解决方法是从光学晶体及相关光学元器件、光路系统的构成及黏结工艺、传感器的结构、绝缘结构、隔热材料与隔热措施、温度补偿方法等各方面进行改进,根据可靠性原理对 OVT 系统进行可靠性设计与分析,提高其运行的可靠性、稳定性。

5.2 大电流的测量

大电流测量的方法主要是将大电流转化为方便测量的低电压或小电流信号,用电流表和数字测量仪器进行测量。电力系统中常用的传统的大电流测量主要采用电磁式电流互感器,未来将逐步采用电子式电流互感器。虽然 LPCT 与电磁式电流互感器原理相同,但由于输出信号标准是按电子式互感器来设计的,IEC 将 LPCT 也归入电子式电流互感器。其他电子式互感器还包括有源的罗哥夫斯基线圈以及无源的光学电流互感器等。

5.2.1 电磁式电流互感器

电磁式电流互感器简称 CT(current transformer)或 TA,将交流大电流变为小电流,扩

大交流电流表、功率表和电能表的量程。电磁式电流互感器理想的工作条件是一次侧接电流源且二次侧短路,主要特点是:

(1)一次线圈串联在电路中,并且匝数很少,因此,一次线圈中的电流完全取决于被测电路的负荷电流,而与二次电流无关。

(2)电流互感器二次线圈所接仪表和继电器的电流线圈阻抗都很小,所以正常情况下电流互感器接近于短路状态下运行。

5.2.1.1 电流互感器工作原理

电流互感器由铁芯及绕在其上的一次绕组 L_1(匝数为 W_1)和二次绕组 L_2(匝数为 W_2)组成,如图 5-13 所示。

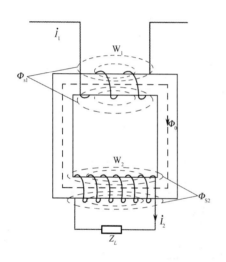

图 5-13 电流互感器的工作原理

当一次绕组接入电路,流过交变一次电流 i_1 时,产生与 i_1 相同频率的交变磁通 Φ_1,它穿过二次绕组,使之产生感应电动势。二次绕组为闭合回路时,则有电流流过,它又产生交变磁通 Φ_2。Φ_1 与 Φ_2 通过铁芯部分闭合的合成磁通为 Φ_0,由它感应的一次、二次绕组中的电动势分别为 e_1、e_2。由 e_2 引起的电流就是 i_2。Φ_0 的作用为在电流变换过程中将一次绕组的能量传递到二次绕组。图 5-13 中不经铁芯而经空气形成闭合磁路的部分磁通称为漏磁通。由一次电流 i_1 产生的漏磁通仅与一次绕组交链的为 Φ_{s1},由二次电流 i_2 产生的漏磁通仅与二次绕组交链的为 Φ_{s2}。漏磁通影响分别在图 5-14 中以电抗 x_1 和 x_2 表示。图 5-14 中,r_1、r_2 为一、二次绕组电阻值。$\dot{I}_0$ 为励磁电流,它包含磁化电流 $\dot{I}_{0x}$ 和铁损电流分量 $\dot{I}_{0r}$。如在一次绕组两端接入一由电导 b_0 与电纳 g_0 组成的并联回路,以描述 $\dot{I}_0$ 使铁芯磁化的过程,将 x_1、x_0、r_1、r_2 都移到绕组外面,即是图 5-14 所示的等值电路图,图中电流互感器的铁芯及绕组可看成是理想的互感器。

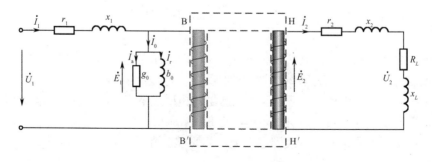

图 5-14 电流互感器等值电路图

在图 5-14 中,设一次绕组阻抗为

$$Z_1 = r_1 + jx_1 \tag{5-16}$$

二次绕组阻抗为
$$Z_2 = r_2 + jx_2 \tag{5-17}$$

如将图 5-14 中二次侧各参数都换算到一次侧，使它成为变比等于 1 的互感器（$W_1=W_2$），则一次、二次绕组的感应电势 $\dot{E}_1$ 与 $\dot{E}_2$ 相等。如将一次绕组的两端 B、B′分别和二次绕组的两端 H、H′连接起来，并不会影响互感器的对外运行情况。于是可简化为 T 形等值电路，如图 5-15 所示。其中 Z'_2 为将图 5-14 中 Z_2 换算到一次侧后的阻抗，即

$$Z'_2 = K_{12}^2 Z_2 \tag{5-18}$$

$$K_{12} = \frac{W_1}{W_2} \tag{5-19}$$

即

$$Z'_2 = r'_2 + jx'_2 = K_{12}^2 (r_2 + jx_2) \tag{5-20}$$

换算到一次侧后的二次电流和电压分别为

$$\dot{I}'_2 = K_{21}\dot{I}_2 \tag{5-21}$$

$$\dot{U}'_2 = K_{12}\dot{U}_2 \tag{5-22}$$

$$K_{21} = \frac{W_2}{W_1} \tag{5-23}$$

据图 5-15 等值电路图写出 $\dot{U}_1$ 和 $\dot{U}_2$ 的公式为

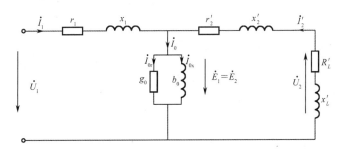

图 5-15　电流互感器 T 形等值电路

$$\dot{U}_1 = \dot{I}_1 (r_1 + jx_1) - \dot{E}_1 \tag{5-24}$$

$$\dot{U}'_2 = \dot{E}'_2 - \dot{I}'_2 (r'_2 + jx'_2) = \dot{I}'_2 (R'_L + jx'_L) \tag{5-25}$$

如果电流互感器在变换电流过程中，绕组和铁芯里都没有能量损耗，即没有误差的电流互感器，称为理想电流互感器。根据能量守恒定律，由一次绕组输入的能量应该等于二次绕组所吸收的能量，即

$$U_1 I_1 = E_2 I_2 \tag{5-26}$$

U_1 为加于一次绕组两端的电压，它等于反电动势 E_1（V），于是可得

$$E_1 I_1 = E_2 I_2 \tag{5-27}$$

$$E_1 = 4.44 f B_m S W_1 \tag{5-28}$$

$$E_2 = 4.44 f B_m S W_2 \tag{5-29}$$

式中　f——电流频率（Hz）；

B_m——磁感应强度最大值（T）；
S——铁芯截面积（m^2）；
W_1——一次绕组匝数；
W_2——二次绕组匝数。

将式（5-28）、式（5-29）代入式（5-27）中，化简后可得

$$I_1 W_1 = I_2 W_2 \tag{5-30}$$

这是理想电流互感器一个很重要的等式，即一次安匝数等于二次安匝数，此时误差为零。

由式（5-30）还可得出

$$\frac{I_1}{I_2} = \frac{W_2}{W_1} \tag{5-31}$$

就是说，理想电流互感器的电流大小和它的绕组匝数成反比。$\frac{I_1}{I_2} = \frac{W_2}{W_1}$ 是一个常数，称为互感器的额定电流比（简称额定变比），通常用 K_I 表示，即

$$K_I = \frac{W_2}{W_1} \tag{5-32}$$

从式（5-32）还可得出另一个对电流测量很重要的关系，被测电流 I_1 等于接在二次绕组的电流表读数 I_2 乘以电流互感器额定电流变比，即

$$I_1 = \frac{W_2}{W_1} I_2, \quad I_1 = K_I I_2 \tag{5-33}$$

5.2.1.2 电磁式电流互感器主要技术参数

在电流互感器的铭牌上，标明了电流互感器的额定电流比、准确度等级、额定容量（或额定负载）、额定电压、10%倍数等主要技术参数。

（1）额定电流比。额定电流比是指一次额定电流与二次额定电流之比。额定电流比一般用不约分的分数形式表示，如一次额定电流 I_{1N} 和二次额定电流 I_{2N} 分别为 100A、5A，用 K_I 代表额定电流比，则

$$K_I = \frac{I_{1N}}{I_{2N}} = \frac{100}{5} \tag{5-34}$$

所谓额定电流，就是在这个电流下，互感器可以长期运行，不会因发热而损坏。当负载电流超过额定电流时，称为过负载。互感器长期过负载运行，因长期发热而导致绝缘介质老化加快，缩短设备寿命。

按照国家标准规定，电力系统用的电流互感器一次额定电流有 5A、10A、15A、20A、30A、40A、50A、75A、100A、150A、200A、250A、300A、400A、500A、600A、750A、800A、1000A、1200A、1500A、2000A、3000A、4000A、5000A、6000A、8000A、10000A、15000A、20000A、25000A。

精密级电流互感器一次额定电流除以上所列之外，还有 0.1A、0.15A、0.2A、0.25A、0.3A、0.4A、0.5A、0.75A、1A、1.5A、2A、2.5A、3A、4A、6A、7.5A、25A、120A、2500A、12000A、30000A、40000A、50000A。

电流互感器额定二次电流有 1A 和 5A 两类。

（2）准确度等级。电流互感器变换电流总是存在一定的误差。根据电流互感器在额定工作条件下所产生的变比误差规定了准确度等级。《电流互感器》（GB 1208—2006）规定，测量用电流互感器的准确度等级有 0.1 级、0.2 级、0.5 级、1 级、3 级、5 级。各等级用电流互感器的误差限值见表 5-2。

电流互感器用途不同，其准确度也不同，也就是不同电流范围内的误差精度。0.1 级以上电流互感器主要用于实验室进行精密测量，或者作为标准，用来校验低准确度等级的互感器，也可以与标准仪表配合，用来校验仪表，所以也叫作标准电流互感器。在工业上，0.2 级和 0.5 级互感器用来连接电气测量仪表，3 级及以下等级互感器主要连接继电保护装置和控制设备。

表 5-2 测量用电流互感器的误差限值

准确度等级	一次电流为额定电流的百分数（%）	误差限值		二次负载为额定负载的百分数（%）
		比值差（±%）	相角值（′）	
0.1	5	0.4	15	25～100
	10	0.25	10	
	20	0.20	8	
	100	0.10	5	
	120	0.10	5	
0.2	10	0.5	20	25～100
	20	0.35	15	
	100～120	0.20	10	
0.5	10	1.0	60	25～100
	20	0.75	45	
	100～120	0.50	30	
1	10	2.0	120	25～100
	20	1.5	90	
	100～120	1.0	60	
3	50～120	3.0	未规定	50～100
5	50～120	5.0	未规定	50～100

（3）额定容量。电流互感器的额定容量就是额定二次电流 I_{2N} 通过二次额定负载 Z_{2N} 时所消耗的视在功率 S_{2N}，即

$$S_{2N} = I_{2N}^2 Z_{2N} \tag{5-35}$$

额定容量与额定阻抗 Z_{2N} 成正比，所以，额定容量也可以用额定负载阻抗表示。一般 I_{2N}=5A，因此，S_{2N}=5²Z_{2N}=25Z_{2N}。按照标准规定，对于二次额定电流为 5A 的电流互感器，额定容量有 5V·A、10V·A、15V·A、20V·A、25V·A、30V·A、40V·A、50V·A、60V·A、80V·A、100V·A。

电流互感器在使用中，二次连接线及仪表电流线圈的总阻抗不超过铭牌上规定的额定容量（伏安数或欧姆值）时，才能保证它的准确度。

（4）额定电压。电流互感器的额定电压是指一次绕组长期对地能够承受的最大电压（有效值），它不应低于所接线路的额定相电压。电流互感器的额定电压不是加在一次绕组两端的电压，而是电流互感器一次绕组对二次绕组和地的绝缘电压，因而，电流互感器的额定电压只是说明电流互感器的绝缘强度，与电流互感器额定容量没有任何关系。电流互感器的额定电压有 0.4kV、6kV、10kV、35kV、66kV、110kV、220kV、330kV、500kV、1000kV 等几种电压等级，它标在电流互感器型号后面，例如 LCW-35 型，其中"35"是指额定电压，以千伏为单位。

5.2.1.3 电磁式电流互感器稳态误差分析

式（5-33）说明理想电流互感器的一次安匝和二次安匝在数值上相等。实际上，一次电流和二次电流，以及它们相对应的安匝数，在相位上相差 180°，因此应用相量式表示为

$$\dot{I}_1 W_1 = -\dot{I}_2 W_2 \quad \text{或} \quad \dot{I}_1 W_1 + \dot{I}_2 W_2 = 0 \tag{5-36}$$

实际的电流互感器工作时有励磁电流，因此关系式应为

$$\dot{I}_1 W_1 - \dot{I}_0 W_0 = -\dot{I}_2 W_2 \quad \text{或} \quad \dot{I}_1 W_1 + \dot{I}_2 W_2 = \dot{I}_0 W_0 \tag{5-37}$$

$\dot{I}_0 W_0$ 称为励磁安匝，是产生电流互感器误差的根源。

可以作出相量图来表示电流互感器一次电流 $\dot{I}_1$ 和折算后的二次电流 $\dot{I}_2'$ 之间的关系，如图 5-16 所示。

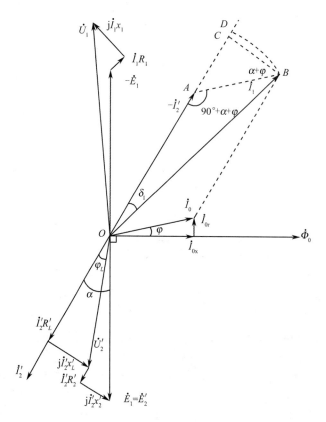

图 5-16 电流互感器的相量图

图 5-16 中将折算后的二次电流 $\dot{I}_2'$ 旋转 180°后，即 $-\dot{I}_2'$ 与一次电流 $\dot{I}_1$ 相比较，两者不但大小不等，而且相位也不重合，即存在两种误差，称为比值误差和相位误差，分述如下。

比值误差简称比差，用 f_1 表示，它等于实际的二次电流与折算到二次侧的一次电流之间的差值，与折算到二次侧的一次电流的比值，以百分数表示，即

$$f_1 = \frac{I_2 - I_1/K_I}{I_1/K_I} \times 100 = \frac{K_I I_2 - I_1}{I_1} \times 100\% \tag{5-38}$$

实际电流比 $K = \frac{I_1}{I_2}$，所以

$$f_1 = \frac{K_I - K}{K} \times 100\% \tag{5-39}$$

由式（5-38）可见，实际的二次电流乘以额定电流比 K_I 后，如果大于一次电流，比差为正值；反之，则比差为负值。

有时为了计算上的方便，比差也可表示为

$$f_1 = \frac{I_2 W_2 - I_1 W_1}{I_1 W_1} \times 100\% \tag{5-40}$$

相角误差简称角差，它是旋转 180°后的二次电流相量 $-\dot{I}_2$ 与一次电流相量 $\dot{I}_1$ 之间的相位差，用符号 δ_1 表示，通常用"′"作为计算单位。如 $-\dot{I}_2$ 超前于 $\dot{I}_1$ 角差为正值；如滞后，则为负值。

以下根据图 5-16 求比差与角差的表达式。

以 O 为圆心，OB ($\dot{I}_1$) 为半径，作圆弧交 OA 延长线于 D 点，AD 即相量 $\dot{I}_1 W_1$ 和 $\dot{I}_2 W_2$（因 $W_1 = W_2$，图中分别以 $\dot{I}_1$ 和 $-\dot{I}_2$ 表示 $\dot{I}_1 W_1$ 及 $-\dot{I}_2 W_2$）之间的算术差，即电流互感器的绝对误差。再从 B 点向 OD 引一垂线与 OD 交于 C 点，因 δ_1 角通常很小，用 AC 就可以近似地代替 AD，于是求得

$$I_{AC} = I_0 \sin(\varphi + \alpha) \tag{5-41}$$

即

$$I_1 - I_2' = I_0 \sin(\varphi + \alpha) \tag{5-42}$$

由于 $I_2' = I_2 \frac{W_1}{W_2}$，将式（5-42）两端除以 I_1，得比差公式为

$$f_1 = \frac{I_0}{I_1} \sin(\varphi + \alpha) \times 100\% \tag{5-43}$$

式（5-43）的负号表示由于相量 $\dot{I}_2'$ 小于 $\dot{I}_1$，即比差一般情况下为负。有的电流互感器有正的比差，是因为调整了二次绕组匝数进行补偿的结果。

由于 $OF = AC$，比差 f_1 还可以表示为

$$f_1 = \frac{I_0 \cos\alpha + I_{ox}\cos(90° - \alpha)}{I_1} \times 100\% = \frac{I_0 \cos\alpha + I_{ox}\sin\alpha}{I_1} \times 100\% \tag{5-44}$$

角差 δ_1 的大小，可以从三角形 OBC 中求得

$$\sin\delta_{\mathrm{I}} = \frac{I_{BC}}{I_1} = \frac{I_0 \cos(\alpha+\varphi)}{I_1} \tag{5-45}$$

通常 δ_{I} 很小，所以 $\sin\delta_{\mathrm{I}} \approx \delta_{\mathrm{I}}$，角差以分表示，求得

$$\delta_{\mathrm{I}} = \frac{I_0}{I_1}\cos(\alpha+\varphi) \times 3438 \tag{5-46}$$

由于 $EF=BC$，角差也可以表示为

$$\delta_{\mathrm{I}} = \frac{I_{0x}\cos\alpha - I_{0r}\sin\alpha}{I_1} \times 3438 \tag{5-47}$$

上述 f_{I} 及 δ_{I} 表达式表明，电流互感器的比差与角差与励磁电流 I_0 以及它的两分量 I_a、I_r 的大小有关。角 α 与负荷功率因数角 φ_L 大小有关，角 φ 称为损耗角。α、φ 影响比差与角差。

5.2.1.4 电磁式电流互感器的安装及使用

电磁式电流互感器在变电站的安装方式，如图 5-17 所示。图 5-17（a）用于单相电流的测量。图 5-17（b）用于三相电流的测量，图 5-17（c）用于不平衡电流的测量。

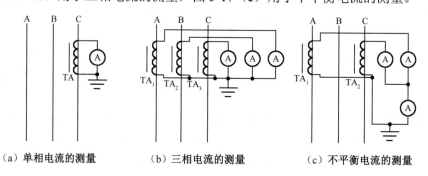

（a）单相电流的测量　　（b）三相电流的测量　　（c）不平衡电流的测量

图 5-17　电磁式电流互感器在变电站的安装方式

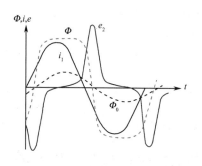

图 5-18　电磁式 CT 二次开路时磁密和二次电压波形

电磁式电流互感器在使用时二次侧不允许开路。当运行中电流互感器二次侧开路后，一次侧电流仍然不变，二次侧电流等于零，则二次电流产生的去磁磁通消失。如图 5-18 所示，一次电流 i_1 全部变成励磁电流，电流互感器的励磁磁通极可能由正弦的 Φ_0 变成为平顶的 Φ，平顶磁通密度在换向过零期间将在开路的二次侧感应出很高的电压 e_2，对人身和设备造成危害。其次，短路保护后铁芯中剩磁增大，断路器合闸后使互感器比差和角差增大，准确性降低。所以电磁式电流互感器二次侧是不允许开路的。

5.2.1.5 电磁式电流互感器的暂态特性分析

电力系统运行发生短路故障时会造成电流互感器的铁芯饱和进而引起测量误差增大。电流互感器的暂态特性重点需要关注一次系统短路时测量系统的非理想稳态正弦特性，其二次

电流、励磁电流、铁芯磁通密度将表现出的不同于正弦稳态时的特性。

依据《电流互感器和电压互感器选择及计算规程》（DL/T 866—2015），按最严重的三相短路条件（一次系统空载发生短路故障、短路阻抗角为 90°），归算到二次侧的流过电流互感器的一次短路电流为

$$i_p(t) = I_{pm}\left[\cos\theta e^{-t/T_p} - \cos(\omega t + \theta)\right] \tag{5-48}$$

式中　I_{pm}——归算到二次侧的一次稳态电流幅值；

T_p——一次系统时间常数，等于一次短路电流流过的电感与电阻之比；

θ——短路初相角，$\cos\theta$ 为偏移系数。

短路的瞬间（短路初相角 $\theta = 0°$），由于磁通不能突变，短路电流中将出现非常大的非周期直流分量，一次短路电流全偏移。事实上，多数故障并非发生在 $\theta = 0°$ 时，这里为分析方便，并考虑最不利的情况，取偏移系数 $\cos\theta = 1$，式（5-48）可改写为

$$i_p(t) = I_{pm}\left[e^{-t/T_p} - \cos(\omega t)\right] \tag{5-49}$$

此时短路电流波形如图 5-19 所示。

图 5-19 中起始暂态短路电流存在较大直流分量，并以指数规律衰减。在与直流分量同号的正半周上铁芯容易出现暂态饱和。铁芯一旦饱和，一次电流中的励磁电流分量发生畸变。图 5-20 表示了在一次电流包含恒定直流分量的情况下，互感器出现正向饱和，励磁电流正半波发生畸变的对应关系。暂态短路故障电流中的非周期分量的持续累积作用非常容易导致电流互感器进入饱和状态。饱和状态下电流互感器一次电流中的励磁电流畸变也将导致二次侧电流波形发生畸变，增大复合误差。

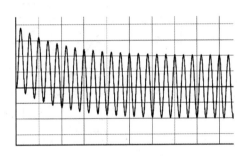

图 5-19　初相角 $\theta = 0°$ 时短路电流波形

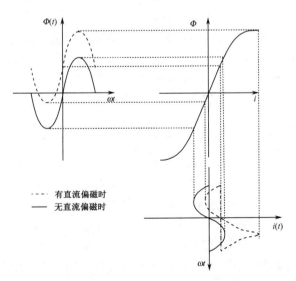

$\Phi(t)$—铁芯中的磁通；　$i(t)$—励磁电流

图 5-20　恒定直流分量情况下互感器励磁电流畸变示意图

当铁芯中的磁通按正弦变化并且存在直流分量时，其引起的励磁电流畸变如图5-20所示。由图5-20可知，在正半波，当铁芯饱和时，励磁电流急剧增大，形成尖顶波。根据比差产生的原因可知，励磁电流的增加将导致电流互感器的比差增大。事实上，当铁芯饱和后，励磁电感减小，由等效电路可知，励磁支路的分流增加，引起了电流互感器的比差增大。通过仿真，可以得到当电流互感器一次电流存在直流分量并在正半波引起了铁芯的饱和时，电流互感器两侧的电流波形，如图5-21所示。

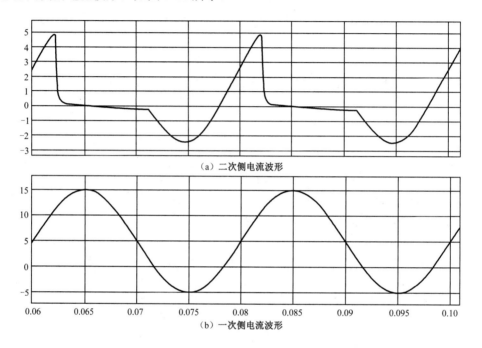

图 5-21　电流互感器两侧电流波形

为了减小电磁互感器在测量短路电流的误差，一方面系统可以采取改变运行方式、增加串联电抗器等有效措施来限制短路电流的幅值，避免电流互感器出现饱和情况；另一方面，应该充分考虑发生故障时可能出现的最大短路电流幅值、互感器的负载大小与饱和倍数来设计合适的电流互感器结构和参数，当短路电流中直流分量比较明显时，暂态保护用电流互感器铁芯可以增加小气隙来避免互感器铁芯过早出现饱和。

5.2.1.6　测量用和保护用电磁式电流互感器的不同技术要求

电磁式电流互感器按用途可分为测量用和保护用等。测量用电流互感器在电网正常运行时，用来测量线路中的电流和功率，它主要与测量仪表配合使用；保护用电流互感器为当线路或电力系统发生故障时，向继电保护装置提供电流信号以切断故障线路或故障设备，并保护系统中的设备以及使故障不进一步扩大，它主要与继电装置配合使用。测量用与保护用电流互感器的使用目的不同、使用时限不同，其技术要求也不尽相同。

测量用电流互感器在线路正常供电时用来测量线路上的电流和功率，必须保证在正常运行条件下测量的准确度，当电网发生短路故障时，测量用电流互感器铁芯迅速饱和，二次电流不会随一次电流的增大而增大，以保证互感器二次所接的仪表安全。测量用互感器的铁芯是按照正常运行条件下设计的，铁芯截面小，饱和倍数低。

保护用电流互感器的工作条件与测量用电流互感器完全不同，需要在电网发生短路故障，比正常电流大几倍甚至几十倍电流的情况下，能将互感器所在回路的一次电流传变到二次回路，且误差不超过规定值，以保证保护装置的正确动作。因此，对保护用的电流互感器必须有足够大的准确限值系数，铁芯不容易饱和，同时必须有足够的热稳定性和动稳定性。保护用互感器要求铁芯截面较大，在发生系统短路情况时，在稳态过程中铁芯不饱和，故而一般采用饱和倍数较高的磁性材料来制造，在某些条件下它也具有暂态性能的能力。

影响电流互感器性能的最重要因素是铁芯饱和。在稳态对称短路电流（无非周期分量）下，影响互感器饱和的主要因素是：短路电流幅值、互感器二次绕组和二次回路的阻抗、电流互感器的励磁阻抗、电流互感器匝数比和剩磁等。由电流互感器暂态特性分析可知，在实际的短路暂态过程中，短路电流可能存在非周期分量而严重偏移，可能导致电流互感器严重暂态饱和，一次电流与磁通及二次电流的关系如图 5-22 所示。为保证二次电流能准确反映一次线路的暂态短路电流，保护用电流互感器铁芯的饱和磁链就要比测量用电流互感器铁芯的饱和磁链高几倍至几十倍。

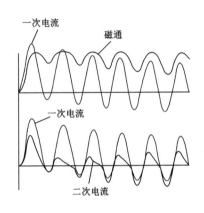

图 5-22　一次电流、磁通及二次电流的关系

另外，保护用电流互感器需要准确测量线路短路故障时的电流，此时故障电流往往比额定电流大很多倍，这样的电流一方面产生热量，另一方面产生电动力。保护用电流互感器必须能承受这样的热量和电动力，且不会被它们所破坏，所以还要具备相应的热稳定和动稳定性。

保护用电流互感器的性能应满足继电保护正确动作的要求。首先应保证在稳态对称短路电流下的误差不超过规定值，对于短路电流非周期分量和互感器剩磁等的暂态影响，应根据互感器所在系统暂态问题的严重程度、所接保护装置的特性、暂态饱和可能引起的后果和运行经验等因素，予以合理考虑。当前，广泛使用的保护用电流互感器有下面的两类：一是稳态保护 P 类电流互感器，包括 P、PR 和 PX 类，该类电流互感器准确限值是由一次电流为稳态对称电流时的复合误差（P 及 PR）或励磁特性拐点（PX）确定的，其中 P 类对剩磁无限制，PR 类对剩磁系数有规定限值，PX 类是低漏磁的电流互感器；二是暂态保护 TP 类电流互感器，包括 TPX、TPS、TPY 和 TPZ 四种形式。该类电流互感器的准确限值是考虑一次电流中同时具有周期分量和非周期分量，并按规定的暂态工作循环时峰值误差确定，适用于短路电流具有非周期分量时的暂态情况。

保护用电流互感器的主要技术参数描述如下：

（1）复合误差（ε_c）。电流互感器的暂态过程是由波形畸变或高次谐波的出现所致，稳态条件下的比差和角差的定义不再适用，而是用复合误差来表征。电流互感器的复合误差定义为：当电流互感器二次电流的正符号与端子标志的规定相一致时，稳态条件下，电流互感器一次电流的瞬时值和二次电流的瞬时值乘以额定电流比的差值的方均根值。复合误差用一次电流方均根值的百分数表示

$$\varepsilon_c = \frac{1}{I_{pn}}\sqrt{\frac{1}{T}\int_0^T (K_{im}i_s - i_p)^2 dt} \times 100\% \qquad (5\text{-}50)$$

式中 ε_c——复合误差；

K_{im}——额定电流比；

I_{pn}——一次电流方均根值；

i_s——二次电流瞬时值；

i_p——一次电流瞬时值；

T——一个周波的时间。

（2）额定准确限值一次电流（I_{pal}）。额定准确限值一次电流是指在稳态情况下，电流互感器能满足复合误差要求的最大一次电流值。

（3）准确限值系数（K_{alf}）。准确限值系数是电流互感器的额定准确限值一次电流（I_{pal}）与额定一次电流（I_{pn}）之比，即

$$K_{alf} = I_{pal}/I_{pn} \qquad (5\text{-}51)$$

（4）保护用电流互感器的准确度等级。保护用电流互感器的准确度等级是以额定准确限值一次电流下所规定的最大允许复合误差百分数来标称。具体表示方法为在复合误差百分数后标以字母 P（protection 表示保护），然后再标示准确限值系数，如：5P30、10P20 等符号。以 5P30 为例，该符号表示在额定频率、额定负荷、稳态情况下，当一次短路电流增至 30 倍额定电流时，其复合误差不大于 5%。

5.2.2 低功率电流互感器

采用铁芯线圈的低功率电流互感器（low power current transformer，LPCT）是电子式电流互感器标准 IEC 60044-8 中 ECT 中的一种实现形式。IEC 标准所定义的 ECT 具有模拟电压输出接口和数字网络接口，模拟电压输出的额定值是 225mV 或 22.5mV，数字化网络接口则是以太网口。

如图 5-23 所示，LPCT 包含一次绕组、较小的铁芯和损耗极小的二次绕组，后者连接检流电阻 R_{sh}，该电阻集成于 LPCT 中。标准规定电阻 R_{sh} 两端的额定输出电压为 225mV 或 22.5mV，与传统电磁式 CT 相比，LPCT 中 R_{sh} 消耗功率极低，R_{sh} 阻抗折算值也远小于传统的电流表内阻抗。

二次电流 I_s 在检流电阻上产生的电压 U_s，在幅值和相位上正比于一次电流。被测电流的计算公式如下

$$U_s = R_{sh}\frac{N_p}{N_s}I_p \qquad (5\text{-}52)$$

$$I_p = K_r U_s \qquad (5\text{-}53)$$

$$K_r = \frac{1}{R_{sh}}\frac{N_s}{N_p} \qquad (5\text{-}54)$$

从工作原理上看，LPCT 是常规感应式电流互感器的进一步优化。

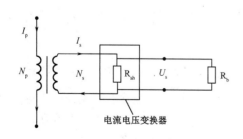

图 5-23 低功率铁芯线圈变换器

首先，LPCT 采用导磁性能更好的超微晶合金作为铁芯材料。表 5-3 列出了三种不同软磁材料的部分技术参数，与硅钢片相比，超微晶合金的相对磁导率提高了 10 倍以上，意味着励磁电抗增大 10 倍，所需励磁电流更小。而与此同时，超微晶合金的饱和磁密值并未按比例下降，只从 2T 下降到 1.25T，意味着该铁芯励磁特性的线性范围更宽。

表 5-3 三种软磁铁芯材料的部分技术参数对比

铁芯种类	饱和磁密（T）	初始相对磁导率	最大相对磁导率	叠片系数	密度（g/cm³）
微晶合金	1.25	8×10^4	6×10^5	0.70	7.25
坡莫合金	0.75	8×10^4	6×10^5	0.90	8.75
硅钢片	2.03	10^3	4×10^4	0.95	7.65

其次，LPCT 中要求 R_{sh} 消耗功率极低，标准规定电阻 R_{sh} 两端的额定输出电压为 225mV 或 22.5mV，常用阻值范围一般在 10~100Ω。以 R_{sh}=22.5Ω 为例，二次电流为 225mV/22.5Ω=10mA，这个电阻如果折算到额定二次电流为 1A 的电流互感器的二次侧，其等效阻值为 22.5×(0.01/1)²=0.00225Ω，这个阻值相比电流表内阻要低 1~2 个数量级。所以，从互感器的 T 形等效电路（见图 5-15）上可以看出，与传统电磁式电流互感器相比，负载阻抗大幅度减小，而励磁电抗大幅度提高，结果必然是励磁电流在一次电流中的占比减小，铁芯线性范围提高。而所用铁芯材料本身又具有更高的磁导率，所需励磁电流本身就低于硅钢片铁芯。相比于传统电磁式电流互感器，LPCT 在极高（或偏移）一次电流下会饱和的特性将得到极大改善，测量动态范围加大，在某些条件下，可以设计出测量和保护共用同一台互感器。

虽然 LPCT 饱和性能得到改善，但是仍不能像罗哥夫斯基（Rogowski）线圈那样完全不饱和。从饱和特性上看，LPCT 是介于传统电磁式电流互感器和 Rogowski 线圈之间的一种电子式电流互感器。

5.2.3 罗哥夫斯基电流互感器

在电力系统中，电磁式电流互感器用于测量电流已有一百多年的历史了，它为电力系统的计量、继电保护、控制与监视提供输入信号，具有非常重要的意义。随着电力系统的传输容量越来越大、电压等级越来越高，传统的电磁式电流互感器因其传感机理而出现不可克服的问题：绝缘结构日趋复杂，体积大，造价高；在故障电流下铁芯易饱和，使二次电流数值和波形失真，产生不能容许的测量误差；充油易爆炸而导致突然失效；若输出端开路，产生的高电压对周围设备和人员存在潜在的威胁；易受电磁干扰等。为适应电力系统快速发展的需要，必须研究利用其他感应原理的电流互感器。

罗哥夫斯基线圈又称 Rogowski 线圈、罗氏线圈、电流测量线圈、微分电流传感器，是均匀密绕在环形非磁性骨架上的空心螺线管，罗氏线圈可以直接套在被测量的导体上来测量交流电流，其基本原理是法拉第电磁感应定律和安培环路定律，导体中流过的交流电流会在导体周围产生一个交替变化的磁场，从而在线圈中感应出一个与电流变化成比例的交流电压信号。输出电压信号是电流对时间的微分。通过采用一个专用的积分器将线圈输出的电压信号进行积分可以得到另一个交流电压信号,这个电压信号可以准确地再现被测量电流信号的波形。Rogowski 线圈是目前主要应用的电子式电流互感器。

Rogowski 线圈原理和结构如图 5-24 所示。由法拉第电磁感应定律可知,当被测电流使穿过线圈的磁通量发生变化时,Rogowski 线圈通过互感形成感应电势,将测得的感应电势进行积分处理,并结合该空心线圈的互感系数进行计算,即可得到被测电流的大小。

Rogowski 线圈的输出首先必须接积分电路。积分电路可以分为小电阻自积分法和大电阻外积分法,前者是利用 Rogowski 线圈与取样电阻构成积分回路;后者是把测量回路本身作为纯电阻网络,再外加了一个有源模拟积分电路或直接送 ADC 采样后再用程序进行数字积分。

(1)小电阻自积分法。自积分法在 Rogowski 线圈输出端并联一小采样电阻 R,Rogowski 线圈等效电路如图 5-25 所示。图中 M 为线圈的互感($M = uNS/l$,N 为线圈匝数),L_s 为线圈的自感,R_s 为线圈绕线的等效电阻,R 为线圈积分电阻(与电感 L_s 构成积分电路),$u_i(t)$ 为互感产生的电势,$u_o(t)$ 为线圈积分电阻上产生的电压,i 为线圈感应产生的感应电流。

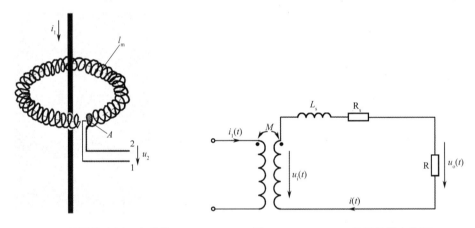

图 5-24 Rogowski 线圈基本原理和结构　　图 5-25 Rogowski 线圈等效电路图

根据图 5-25 所示的等效电路,可以列出回路方程为

$$u_i(t) = M\frac{di_1(t)}{dt} = L_s\frac{di(t)}{dt} + R_s i(t) + u_o(t) \qquad (5\text{-}55)$$

$$i(t) = \frac{u_o(t)}{R} \qquad (5\text{-}56)$$

当 $L_s\dfrac{di(t)}{dt} \gg R_s i(t) + u_o(t)$(即 $\omega L_s \gg R_s + R$)时,式(5-54)可近似为

$$M\frac{di_1(t)}{dt} = L_s\frac{di(t)}{dt} \qquad (5\text{-}57)$$

将式(5-56)代入式(5-57),并对 t 积分可得

$$u_o(t) = M\frac{R}{L_s}i_1(t) \qquad (5\text{-}58)$$

输出电压与被测电流成比例关系,这种利用线圈本身的结构参数实现了与 $i_1(t)$ 呈线性关系且同相位的方式称为自积分方式,其中 $\omega L_s \gg R_s + R$ 称为罗氏线圈的自积分条件。由该条

件可见，这种测量方法适用于自积分式空心罗氏线圈对高频信号的测量，即罗氏线圈的传统应用领域。在该种应用领域下，空心线圈的传感模型与基于铁磁性材料的电流互感器的传感原理是一致的，传感系数只与绕组匝数有关，与线圈和导线的形状无关，这从另一方面也证明了空心线圈与铁芯线圈的统一。

（2）大电阻外积分法。当 $R \gg \omega L_s + R_s$ 时，Rogowski 线圈近似处于开路工作状态，罗氏线圈副边感应电压几乎全部加在 R 上，则式（5-55）进一步简化得到

$$u_o(t) = e(t) = M\frac{di_1}{dt} \tag{5-59}$$

此时，取样电阻上的电势就是 Rogowski 线圈的感应电势，其大小正比于被测电流对时间的微分，为了测得电流的实际大小，需要外接专门的积分器，这个积分器可以采用基于集成运放的有源积分电路，实际设计和使用时需注意模拟积分电路的饱和。另一种更加优异的积分器是软件数字积分器，在基于微机系统的测量和继保应用中较多使用，不存在积分饱和问题。

上述是 Rogowski 线圈的两种应用方式，不同参数的空心线圈应用在不同频率的电流测量中，可根据需要进行选择，自积分方式适用于 100kHz 以上频率的场合，外积分方式能够使用空心线圈实现对脉冲电流、工频电流及谐波电流的测量。外积分方式是绝大多数空心线圈电流互感器的工作方式，因此，与之对应的两个基本条件必须得到满足，否则测量的准确度将大打折扣，甚至会出现完全错误的测量结果。

根据 Rogowski 线圈测量电流的基本原理，与传统电磁式互感器相比，该类电流互感器的主要特点如下：

（1）线性度好。线圈不含磁饱和元器件；在量程范围内，系统的输出信号与待测电流信号一直是线性的，线性度好使其非常容易标定。

（2）测量范围大。系统的量程大小不是由线性度决定的，而是取决于最大击穿电压。测量交流电流量程从几毫安到几百千安。

（3）响应速度快，频响范围宽，适用频率可从 0.1Hz～1MHz。

（4）一次侧和二次侧电流无相角差。

（5）互感器二次开路不会产生高电压，无二次开路危险。

5.2.4 光学电流传感器

光学电流传感器（optical current transducer，OCT）为无源型电子传感器，其高压部分均为光学元器件而不采用任何有源元器件。OCT 的基本原理是法拉第磁光效应（Faraday effect）：一束线偏振光通过置于磁场中的磁光材料时，线偏振光的偏振面会随着平行于光线方向的磁场的大小发生旋转。如图 5-26 所示，旋转角 θ 的计算式为

$$\theta = VHL \tag{5-60}$$

式中 V——维尔德（Verdet）常数，由介质和光波的波长决定，它表征介质的磁光特性；

H——磁场强度；

L——光路径长度。

利用法拉第磁光效应实现电流传感器可能有多种方式，如全光纤式、光电混合式和块状

玻璃式。图 5-27 所示为一种块状玻璃式光学电流传感器。玻璃中心有孔通过带电导体，发光二极管的光束经起偏器形成线偏振光射入玻璃，在玻璃中经内部折射围绕被测导体形成环路，由出口的检偏器将线偏振光的偏振面角度变化信息转化为光强度变化信息，再由光电探测器将光强度信号转化为电信号。如 P_0 为光输入功率，P_s 为输出功率，则

$$P_s(t) = \frac{P_0}{2}\{1 + \sin[2V \cdot i(t)]\} \qquad (5\text{-}61)$$

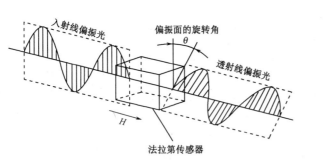

图 5-26　法拉第磁光效应　　　　　图 5-27　光学电流传感器

无源的 OCT 目前已经达到实用化的程度，但是要完全取代传统的电流互感器还存在一些需要解决的技术难点，如双折射效应对 OCT 的灵敏度和测量精度的影响以及磁场的干扰、温度的变化引起的测量误差。

5.3　交流电的频率、周期、相位的测量

5.3.1　频率和周期的测量

周期和频率是交流电气量的基本特征量。同时各种传感器和测量电路常将被测量变换成周期或频率信号来进行检测，这是因为频率测量是目前测量精度最高的参量之一（能达到 10^{-13} 的精确度）。频率和周期是从不同的侧面来描述周期现象的，二者互为倒数关系，只要测得一个量就可以换算出另一个量。

5.3.1.1　频率的测量

频率是指单位时间内被测信号重复出现的次数

$$f_x = \frac{N}{T} \qquad (5\text{-}62)$$

式中　f_x——被测信号的频率；
　　　N——电振动次数或脉冲个数；
　　　T——产生 N 次电振动或 N 个电脉冲所需的时间。

传统的频率测量方法主要是基于电磁原理的电动系频率表和变换式频率表等，目前最常用的是采用计数法测量频率的数字频率计。计数法测量频率的测量方案和原理如图 5-28 所

示,整形放大环节将被测信号转换为一定电平的脉冲信号,与主闸门的逻辑输入信号相匹配,脉冲间隔时间为 T_x。控制电路使主闸门在所选择的基准时间 T 内打开,使整形后的脉冲通过并送往计数器计数。计数器每当被测信号从低到高变化时,将计数器加 1,每隔一定时间 T 记录计数器读数 N,就能计算被测信号的频率。测量频率的测量方案的各点波形图如图 5-29 所示。

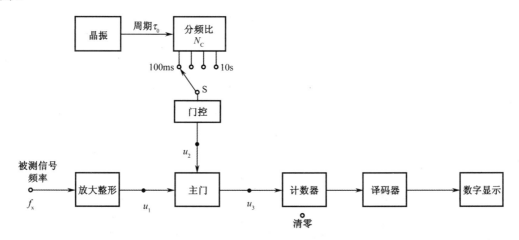

图 5-28　计数法测信号频率方案和原理图

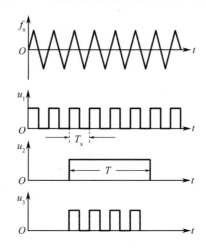

图 5-29　计数法测信号频率各点波形图

时间基准的产生:频率是每秒内信号变化的次数,欲准确地测量频率,必须要确定一个准确的时间间隔。由于稳定度良好的石英晶体振荡器产生的信号的频率稳定度可达 10^{-9} 量级,所以利用石英晶体振荡器产生周期为 τ_0 的脉冲,经过分频器可得到不同的时间基准 $T=N_0\tau_0$,如 10ms、0.01s、1s、10s 等。

根据频率计算公式可以得到计数法测量频率时相对误差的表达式为

$$\frac{\mathrm{d}f_x}{f_x} = \frac{\mathrm{d}N}{N} - \frac{\mathrm{d}T}{T} \tag{5-63}$$

极限情况下最大相对误差为

$$\left(\frac{df_x}{f_x}\right)_{max} = \pm\left(\left|\frac{dN}{N}\right| + \left|\frac{dT}{T}\right|\right) \tag{5-64}$$

由上式可知，频率测量的相对误差主要由两部分组成：

（1）$\frac{dN}{N}$ 为计数器计数时的量化误差，最大存在±1 个字的量化误差，即 $\frac{dN}{N} = \pm\frac{1}{N} = \frac{1}{fT}$。
说明计数值越大、主闸门开启时间越长，相对误差越小。在计数器计数长度允许的前提下，可通过扩大计数时间使计数个数增大来减小误差。

（2）$\frac{dT}{T}$ 为主闸门开启时间的相对误差，取决于晶体振荡器的频率稳定度和整形电路、分频电路以及主闸门的开关速度等。为降低该部分误差，可选择合适的石英晶体和振荡电路。除此之外，为了获得较高的稳定度，常将晶体振荡器放置在恒温槽中。

设晶体振荡器产生的标准频率为 f_0，闸门开启时间 $T = N/f_0$，可得

$$\frac{dT}{T} = -\frac{df_0}{f_0} = G \tag{5-65}$$

式中　G——晶体振荡器的稳定度。

由式（5-64）和式（5-65），得出计数法测量频率的最大相对误差为

$$\left(\frac{df_x}{f_x}\right)_{max} = \pm\left(\left|\frac{1}{N}\right| + |G|\right) = \pm\left(\left|\frac{1}{f_xT}\right| + |G|\right) \tag{5-66}$$

5.3.1.2　周期的测量

周期是指电信号一个循环所需要的时间，它与频率的关系为

$$T_x = \frac{1}{f_x} \tag{5-67}$$

当被测量信号的频率较低时，一般采用测量周期的方法。其原理如图 5-30 所示。各点输出波形如图 5-31 所示。被测周期信号经放大整形后进入分频电路，配合时基选择开关，产生合适的时基信号控制主闸门的时间。石英晶体振荡器经整形、倍频（分频）产生标准时钟脉冲作为时标信号。在主闸门开启时间内该时标信号进入计数器进行计数。

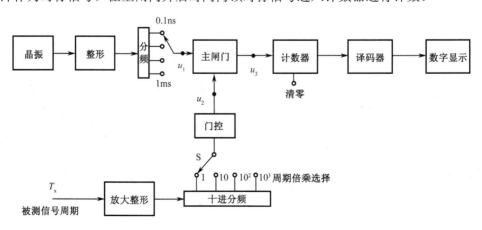

图 5-30　计数法测周期原理图

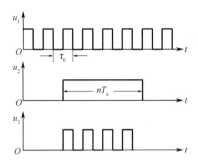

图 5-31 计数法测周期各点波形图

根据获得的计数值 N、时标信号周期 τ_0 以及被测信号倍乘系数 n，可得到周期的计算公式为

$$T_x = \frac{N\tau_0}{n} \tag{5-68}$$

根据式（5-68）可以得到计数法测量周期的相对误差

$$\frac{\mathrm{d}T_x}{T_x} = \frac{\mathrm{d}N}{N} + \frac{\mathrm{d}\tau_0}{\tau_0} \tag{5-69}$$

最大相对误差为

$$\left(\frac{\mathrm{d}T_x}{T_x}\right)_{\max} = \pm\left(\left|\frac{\mathrm{d}N}{N}\right| + \left|\frac{\mathrm{d}\tau_0}{\tau_0}\right|\right) = \pm\left(\left|\frac{1}{N}\right| + |G|\right) \tag{5-70}$$

式中 $\dfrac{\mathrm{d}N}{N}$——量化误差，取决于主闸门开启时间的长短，可通过减小时标信号周期或增加周期倍乘扩展的方法增加计数个数来减小误差，但应注意显示位数的限制；

$\dfrac{\mathrm{d}\tau_0}{\tau_0}$——晶体振荡器的稳定度 G。

则式（5-70）可写成

$$\left(\frac{\mathrm{d}T_x}{T_x}\right)_{\max} = \pm\left(\left|\frac{\tau_0}{nT_x}\right| + |G|\right) \tag{5-71}$$

5.3.1.3 中介频率

对于同一信号，当直接测量频率和直接测量周期的误差相等时，那么此时输入信号的频率被称为中介频率 f_c。为了获得较高的测量准确度，如果被测频率高于中介频率时，采用直接测量频率的方法；被测信号频率低于中介频率时，则采用直接测量周期的方法。

根据中介频率的定义，当式（5-66）与式（5-71）相等时，可得中介频率为

$$f_x = \sqrt{\frac{n}{\tau_0 T}} = f_c \tag{5-72}$$

5.3.2 相位的测量

相位和时间也是密切相关的，二者也可以互相转换，例如 50Hz 交流电源，一个周期为

20ms，对应相位为360°，如果测出时间间隔为5ms，则知相位为90°。可见，与频率计测量时间的原理类似，可以利用计数法来测量相位的变化。

数字相位计利用这一方法，测量原理如图 5-32 所示。假设被测信号 u_1 和 u_2 为同频率的正弦信号，测量 u_1 和 u_2 相位差过程描述如下：信号 u_1 和 u_2 通过过零比较器整形为方波信号，通过异或门实现鉴相功能，通过计数法测量两个信号过零点的时间差值 t_ϕ，由图 5-32 可知被测相位差值为

$$\phi_x = \frac{t_\phi}{T} \times 360° = \frac{360°}{T} N_x \tau_0 \tag{5-73}$$

式中　τ_0——时标脉冲周期；

　　　N_x——时间 t_ϕ 内的计数值；

　　　T——被测信号周期。

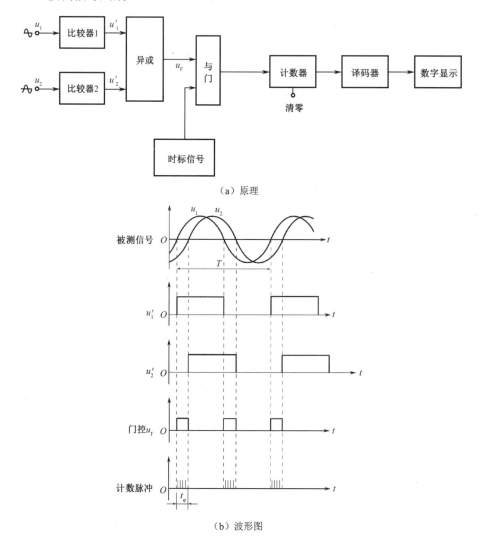

(a) 原理

(b) 波形图

图 5-32　数字相位计原理和各点波形图

假设测量信号的周期计数值为 N_T，则可得

$$\phi_x = \frac{N_x}{N_T} \times 360° \quad (5\text{-}74)$$

该测量方法的准确度与时标脉冲的频率相关。例如准确度要求为 $0.1°$，则要求 $\frac{T_0}{T} \leqslant \frac{0.1°}{360°}$，即 $f_0 \geqslant 3600 f_x$，即当被测信号频率增大时，时标信号频率相应增加 3600 倍。

5.4 交流电电压、电流、功率的测量

5.4.1 电压、电流的测量

交流电压或电流的有效值和平均值是反映交流量大小的基本参数，根据有效值和平均值的定义，理想正弦交流量的有效值为最大值的 70.7%，平均值为有效值的 89.8%。交流电压和电流有效值和平均值的传统测量方法通常采用基于电磁原理的磁电系仪表、电磁系仪表和电动系仪表。

（1）磁电系仪表。磁电系仪表利用永久磁铁的磁场和载流线圈相互作用产生转动力矩的原理而制成。磁电系仪表结构如图 5-33 所示，仪表的固定部分包括马蹄形永久磁铁、极掌 NS 及圆柱形铁芯等，可动部分包括铝框及线圈、两根半轴、游丝（螺旋弹簧）及指针。磁电系仪表的测量基本原理如图 5-34 所示。

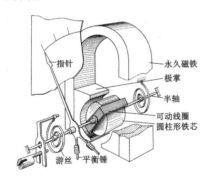

图 5-33　磁电系仪表结构

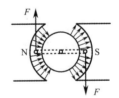

图 5-34　磁电系仪表的测量基本原理

线圈通入被测电流 I 后，产生电磁力 F，线圈受到转矩 T 的作用使线圈和指针转动，线圈受到的转矩为 $T = k_1 I$。在线圈和指针转动时，螺旋弹簧被扭紧而产生反作用力矩 T_C。弹簧的 T_C 与指针的偏转角 α 成正比（即 $T_C = k_2 \alpha$）。当弹簧反作用力矩与转动力矩达到平衡（即 $T_C = T$）时，可转动部分便停止转动，即指针的偏转角 $\alpha = \frac{k_1}{k_2} I = kI$，指针偏转的角度与流经线圈的电流成正比。

磁电系仪表的主要用途是测量直流电压、直流电流及电阻。为测量交流电流和电压，将被测交流信号通过整流电路整流。例如，被测交流电流信号经桥式整流后接入测量机构，整流后的电流平均值为

$$I = \frac{2}{T}\int_0^{T/2} I_m \sin\omega t \, dt = \frac{2I_m}{\pi} \tag{5-75}$$

经过桥式整流后通过微安表的是半波电流，读数应为该电流的平均值。为此，加一交流调整电位器用来改变表盘刻度，指示读数被折算为正弦电压有效值。

（2）电磁系仪表。电磁系仪表结构有吸引式和排斥式两种形式，如图 5-35 所示。以排斥式为例，固定部分不是永久磁铁，而是一个筒状的固定线圈，当固定线圈通入被测电流 i 后产生磁场。该磁场同时磁化固定铁片和另一块固定在表轴上的可动铁片，由于两铁片同一侧被磁化为同一极性，于是互相排斥，使可动片因受斥力而带动指针转动。即使在固定线圈中通入交流电流，两铁片仍然相互排斥。所以这种类型的表是交直流两用的。

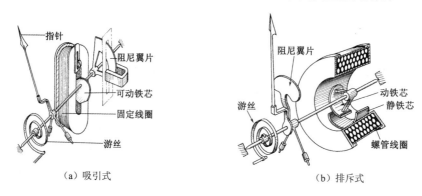

图 5-35　电磁系仪表结构

仪表的转动转矩 $T = k_1 I^2$，弹簧的反作用转矩 T_C 与指针的偏转角 α 成正比，即弹簧的反作用转矩 $T_C = k_2 \alpha$。当转动力矩与反作用力矩平衡，即 $T=T_C$ 时，可动部分停止转动，指针的偏转角 $\alpha = \frac{k_1}{k_2} I^2 = k I^2$，因此指针偏转的角度与直流电流或交流电流有效值的平方成正比。因此，电磁系的刻度是非均匀的。

根据电磁系仪表的基本原理，电磁系仪表可以用来测交直流电压和电流值有效值。当用作电压表时，只需要在固定线圈中串入附加电阻。

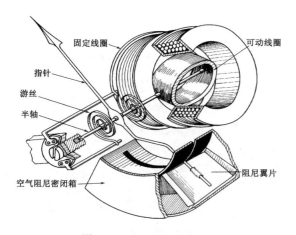

图 5-36　电动系仪表结构

（3）电动系仪表。电动系仪表是利用载流导体在磁场中受力的基本原理制成的。电动系仪表结构如图 5-36 所示，仪表内有两个线圈：固定线圈和可动线圈，可动线圈与指针及空气阻尼器的活塞都固定在轴上。电动系仪表的工作原理如图 5-37 所示。

固定线圈通过电流 i_1 产生磁场，可动线圈通入电流 i_2，i_2 与由 i_1 产生的磁场相互作用，可动线圈和指针转动。通入直流电流时，仪表的转动转矩 $T = k_1 I_1 I_2$，

弹簧的反作用力矩 T_C 与指针的偏转角 α 成正比，即弹簧的反作用力矩 $T_C = k_2\alpha$，当力矩平衡（$T=T_C$）时，可动部分停止转动，指针的偏转角 $\alpha = KI_1I_2$，即偏转角与两电流的乘积成正比，当 I_1 和 I_2 方向同时改变，偏转角不变。当仪表通入交流电时，设固定线圈电流 $i_1 = I_{1m}\sin\omega t$，可动线圈通入电流 $i_2 = I_{2m}\sin(\omega t + \varphi)$，力矩平衡时 $\alpha = KI_1 I_2 \cos\varphi$（交流）。可见当通入交流电时偏转角不仅与通过两线圈的电流有效值有关，而且同两电流相位差的余弦成正比。

电动系仪表的主要用途是来测量交流和直流的电流、电压和功率。电动系电流表的原理是将固定线圈和可动线圈串联通过被测电流，即 $I=I_1=I_2$，则指针的偏转角为 $\alpha = kI^2$。由于电动系电流表的偏转角和被测电流的平方成正比，因此它的刻度表是不均匀的。电动系电压表的原理是固定线圈和可动线圈串联再附加电阻 R_f，如图 5-38 所示。通常 R 远大于线圈电阻，所以偏转角可表示为 $\alpha = k(U/R_f)^2$。

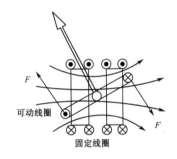

图 5-37 电动仪表的工作原理

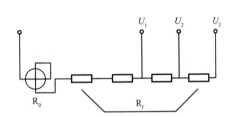

图 5-38 电动系电压表

5.4.2 功率的测量

交流功率可分为有功功率 P、无功功率 Q、视在功率 S。当电路中的电压为 U，电流为 I 以及两者的相角差为 ϕ 时，有功功率 $P=UI\cos\phi$，无功功率 $Q=UI\sin\phi$，视在功率 $S=UI$。交流功率测量方法分为直接法和间接法。间接法测量交流功率则需要通过测量电压、电流和功率因数间接求得功率。直接法测量功率可直接用电动系功率表、数字功率表或三相功率表，测量三相功率还可以用单相功率表接成两表法或三表法。

电动系功率表的固定线圈用较粗的导线绕制，与负载串联，反映负载电流 I，仪表的可动线圈与负载并联，该线圈通过的电流与被测电压成正比，反映负载电压 U。按电动系仪表工作原理，可推出可动线圈的偏转角正比于负载功率 P。

$$\alpha = KI_1I_2 = KI\frac{U}{R} = K_P P \tag{5-76}$$

如果 U、I 为交流，同样可推出可动线圈的偏转角正比于负载功率 P。

$$\alpha = K\,i_1i_2 = K_P U\,I\cos\varphi = K_P P \tag{5-77}$$

功率表正确接线应遵守"电源端"守则，即接线时应将"电源端"接在电源的同一极性上，正确的方法如图 5-39 所示。典型的错误接法如图 5-40 所示。图 5-40（a）和图 5-40（b）电流线圈与电压线圈电源端不接同一极性，功率表反转，图 5-40（b）和图 5-40（c）可动线圈与固定线圈间存在电位差的错误。

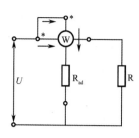

图 5-39 功率表正确接法

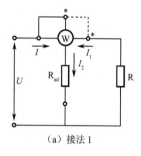
（a）接法 1

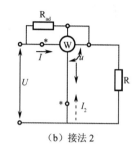
（b）接法 2

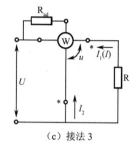
（c）接法 3

图 5-40 功率表错误接法

5.4.2.1 单相交流功率的测量

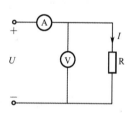

图 5-41 用交流电流表、电压表间接测量功率

（1）用电压表、电流表间接测量交流功率。如图 5-41 所示，用交流电流表、电压表可间接测量出视在功率 S，配合功率因数表（或相位表）可测量出有功功率和无功功率。

（2）用功率表测有功（无功）功率。电动系有功（无功）功率表测量有功功率和无功功率的接线方式如图 5-42 所示。

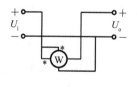
（a）直接接入

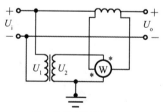
（b）经互感器接入

U—电压； U_1——次电压； U_2—二次电压；W—功率表；*—电流、电压同名端

图 5-42 用功率表测量有功功率和无功功率

5.4.2.2 三相交流有功功率的测量

（1）用单相功率表测三相功率。一表法测三相功率的方法如图 5-43 所示，适用于电压、负载对称的系统。三相负载的总功率等于功率表读数的三倍，$P_\Sigma = 3P$。

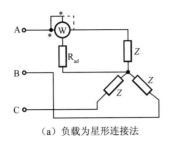 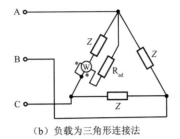

（a）负载为星形连接法　　　　　　　（b）负载为三角形连接法

图 5-43　单相功率表测三相功率

（2）在三相三线制中，广泛采用两功率表来测量三相功率。通过电流线圈的电流为线电流，加在电压线圈上的电压为线电压，三相总功率等于两表读数之和。两功率表测量三相功率的接线如图 5-44 所示。

W_1 的读数为

$$P_1 = U_{AC}I_A \cos\alpha \tag{5-78}$$

式中　α——U_{AC} 和 I_A 之间的相位差。

W_2 的读数为

$$P_2 = U_{BC}I_B \cos\beta \tag{5-79}$$

式中　β——U_{BC} 和 I_B 之间的相位差。

两功率表读数之和为

$$P = P_1 + P_2 = U_{AC}I_A \cos\alpha + U_{BC}I_B \cos\beta \tag{5-80}$$

根据两表法测三相功率的原理，其相量图如图 5-45 所示，由相量图有

$$P_1 = U_{AC}I_A \cos\alpha = U_1 I_1 \cos(30° - \varphi) \tag{5-81}$$

$$P_2 = U_{BC}I_B \cos\beta = U_1 I_1 \cos(30° + \varphi) \tag{5-82}$$

两功率表读数之和为

$$P = P_1 + P_2 = U_1 I_1 \cos(30° - \varphi) + U_1 I_1 \cos(30° + \varphi) = \sqrt{3}U_1 I_1 \cos\varphi \tag{5-83}$$

当 $\varphi < 60°$ 时，P_1 和 P_2 均为正值，总的功率 P 等于 P_1 读数加上 P_2 读数。

当 $\varphi > 60°$ 时，P_1 为正值，P_2 为负值，会反转，因此总的功率 P 等于 P_1 读数减去 P_2 读数。

这里要注意的是：三相功率应是两个功率表读数的代数和，其中任意一个功率表的读数是无意义的。

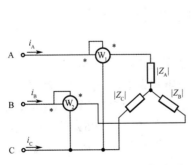 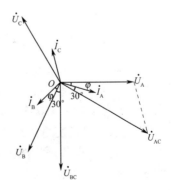

图 5-44　两表法测三相功率接线图　　　图 5-45　两表法测三相功率相量图

（3）三表法测三相交流功率。三表法测三相功率适用于三相四线制，电压、负载不对称的系统，如图 5-46 所示。被测三相的总功率为三表读数之和，即 $P_\Sigma = P_1 + P_2 + P_3$。

5.4.2.3 三相交流无功功率的测量

（1）有功表跨相 90°连接的方法测无功功率。该方法的基本原理如图 5-47 所示。当三相对称且负载平衡时，可以用一只有功表测量，该表的测量值为

$$Q_1 = U_{BC}I_A \cos(90° - \varphi) = U_{BC}I_A \sin\varphi = U_1 I_1 \sin\varphi \tag{5-84}$$

则总的三相无功功率为

$$Q_\Sigma = \sqrt{3} U_1 I_1 \sin\varphi = \sqrt{3} Q_1 \tag{5-85}$$

采用三只表测量时，总的三相无功功率为

$$Q_\Sigma = \frac{\sqrt{3}}{3}(Q_1 + Q_2 + Q_3) \tag{5-86}$$

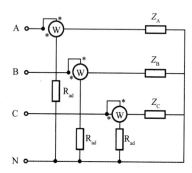

图 5-46 三表法测三相交流功率

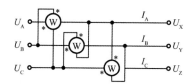

图 5-47 有功表跨相 90°连接测无功功率

（2）有功两表法线路测无功功率。当电压对称、负载平衡时，采用图 5-44 所示的两表法测三相有功功率接线可测量无功功率，与测量有功功率的不同之处在于取两表之差。

$$Q = P_1 - P_2 = U_1 I_1 \cos(30° - \varphi) - U_1 I_1 \cos(30° + \varphi) = U_1 I_1 \sin\varphi \tag{5-87}$$

因此，总的三相无功可表示为

$$Q_\Sigma = \sqrt{3} U_1 I_1 \sin\varphi = \sqrt{3}(P_1 - P_2) \tag{5-88}$$

5.5 电力设备绝缘参数的测量

电力设备的预防性试验是检查电力设备绝缘状况最常用的手段，对保证电力设备的安全运行有重要意义。电力设备绝缘状况可以用绝缘电阻和吸收比、直流泄漏电流、介质损耗因数 $\tan\delta$、局部放电水平以及交直流耐压等参数描述。由于这些参数的测量试验涉及高压，因此必须严格按照《电力设备预防性试验规程》（DL/T 596—1996）的有关规定进行。本节将重点介绍绝缘电阻和吸收比、介质损耗因数 $\tan\delta$，有关试验方法和注意事项应参照试验规程的规定。

5.5.1 绝缘电阻和吸收比的测量

绝缘电阻的测量是电气设备绝缘测试中应用最广泛、试验最方便的项目。绝缘电阻值的大小，能有效地反映绝缘的整体受潮、污秽以及严重过热老化等缺陷。绝缘电阻的测试最常用的仪表是绝缘电阻表（俗称兆欧表），绝缘电阻最大可达 $10^5 \sim 10^6 \mathrm{M\Omega}$。绝缘电阻表的输出电压通常有 100V、250V、500V、1000V、2500V、5000V 等规格，输出电流随输出电压的升高而降低，5kV 高压时一般输出电流只有几毫安，对于一般的绝缘材料是足够的，但对于大电容量的试品（如电力电缆、大型发电机定子绕组），则需要大功率的测量仪表。

5.5.1.1 测量原理

电气设备中的绝缘介质并非绝对不导电。图 5-48 中左侧方框代表一绝缘试品，一般绝缘材料内部介电强度分布不会完全均匀，方框内部代表这类绝缘介质的等效电路。合上开关 K，在绝缘介质的两端施加一定的直流电压 V，微安表指针首先会发生较大偏转，随后指针偏转角度逐步减小并会稳定在一定的角度，微安表所指示的电流变化如图 5-48 中右侧的电流曲线 i 所示。通过试品的总电流 i 可以分解成三种电流分量：由绝缘电阻 R 决定的漏电流 i_1、介质内部电压重新分配过程中产生的吸收电流 i_2 和由快速极化产生的电容电流 i_3。其中漏电流 i_1 是不随时间而改变的纯阻性电流，电容电流 i_3 和吸收电流 i_2 均是按指数规律衰减的容性电流，但电容电流 i_3 衰减时间常数比吸收电流 i_2 衰减时间常数小，所以衰减速度也较快。总体上看，试品的电容量越大，电容电流衰减时间越长；而吸收电流与绝缘介质内部绝缘老化程度有关，如受潮、局部绝缘缺陷等会使吸收变快。吸收电流与时间的曲线称为吸收曲线。不同绝缘介质的吸收曲线不同，对同一绝缘介质而言，绝缘状况不同，吸收曲线也不相同。

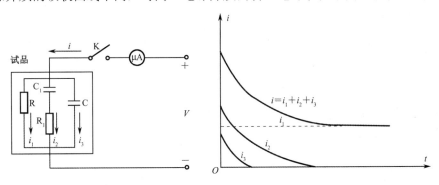

图 5-48 直流电压下流过不均匀介质的电流构成

测量绝缘电阻及吸收比就是利用吸收现象来检查绝缘是否整体受潮，有无贯通性的集中性缺陷，规程上规定加压后 60s 和 15s 时测得的绝缘电阻之比为吸收比，即

$$K = R_{60}/R_{15} \tag{5-89}$$

当 $K \geqslant 1.3$ 时，认为绝缘干燥，而以 60s 时的电阻为该设备的绝缘电阻。

下面以双层介质为例说明吸收现象，如图 5-49 所示。在双层介质上施加直流电压，当 K 刚合上瞬间，电压突变，这时层间电压分配取决于电容。即

$$\left.\frac{U_1}{U_2}\right|_{t=0^+} = \frac{C_2}{C_1} \tag{5-90}$$

而在稳态（$t \to \infty$）时，层间电压取决于电阻，即

$$\left.\frac{U_1}{U_2}\right|_{t \to \infty} = \frac{r_1}{r_2} \tag{5-91}$$

若被测介质均匀，$C_1 = C_2$，$r_1 = r_2$，则 $\left.\dfrac{U_1}{U_2}\right|_{t=0^+} = \left.\dfrac{U_1}{U_2}\right|_{t \to \infty}$，在介质分界面上不会出现电荷重新分配的过程。

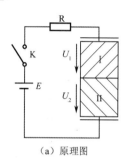 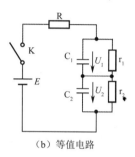

(a) 原理图　　　　　　　　　　　(b) 等值电路

图 5-49　双层介质的吸收现象

若被测介质不均匀，$C_1 \neq C_2$，$r_1 \neq r_2$，则 $\left.\dfrac{U_1}{U_2}\right|_{t=0^+} \neq \left.\dfrac{U_1}{U_2}\right|_{t \to \infty}$。这表明 K 合闸后，两层介质上的电压要重新分配。若 $C_1 > C_2$，$r_1 > r_2$，则合闸瞬间 $U_2 > U_1$；稳态时，$U_1 > U_2$，即 U_2 逐渐下降，U_1 逐渐增大。C_2 已充上的一部分电荷要通过 r_2 放掉，而 C_1 则要经 R 和 r_2 从电源再吸收一部分电荷。这一过程称为吸收过程。因此，直流电压加在介质上，回路中电流随时间的变化，如图 5-50 所示。

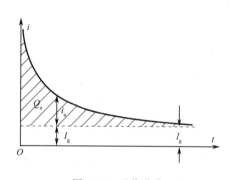

图 5-50　吸收曲线

由于各种极化过程的存在，初始瞬间介质中流过的电流很大；随时间增加，电流逐渐减小，最后趋于一稳定值 I_g，这个电流的稳定值就是由介质电导决定的泄漏电流。与之相应的电阻就是介质的绝缘电阻，图 5-50 中阴影部分面积就表示了吸收过程中的吸收电荷 Q_a，相应的电流称为吸收电流。它随时间增长而衰减，其衰减速度取决于介质的电容和电阻（时间常数为 $\tau = \dfrac{(C_1 + C_2)r_1 r_2}{r_1 + r_2}$）。对于干燥绝缘，$r_1$、$r_2$ 均很大，故 τ 很大，吸收过程明显，吸收电流衰减缓慢，吸收比 K 大；而绝缘受潮后，电导增大，r_1、r_2 均减小，I_g 也增大，吸收过程不明显 $K \to 1$。因此，可根据绝缘电阻和吸收比 K 来判断绝缘是否受潮。

5.5.1.2　测量仪表

测量绝缘电阻的仪表常称为摇表，由于绝缘电阻数值至少在兆欧级以上，所以又称为兆欧表。传统的兆欧表分为手摇式和电动式两种，从外观上看有三个接线端子，它们是 Line

端子 L，接于被试设备的高压导体上；Earth 端子 E，接于被试设备的外壳或地上；Guard 端子 G，接于被试设备的高压屏蔽环/罩上，以消除表面泄漏电流的影响。图 5-51 是手摇式兆欧表的内部结构，主要由电源和两个线圈回路组成。电源是手摇发电机，处于磁场中两个线圈——电流线圈和电压线圈相互垂直，组成的磁电式流比计机构。当摇动兆欧表时，发电机产生的直流电压施加在试品上，这时在电压线圈和电流线圈中就分别有电流 I_1 和 I_2 流过，将会产生两个不同方向的转矩 T_1 和 T_2

$$T_1 = k_1 I_1 B_1(\alpha) \quad (5\text{-}92)$$
$$T_2 = k_2 I_2 B_2(\alpha) \quad (5\text{-}93)$$

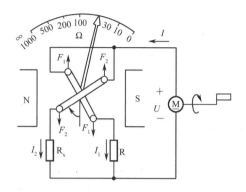

图 5-51 手摇式兆欧表的内部结构

$B_1(\alpha)$ 和 $B_2(\alpha)$ 分别为两个线圈所在处的磁感应强度与偏转角 α 之间的函数关系。当两个反向转矩平衡时

$$k_1 I_1 B_1(\alpha) = k_2 I_2 B_2(\alpha) \quad (5\text{-}94)$$

$$\frac{I_1}{I_2} = \frac{k_2 B_2(\alpha)}{k_1 B_1(\alpha)} = f(\alpha) \text{ 或 } \alpha = f\left(\frac{I_1}{I_2}\right) \quad (5\text{-}95)$$

上式表明，偏转角 α 与两线圈中电流之比有关，这类磁电式仪表也被称为流比计。又因为 $\dfrac{I_1}{I_2} = \dfrac{R_2 + R_x}{R_1 + R}$，已知 R 为标准电阻，R_1 和 R_2 分别为电压线圈和电流线圈的电阻。

所以

$$\alpha = f\left(\frac{I_1}{I_x}\right) = f\left(\frac{R_2 + R_x}{R_1 + R}\right) = f'(R_x) \quad (5\text{-}96)$$

偏转角 α 与被测电阻 R_x 有一定的函数关系，通过标定，偏转角 α 就能反映被测电阻的大小。而且偏转角 α 与电源电压 U 无关，所以手摇发电机转动的快慢不影响读数。

随着科技的发展，数字式兆欧表已经问世，其电源部分一般采用高频高压开关电源，体积小、质量轻，而且量程可以自动切换，使得现场使用更加方便。

5.5.1.3 测量绝缘电阻的注意事项

安全用电不仅仅是电力设备的基本要求，它也体现在国家针对所有用电设备的强制安全标准相关条款中。当电气设备的绝缘受热和受潮时，绝缘材料容易老化，其绝缘电阻逐渐降低，进而容易造成电气设备漏电或短路事故的发生。为了避免事故发生，就要求经常测量各种电气设备的绝缘电阻，判断其绝缘程度是否满足设备正常运行的要求。

兆欧表在工作时，自身产生高电压，而测量对象又是电气设备，所以必须正确使用，否则就会造成人身或设备事故。使用前，首先要做好以下准备。

（1）测量前必须将被测设备电源切断，并对地短路放电，绝不允许设备带电进行测量，以保证人身和设备的安全。

（2）对可能感应出高压电的设备，必须消除这种可能性后，才能进行测量。

(3) 被测物表面要清洁,减少接触电阻,确保测量结果的正确性。

(4) 测量前要检查兆欧表是否处于正常工作状态,主要检查其"0"和"∞"两点。即摇动手柄,使电机达到额定转速,兆欧表在短路时应指在"0"位置,开路时应指在"∞"位置。

(5) 兆欧表使用时应放在平稳、牢固的地方,且远离大的外电流导体和外磁场。

做好上述准备工作后就可以进行测量了,在测量时,还要注意兆欧表的正确接线,否则将引起不必要的误差甚至错误。

兆欧表的接线柱共有三个(见图5-52):一个为"L",即线端,一个"E",即地端,还有一个"G",即屏蔽端(也叫保护环)。一般被测绝缘电阻都接在"L"端和"E"端之间,但当被测绝缘体表面漏电严重时,必须将被测物的屏蔽环或不用测量的部分与"G"端相连接。这样表面漏电流就经由屏蔽端"G"直接流回发电机的负端,而不流过兆欧表的测量线圈。这样就从根本上消除了表面泄漏电流的影响。特别应该注意,测量电缆线芯和外表之间的绝缘电阻时,一定要接好屏蔽端钮"G"。因为当空气湿度大或电缆绝缘表面又不干净时,其表面的泄漏电流将很大,为防止被测物因漏电而对其内部绝缘测量所造成的影响,一般在电缆外表加一个金属屏蔽环,金属屏蔽环与兆欧表的"G"端相连。

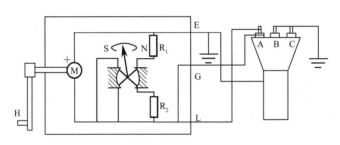

图 5-52 用兆欧表测量试品绝缘电阻的接线图

5.5.1.4 绝缘电阻的局限

用兆欧表测量绝缘电阻操作简单、安全以及兆欧表价格便宜等,所以在高压电气设备的绝缘测试中兆欧表的使用最广泛。但是用兆欧表测试绝缘,也存在下列明显缺点:

(1) 一般直流兆欧表的电压 2.5kV 以下,比某些电气设备的工作电压要低得多,当设备存在某些缺陷时,高压下的泄漏电流要比低压下大得多,即高压下的绝缘电阻要比低压下的电阻小得多。

(2) 一般直流兆欧表的输出电流在 2mA 以下,当被测试设备的等效电容较大(如电力变压器、发电机定子绕组)时,充电速度慢,难以测得准确数据。

5.5.2 介质损耗因数 $\tan\delta$ 的测量

介质损耗因数 $\tan\delta$ 是反映绝缘性能的基本指标之一。它可以很灵敏地发现电气设备绝缘整体受潮、劣化变质以及小体积设备贯通和未贯通的局部缺陷。介质损耗因数 $\tan\delta$ 与绝缘电阻和泄漏电流的测试相比具有明显的优点,它与试验电压、试品尺寸等因素无关,更便于判断电气设备绝缘变化情况。

5.5.2.1 介质损耗及介质损耗角δ

介质损耗是指绝缘材料在一定强度的交变电场的作用下，由于介质电导、介质极化效应和局部放电，在其内部引起的有功损耗，简称介损。如图 5-53（a）所示，电介质可以近视等效为电阻 R 和电容 C 的并联，对电介质施加交流电压 $\dot{U}$，流过电介质的电流就包含阻性分量 i_R 和容性分量 i_C，它们与参考相量 $\dot{U}$ 的相位关系如图 5-53（b）所示。

在交变电场作用下，电介质内流过的电流相量 $\dot{I}$ 和电压相量 $\dot{U}$ 之间的夹角 ϕ 为该绝缘试品的功率因数角，而 ϕ 的余角 δ 就是介质损耗角，简称介损角。

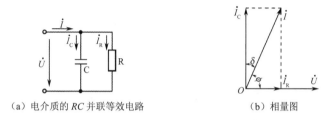

(a) 电介质的 RC 并联等效电路　　(b) 相量图

图 5-53　电介质 RC 并联等效电路和相量图

5.5.2.2 介质损耗因数和介质损耗角正切 $\tan\delta$

介质损耗因数的定义如下

$$\text{介质损耗因素} = \frac{\text{被测试品的有功损耗}P}{\text{被测试品的无功功率}Q} \times 100\% \quad (5\text{-}57a)$$

因为 $P=UI\cos\phi$，$Q=UI\sin\phi$，代入上式，有

$$\text{介质损耗因素} = \frac{\cos\phi}{\sin\phi} \times 100\% = \frac{\sin\delta}{\cos\delta} \times 100\% = \tan\delta \times 100\% \quad (5\text{-}97b)$$

根据图 5-53（b）可知

$$\tan\delta = \frac{I_R}{I_C} = \frac{1}{\omega CR} \quad (5\text{-}98)$$

电介质的介质损耗因数就等于该电介质的介质损耗角正切 $\tan\delta$，它是一个无量纲常数。而有功损耗 $P = I_R U = UI_C \tan\delta = \omega C U^2 \tan\delta$，所以介质损耗角正切 $\tan\delta$ 可以用来衡量电介质损耗大小。

电介质损耗发热消耗能量并可能引起电介质的热击穿，因此在电绝缘技术中，特别是当绝缘材料用于高电场强度或高频的场合，应尽可能采用 $\tan\delta$ 较低的材料。但也有利用高频电流（一般为 0.3～300MHz）使介质发热以达到干燥材料（木材、纸、陶瓷等）的目的。

5.5.2.3 QS1 电桥测量介质损耗角正切的原理

电气设备绝缘能力的下降，如绝缘受潮、绝缘油受污染、老化变质等，直接反映为介损增大。测量 $\tan\delta$ 的大小及变化趋势，可以帮助人们判断电气设备的绝缘状况。传统测量 $\tan\delta$ 的方法是采用 QS1 型电桥，也称高压西林电桥，同时也能测得试品的电容量。

QS1 型电桥的原理如图 5-54 所示，其中 Z_X 为被试品的等效阻抗，C_n 为标准电容器，R_3 和 C_4 分别为可调无感电阻和可调无感电容器。当电桥平衡时，流过检流计 G 的电流 $I_G=0$，各桥臂的阻抗应满足

$$Z_X Z_4 = Z_n Z_3 \tag{5-99}$$

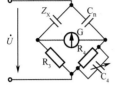

图 5-54 QS1 型电桥原理图

根据图 5-54 的各桥臂元器件的构成，各阻抗分别为

$$Z_3=R_3, \quad Z_n = \frac{1}{j\omega C_n}, \quad Z_4 = \frac{1}{\frac{1}{R_4}+j\omega C_4}, \quad Z_X = \frac{1}{\frac{1}{R_X}+j\omega C_X}$$

将上述各式代入式（5-85）中，整理后得到

$$\left(\frac{1}{R_4 R_X} - \omega^2 C_4 C_X\right) + j\left(\frac{\omega C_4}{R_X} + \frac{\omega C_X}{R_4}\right) = j\frac{\omega C_n}{R_3} \tag{5-100}$$

上式左边实部显然等于零，整理可得 $\dfrac{1}{\omega R_X C_X} = \omega R_4 C_4$。

故

$$\tan\delta = \frac{1}{\omega R_X C_X} = \omega R_4 C_4 = 2\pi f R_4 C_4 \tag{5-101}$$

一般取 $R_4 = \dfrac{10^6}{2\pi f}$（当 f=50Hz 时，$R_4 \approx 3184\Omega$），代入式（5-86），得

$$\tan\delta = 10^6 C_4 \tag{5-102}$$

当 C_4 单位取微法（μF）时，$\tan\delta$ 就等于 C_4 的微法数。

根据式（5-86）左右两边虚部相等还可以测量试品的电容量 C_X，即

$$\frac{\omega C_4}{R_X} + \frac{\omega C_X}{R_4} = \frac{\omega C_n}{R_3} \tag{5-103}$$

整理后可得

$$C_X = \frac{C_n R_4}{R_3} \cdot \frac{1}{1+\tan\delta} \approx \frac{C_n R_4}{R_3} \quad (\tan\delta \ll 1) \tag{5-104}$$

利用 QS1 型高压西林电桥测量介质损耗正切还需要产生交流高压的试验变压器、十进制可调标准电容器箱和十进制可调电阻箱构成完整的试验装置。可调标准电容器箱配有 25 只标准电容器（5×0.1μF、10×0.01μF、10×0.001μF），可调电容 C_4 的范围为 0.001～0.61μF，对应 $\tan\delta$ 值为 0.1%～61%。可调电阻箱则配有 130 只电阻（10×1000Ω、100×10Ω、10×10Ω、10×1Ω），可调电阻 R_3 的范围为 1～11111Ω。

目前，很多厂家推出了数字化的高压介质损耗测量仪，其基本构成同样包含高压电桥、高压试验电源和高压标准电容器三部分。这类介损仪应用数字测量技术，对介质损耗角正切值和电容量进行自动测量，使用方便，更适合现场使用。有些产品还采用了变频抗干扰原理，利用傅里叶变换数字波形分析技术，对标准电流和试品电流进行计算，抑制干扰能力强，测量结果更准确、稳定。

5.6 接地电阻的测量

电力设备的接地是指将设备的某一部位通过接地线与接地网进行可靠的金属连接。为保证接地阻抗在一定范围内（不同接地类型有不同的要求），一般需要埋设接地网。接地网由角钢、圆钢等构成一定的几何形状，设备、接地线和接地网要可靠连接。

按照接地目的的不同，接地可以分为工作接地、保护接地和防雷接地。工作接地是指电力系统利用大地作为 N 线的接地，正确的工作接地是电力设备正常工作的基本条件。保护接地是指为防止电力设备的外壳和不带电的金属部分因绝缘泄漏或感应带电所进行的接地。保护接地既可以是 PE 线，也可以是直接的接地体。正确的保护接地是防止触电、保护人身安全的重要措施。防雷接地是指过电压保护装置或户外设备的金属结构的接地，如避雷器的接地、光伏电池组串的金属框架的接地等，这里的地几乎都是直接的接地体。

接地阻抗是指电力设备的接地极与电位为零的远处间的阻抗，可以用两点间的电压与通过接地装置流向大地的电流的比值来测量。它反映的是接地装置对入地电流的阻碍作用的大小。

影响接地阻抗大小的因数很多，主要有接地体附近土壤电阻率的大小、接地网的几何参数和埋入深度、接地线与接地网的金属连接等。由于接地阻抗的大小对电力系统的正常运行和人身安全有重大影响，所以接地阻抗的测量属于国家标准强制要求测量项目。

5.6.1 测量接地阻抗的基本原理

接地电阻的测量一般采用伏安法或接地电阻表法，其基本原理如图 5-55（a）所示。

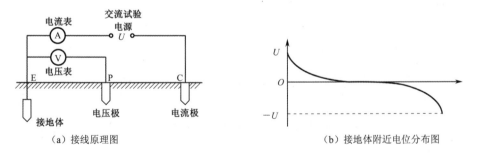

(a) 接线原理图　　(b) 接地体附近电位分布图

图 5-55 接地阻抗测量原理

在接地极和电流极之间施加工频交流电压 U，就会有电流通过接地极、大地和辅助电流电极构成的回路。电流通过接地极向大地四周扩散，在接地极附近形成电压降。由于电流从接地体向四周发散，所以距离接地极越近，电流密度越大，电压降落也最显著，形成图 5-55（b）所示的电位分布。如果辅助电流极与接地极的距离足够远，就会在它们的中间出现电压降近似为零的区域，该区域的电位分布对应图 5-55（b）中电位分布曲线中间平坦的部分。假设辅助电压极 P 正好位于该区域，电压表和电流的读数分别为 V 和 I，则接地体 E 的工频接地阻抗为

$$Z = \frac{V}{I} \tag{5-105}$$

要准确测量接地阻抗,辅助电压电极 P 必须准确找到电位为零的区域。具体方法是:在 E、C 足够远(通常大于接地网对角线长度的 4~5 倍)的情况下,将辅助电压极逐步远离 E 极向 C 极方向移动,当电压表读数基本不变时,该位置就是近似的零电位点。

5.6.2 接地阻抗的测量试验

测量接地阻抗是接地装置试验的主要内容,现场运行部门一般采用电压-电流表法或专用接地电阻表(俗称接地摇表)进行测量。

用电压-电流表法和接地电阻表测量接地阻抗的接线如图 5-56 所示。

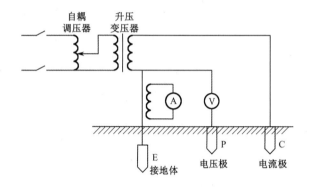

图 5-56 电压-电流表法接地阻抗测量试验接线图

接地阻抗计算式为

$$Z = \frac{V}{I} \tag{5-106}$$

式中 Z——接地阻抗(Ω);

V——电压表测得被测接地电极与电压辅助电极间电压(V);

I——流过被测接地电极的电流(A)。

一般低压 220V 线路由一条相线和一条中性线(一火一地)构成,若没有升压变压器相线端直接接到被测接地装置上,则可能造成电源短路。

测量接地阻抗时电极的布置一般有以下两种,如图 5-57 所示。图 5-57(a)为电极直线布置,一般选电流线 $d_{GC}=(4~5)D$,D 为接地网最大对角线长度,电压线 $d_{GP}\approx.618d_{GC}$。测量时还应将电压极沿接地网与电流极连线方向前后移动 d_{GC} 的 5%,各测一次。若 3 次测得的阻抗值接近,可以认为电压极位置选择合适。若 3 次测量值不接近,应查明原因(如电流极、电压极引线是否太短等)。当远距离放线有困难时,在土壤电阻率均匀地区,$d_{GC}=2D$;当土壤电阻率不均匀时,$d_{GP}\approx3D$。

图 5-57(b)为电极三角形布置,一般选 $d_{GP}=d_{GC}=(4~5)D$,夹角 $\theta\approx30°$。测量时也应将电压极前后移动再测两次,共测 3 次。

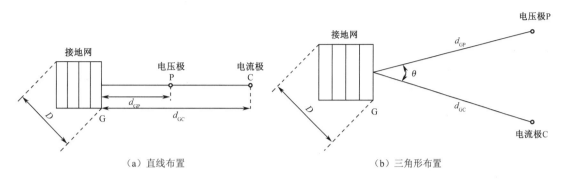

(a)直线布置　　　　　　　　　　(b)三角形布置

图 5-57　测量接地阻抗时电极布置图

5.6.3　接地阻抗测量注意事项

（1）测量应选择在干燥季节和土壤未冻结时进行。

（2）采用电极直线布置测量时，电流线与电压线应尽可能分开，不应缠绕交错。

（3）在变电站进行现场测量时，由于引线较长，应多人进行，转移地点时，不得甩扔引线。

（4）测量时接地阻抗表无指示，可能是电流线断；指示很大，可能是电压线断或接地体与接地线未连接；接地阻抗表指示摆动严重，可能是电流线、电压线与电极或接地阻抗表端子接触不良造成的，也可能是电极与土壤接触不良造成的。

（5）运行 10 年以上的接地网，应部分开挖检查，看是否有接地体焊点断开、松脱、严重锈蚀现象。曾发生过变电站接地电阻测量合格，但开挖检查时发现接地体已严重锈蚀的情况。

5.6.4　电力设备接地引下线导通试验

电力设备接地引下线起着电力设备所需接地部分与地网连通的作用，对设备安全运行和人身安全至关重要。由于接地引下线介于大气和土壤介质中，而大气和土壤电化学腐蚀机理的差别和土壤表层结构组成不均匀性，使引下线比全部埋在地下的更容易腐蚀。如果引下线腐蚀不能及时发现，严重时会使设备失去运行，这是不允许的。为了及时发现电力设备接地引下线和焊点（引下线和地网的焊点）腐蚀情况，要求定期对引下线进行导通检查，并根据所测数据与历次数据比较和相互比较，进行绝对值大小等分析来决定是否开挖检查。

（1）导通试验方法。

① 用万用表（类似仪器仪表）测量接地引下线与接地网（或与其相邻的设备接地引下线）之间的电阻值。利用该方法，将测量值减去测试线的电阻值，就可得所测引下线电阻值。

② 用 ZC-8 型接地电阻测量仪测量接地引下线与接地网（或与其相邻的设备接地引下线）之间的电阻值。该方法由于消除了测试线和接触电阻的影响，较万用表法更准确一些。

③ 用 HDZ-Ⅱ型专用仪器测量接地引下线与接地网（或与相邻的设备接地引下线）之间的电阻值。该方法同样消除了测试线和接触电阻的影响，比较准确，而且测试电流大一些。

（2）判断标准。

① 万用表法，阻值小于1Ω为良好，大于1Ω为不良，大于30Ω则属于严重腐蚀或已断开。

② ZC-8 型接地电阻测量仪法，阻值不大于 0.2Ω 属于良好状态。

③ HDZ-Ⅱ型专用仪器法，小于 0.1Ω 为正常安全值，大于 0.1Ω 而小于 0.3Ω 为注意值，0.3Ω 为异常临界值。

由于所测电阻值受到接地引下线截面积大小、长度影响，还受到腐蚀和焊点质量影响，除考虑绝对值大小外，还应对历年测量值进行比较，从中综合判断腐蚀情况，最后再抽样开挖检查。

5.7 局部放电的测试

按照《局部放电测量》（GB/T 7354—2003）（等同 IEC 60270—2000）中的定义，局部放电是指导体间绝缘仅被部分桥接的电气放电，这种放电可以在导体附近发生，也可以不在导体附近发生。局放主要是由绝缘体内部或绝缘表面局部电场特别集中而引起的，固体绝缘体中的小气泡或其他杂质、导体和绝缘体界面上的小金属毛刺等都会导致局部的电场集中。这种形式的放电在出现的早期放电水平低，对整体绝缘尚不构成严重影响。但发生在工作电压下的局部放电会伴随着热、光和化学反应，逐步侵蚀周围的绝缘，最终产生严重的绝缘缺陷。局部放电量是评估电力设备绝缘性能的重要质量指标，局部放电测量试验是电力设备绝缘的非常重要的预防性试验项目。国标 GB/T 7354—2003 及部标 DL/T 417—2006 均对局部放电测量试验的试验对象、测量参数、测量回路等给出了具体说明。

5.7.1 局部放电的机理分析

以图 5-58（a）绝缘体内含一小空气泡δ为例作为分析局部放电的基本模型。气泡δ与固体介质的上下 S 区形成串联，再与左右 P 区并联，等效电路如图 5-58（b）所示。作为定性分析，不妨假设气泡δ与 S 区固体介质的等效电容分别为

$$C_\delta = \frac{\varepsilon_\delta A}{d}, \quad C_S = \frac{\varepsilon A}{D-d}$$

在绝缘试品两端施加一交流电压 U_{AC}，电容 C_S 和 C_δ 串联分压，两个电容上的电压比为

$$\frac{V_\delta}{V_S} = \frac{C_S}{C_\delta} = \frac{\varepsilon d}{\varepsilon_\delta (D-d)} \tag{5-107}$$

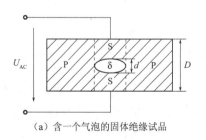
（a）含一个气泡的固体绝缘试品

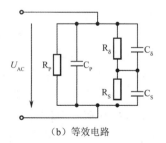
（b）等效电路

图 5-58 含气泡的绝缘试品及其等效电路

则气泡内的电场强度 E_δ 与 S 区的电场强度 E_S 之比为

$$\frac{E_\delta}{E_S} = \frac{V_\delta/d}{V_S/(D-d)} = \frac{\varepsilon}{\varepsilon_\delta} \quad (5\text{-}108)$$

这样气泡内的电场强度就是周围固体介质中的电场强度的 $\varepsilon/\varepsilon_\delta$ 倍，由于常用固体绝缘材料的介电常数 ε 是空气的介电常数 ε_δ 的 2～20 倍，小气泡很可能在工作电压下就会出现局部放电。

给试品施加工频交流电压 U_{AC}，气泡两端的电压如图 5-59 所示，虚线正弦电压曲线 U_δ^* 表示不出现局部放电气泡 δ 两端的电压变化，曲线 U_δ 表示出现稳定的周期性的局部放电时气泡 δ 两端的电压变化情况。当 U_δ 上升并达到气泡的击穿电压 $U_{\delta B}$ 时，气泡内发生放电，气泡两端的电压 U_δ 从 $U_{\delta B}$ 迅速下降到某个较低的电压 $U_{\delta m}$，当 $U_{\delta m} < U_{\delta B}$ 时，气泡内的放电就停止，气泡电压的下降幅度为 $\Delta U_{\delta B}$。随后气泡电压 U_δ 又随外加工频交流电压的上升而升高，并重复前面的击穿、快速下降这样一个循环，而循环的次数则主要取决于气泡的击穿电压 $U_{\delta B}$ 和外加试验电压 U_{AC} 的

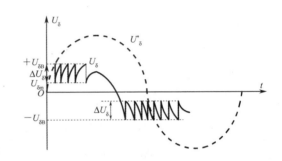

图 5-59 气泡内发生局部放电过程示意图

大小。图 5-59 中局部放电后气泡电压下降幅度 ΔU_δ 实际上反映了局部气体放电电离过程的剧烈程度。因为气体放电的电离过程会产生正负离子，这些带电离子在外电场的作用下分别定向移动到气泡的上下壁从而形成了一个内部反向电场，也就是说气泡内的电场总是外加电场和这个反向电场叠加的结果。在 U_{AC} 上升的半个周波内，每一次新的放电都会在气泡壁上积累更多的电荷，反向电场也不断加强，所以就需要更高的外部电压才能产生新的放电。

上述对局部放电过程的分析只是基于单气泡一个定性的分析，而实际的局部放电过程要复杂得多。首先，绝缘材料中的气泡可能会有多个，局部放电点可能会有多个，每个气泡的起始放电电压也不一样，所以放电脉冲不会如图 5-59 那样整齐。但局部放电基本都发生在工频电压上升途中，并靠近正负峰值附近。而剧烈的局部放电也可能在 2、4 象限出现，这主要是由于剧烈放电产生大量正负离子，这些带电离子在两气泡壁间形成过高的内部反向电压足以在外部电压下降到一定程度后就将气泡击穿。

5.7.2 局部放电的主要参数

描述绝缘试品的局部放电的特征参数很多，如局部放电起始电压 U_i、熄灭电压 U_e、视在放电量 q、放电重复率、放电功率和放电能量、平均放电电流等，这里只对 DL/T 417—2006 中强制要求的局部放电起始电压、熄灭电压和视在放电量做介绍。

（1）放电起始电压 U_i 和熄灭电压 U_e。按照 GB/T 7354—2003 的定义，局部放电起始电压 U_i 是指局放脉冲参量幅值等于或超过某一规定的最低值时施加在绝缘试品上的最低电压。熄灭电压 U_e 是指当所选的局放脉冲参量幅值小于或等于某一规定的最低值时的最低施加电

压。从以上定义不难看出，绝缘材料内微弱的局放是允许的，但为了保证电力设备安全运行，必须对局部放电水平进行定期检查。

（2）视在放电量q。在试品两端瞬时注入一定电荷量，使试品端电压的变化和由局部放电本身引起的端电压的变化相同，此注入量即局部放电的视在电荷量，单位为皮库（pC）。

由于局部放电发生在绝缘试品的内部，其实际放电量无法测量，但可以证明视在放电电荷量q与实际放电量之间基本成正比的关系，并且视在放电电荷量总是小于实际放电量。证明过程如下：

每当局部放电发生时，气泡上的电压就下降一个ΔU_δ，则气泡的实际放电量为q_δ

$$q_\delta = \Delta U_\delta \left(C_\delta + \frac{C_P C_S}{C_P + C_S} \right)$$

由于$C_P \gg C_S$，上式可化简为

$$q_\delta \approx \Delta U_\delta (C_\delta + C_S) \tag{5-109}$$

由于气泡击穿是气泡电压U_δ下降很快，并且局部放电检测回路与电源间串联一个很大的隔离阻抗Z_f（见图5-60），可以认为在击穿的瞬间外接电源U_{AC}也来不及向试品注入电荷，放电电荷基本从C_P补充，导致C_P两端电压下降ΔU_P，电容C_S两端的电压下降ΔU_S，即

$$\Delta U_\delta = \Delta U_P + \Delta U_S = \Delta U_P \frac{C_P + C_S}{C_S} \approx \Delta U_P \frac{C_P}{C_S} \tag{5-110}$$

从试品两端看上去出现的电荷变化量即视在放电量q为

$$q = \Delta U_P \left(C_P + \frac{C_\delta C_S}{C_\delta + C_S} \right) \approx \Delta U_P C_P = \Delta U_\delta C_S \tag{5-111}$$

把式（5-109）与式（5-111）相比，可得

$$\frac{q_\delta}{q} = 1 + \frac{C_\delta}{C_S} \tag{5-112}$$

从式（5-112）可以看出，局部放电的内部的实际放电量q_δ比从试品两端看上去的视在放电量q要大。

5.7.3 局部放电测量的基本回路及检测阻抗的选择

局部放电过程伴随电、光、声、热等物理现象，可以针对每种现象的特点设计测量原理和方法。现阶段采用的方法主要有脉冲电流法、介质损耗法、超声法、射线法及超高频检测法。这里只介绍使用最多的脉冲电流法。《电力设备局部放电现场测试导则》（DL/T 417—2006）对脉冲电流法推荐了针对不同类型试品的三种检测回路，如图5-60所示，图5-60（a）和图5-60（b）为直接测量回路，图5-60（c）为平衡测量回路。图5-60中C_X代表试品电容，C_K代表耦合电容，C_K在试验电压下应无明显的局部放电。Z_m代表检测阻抗，Z_m是一个四端网络元器件，它可以是单一件R或L，也可以是RC、RL或RLC调谐回路，调谐回路的频率特性应与测量仪器的工作频率相匹配。Z_f为高压滤波器，其作用是隔离交流电源和测量回路，防止电源干扰。M为检测仪器，连接测量仪器和检测阻抗的连线应为单同轴屏蔽电缆。

上述三种检测回路的特性简要介绍如下。

（1）检测阻抗 Z_m 与耦合电容 C_K 串联回路。在试验电压下，流经试品的电容电流超过检测阻抗的允许电流，或试品的接地部位固定接地，可采用图 5-60（a）所示检测回路。回路中的 Z_f 用以衰减来自高压电源的干扰，并阻止试品局部放电脉冲经电源低内阻而旁路，从而增加灵敏度。

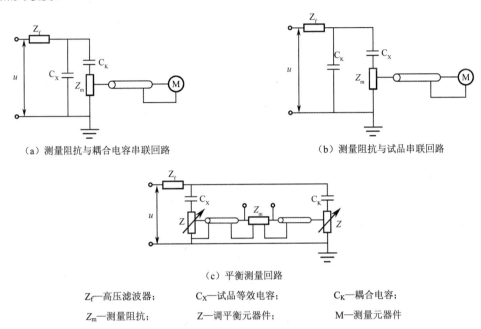

(a) 测量阻抗与耦合电容串联回路　　　　　　(b) 测量阻抗与试品串联回路

(c) 平衡测量回路

Z_f—高压滤波器；　　　C_X—试品等效电容；　　　C_K—耦合电容；
Z_m—测量阻抗；　　　　Z—调平衡元器件；　　　　M—测量元器件

图 5-60 局部放电测量回路

（2）检测阻抗 Z_m 与试品等效电容 C_X 串联检测回路。在试验电压下，流经试品的电容电流符合检测阻抗的允许电流，试品的接地部位允许不接地，可采用图 5-60（b）所示检测回路。

在此回路中检测阻抗接在试品的低压侧，试品低压侧必须与地隔开。有时，试验变压器入口电容和高压引线的杂散电容可起耦合电容 C_K 的作用，而不用再接专门的耦合电容器。此种接线特别适用于试品电容小于试验变压器入口电容和杂散电容的情况。

（3）平衡检测回路。当采用图 5-60（a）、图 5-60（b）测量回路受到较强外部干扰时，应考虑采用图 5-60（c）所示的平衡回路。这种检测方法接线较复杂，平衡调节费时，灵敏度比前两种低，但抗干扰能力强。如使用 Model5 或同类测量仪器时，应使耦合阻抗 C_K 和试品电容 C_X 串联等效电容值在测量阻抗所要求的调谐电容 C 的范围内。

习　题

5-1　从励磁电源、负载阻抗、磁路工作点等方面来比较电磁式电压互感器与电磁式电流互感器。

5-2　定性分析稳态条件下电压比差和电流比差产生的主要原因。

5-3　电磁式电压互感器二次绕组中常常有辅助开口三角绕组，该绕组的作用是什么？

5-4　当一次电流中出现明显的非周期分量时，试分析电磁式电流互感器的磁路工作状态。保护用电流互感器应具备哪些特性？

5-5 实际使用中，电磁式 CT 副边不能开路，电磁式 PT 副边则不能短路，为什么？

5-6 为什么 LPCT 比电磁式电流互感器具有更宽的线性范围？

5-7 某保护用电流互感器的准确度等级为 5P20，如何理解这个指标？

5-8 简述罗氏线圈的自积分和外积分方式的基本原理和应用条件。

5-9 简述电磁系、磁电系和电动系测量仪表电磁机构的结构特点及主要用途。

5-10 在三相三线制系统中，可以只用两只功率表测量三相负载的有功功率，画出接线图，并证明两表的读数之和等于三相负载的有功功率。

5-11 频率和周期数字化测量误差的主要来源是什么？什么是中介频率？

5-12 试说明兆欧表测量绝缘电阻的原理。

5-13 什么是绝缘电介质的介质损耗？如何利用高压西林电桥测量介质损耗和电容量？

5-14 接地阻抗测量中辅助电压极的作用是什么？

5-15 电力设备局部放电需要测量的主要参数有哪些？

第 6 章 数字化电气测量技术

> 只要能培一朵花，就不妨做做会朽的腐草。
> ——鲁迅

现代电气测量系统数字化设计包括围绕嵌入式系统或计算机的软硬件设计。本章在硬件电路方面主要介绍电气测量中常涉及的嵌入式微处理器中有关测量接口电路的原理和使用，如模数转换器、电压频率转换器、脉冲捕捉、正交脉冲编码计数器等电路；在软件方面则介绍电气测量中常用的一些数字算法，包括有效值计算的数字算法、谐波分析中的 DFT 变换算法、噪声抑制中的数字滤波算法。

6.1 数字化电气测量系统概述

6.1.1 数字化电气测量系统中的测量信号分类

数字化电气测量系统以微型计算机或嵌入式微处理器为基础，通过一定的接口电路，将需要测量的物理量转换成数字量后，再由计算机进行存储、处理、显示或打印。

数字化电气测量系统需要测量的物理量可以归纳如下：

（1）模拟信号。常见的电量信号有电压、电流、电荷。常见的非电量信号有温度、振动、力等。非电量信号一般必须经传感器转换成电路参数（电阻、电容、自感和互感）的变化，再通过电激励输出电信号。

以上两类模拟物理量需要经过 A/D 或 V/F 转换接口电路转变成二进制数字量，再利用嵌入式微处理器或计算机进行运算和处理。目前，MCU 是嵌入式微处理器中最常用的芯片，大多数嵌入式 MCU 的片上外设（onchip peripherial）已集成了 A/D 转换接口电路，大大方便了模拟信号的输入设计，而采用台式计算机的测量系统则需在计算机主板上安装数据采集卡。

（2）时间和频率：频率、周期、转速、相位。这类信号的测量一般都是通过 MCU 芯片上的定时器或与定时器配合的特定的测量接口电路（如脉冲捕捉电路 capture、正交脉冲编码计数电路 QEP）来完成。

（3）电气测量系统也常需要关注各类保护装置的开关状态。这类信号的状态大多是以无源开关触点的 ON 或 OFF 状态来表示的，通过适当的隔离缓冲电路，无源开关触点的 ON 或 OFF 状态可以转换成高或低电平信号，利用 MCU 的数字 I/O 接口或外部中断进行检测。

6.1.2 数字化电气测量系统的结构

6.1.2.1 基于 MCU 的数字化电气测量系统

单片机 MCU 或其他嵌入式微处理器常用于便携式测量仪器或在线测量监控系统，其基本结构如图 6-1 所示。待测的电量和非电量通过传感器及调理电路输入 A/D 采样转换器，A/D 转换将模拟信号转化为数字信号，然后送入 CPU 进行处理。此外输入通道还常包括交流电压或电流过零脉冲信号、电机转速和位置信号及一些开关量，它们经整形、电平转换、隔离等接口电路送入 MCU。

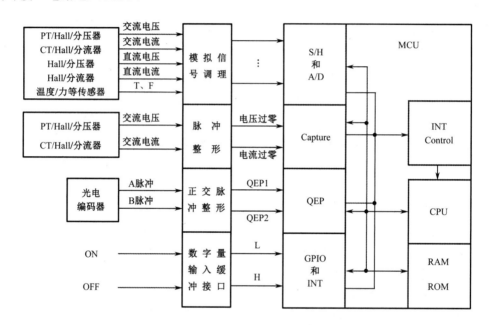

图 6-1 以 MCU 为核心组成的单片机系统

如图 6-1 所示，传感器、模拟信号调理电路和 A/D 转换器构成了一个多路输入的数据采集系统，可以测量多个模拟输入量。

6.1.2.2 基于计算机的数字化测量系统

以计算机为核心的数字化测量系统如图 6-2 所示。工业测控系统中所用的计算机常采用工控机，工控机主板的扩展槽总线采用 PC104（AT 总线）或 PC104Plus（AT 总线+PCI 总线），通过 PC104/PC104Plus 总线可以方便扩展标准数据采集卡实现 A/D 转换和数据采集。这类架构属于"虚拟仪器"（virtual instrument）的结构形式，选用不同的软硬件可以实现不同的测量功能。

以上两种数字化测量系统按照其数据采集环节是否公用采保和 A/D 转换器可以分为分时采集型和同步采集型两种。以四路输入数据采样为例，图 6-3（a）和图 6-3（b）分别给出了分时采样和同步采样在结构上的差异。

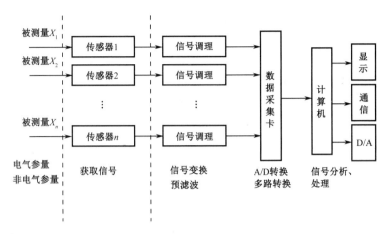

图 6-2 以计算机为核心的数字化测量系统

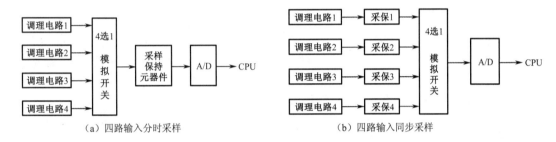

(a) 四路输入分时采样　　　　　　　　(b) 四路输入同步采样

图 6-3 集中式数据采集系统的典型结构

多路分时采集的输入结构中各输入通道公用一套采样保持元器件和 A/D 转换器,成本低,但采样速度慢,不能对多路输入信号同时采样。而多路同步采集的输入结构中每个输入通道都有独立的采样保持元器件,可同时采样多个输入信号。

6.1.3 电气测量中常用的微处理器片上外设简介

数字化电气测量系统可用的微处理器种类非常多,20 世纪 80 年代 MCS51 8 位单片机非常受欢迎,而现在 32 位的 ARM 系列基本统治了嵌入式 MCU 市场。这些微处理器系列虽然体系结构、存储器容量、运行速度上可能相差很大,但提供的片上外设的种类基本相似,如 ADC、外部中断输入接口、定时计数器、显示接口(LED、LCD)、通信接口(I^2C、SPI、SCI、CAN、USB),JTAG 在线调试及编程接口。此外,还有一些片上外围接口可以为数字化电气测量提供极大的方便,如脉冲捕捉接口(capture)、正交编码脉冲接口(QEP),掌握以上接口的使用可以减少硬件电路设计和调试工作量、缩短开发设计周期。

6.1.3.1 模数转换器 ADC

模拟电压、电流信号经过模拟电路调理成正极性 0~3V 或 0~5V 电压后,直接送微处理器片上 ADC 的模拟电压输入,通过对 ADC 控制寄存器的编程,可以方便地得到离散化的模拟输入电压。微处理器片上 ADC 转换所需的参考电压(reference voltage)一般由片内提供,微处理器片内时钟振荡电路输出的时基信号经过可编程的分频器,为 ADC 转换提供时钟信号。ADC 控制寄存器中的启动转换控制位一旦有效,将启动一次 A/D 转换。A/D 转换所需时间(conversion time)与 A/D 转换时钟信号周期成正比,但最快转换时间则取决于 ADC 元器件的性能。一旦 A/D 转换完成,状态寄存器中的完成标志被置位,并向 CPU 发出 A/D 中断申请,CPU 响应该中断请求,自动转入 A/D 转换结束中断服务子程序,读取 A/D 转换结果。

6.1.3.2 定时器

定时/计数器(timer)接口电路本质就是脉冲计数器。如果定时/计数器接口电路的输入脉冲信号为时基脉冲(频率恒定为 f_0),在某段时间 Δt 内,脉冲计数器输入脉冲的个数为 N,则时间间隔 $\Delta t = N/f_0$;如果输入脉冲为从引脚输入的随机脉冲,则只能完成脉冲计数,无法计算时间间隔。定时/计数器接口电路可以设定在定时器方式或计数器方式,定时用时基信号的频率或周期可以通过编程选择。

定时器产生的时间间隔=(定时器最大计数值−定时器计数初值)×时基信号周期

例如,一个 8051 片内有两个 16 位定时器,时基信号周期为 1μs,编程设定计数初值为 0xFC17(十进制数 64535)。一旦启动定时器工作,定时器就开始对输入时基脉冲计数,每输入一个脉冲,定时计数器就加 1,直到定时计数器为 0xFFFF,此后再来一个脉冲,定时计数器就溢出,同时会产生一个 1ms 间隔的定时器溢出中断,通过对该中断事件的编程可以实现等时间间隔的 A/D 采样、指示灯闪烁、DRAM 的动态刷新、单次或周期性脉冲输出以及生成 PWM 脉冲等一系列任务。

6.1.3.3 脉冲捕捉单元

现在用于电气测量和控制的微处理器一般都配有片上脉冲捕捉单元(capture),该接口单元通过硬件电路可以快速完成对输入脉冲发生跳变(通过编程可以选择上升沿、下降沿或两者)时刻的捕捉。

以 STM32 系列 MCU 为例,该系列 MCU 的 CAP 单元内部有一个两单元 FIFO 堆栈,如果通过编程设定 CAP 单元的输入为上升沿。当输入为周期性的脉冲时,假设当前 FIFO 堆栈内容为空,第一个上升沿到来时,CAP 单元控制电路立即将选定定时器中的计数值推入两级 FIFO 的顶层,当第二个上升沿到来时,CAP 单元控制电路又立即将定时器中的计数值推入两级 FIFO 的底层,这样相邻两次上升沿到来的时刻以定时/计数器计数值的形式记录在两级 FIFO 堆栈单元中。当两级 FIFO 堆栈单元满时,CAP 单元向 CPU 发出中断申请,CPU 响应该中断并转入中断服务程序,通过连续两次读 FIFO 堆栈,就得到两次上升沿到来的时刻,也即得到周期性脉冲输入的周期。利用 CAP 单元很容易测量交流电的频率或周期。由于脉冲跳变时刻的捕捉是通过硬件电路完成的,捕捉时延一般只有纳秒级,而且这种时延因为只取决于捕捉电路本身,是固定的,不因程序设计不同而不同。

6.1.3.4 正交编码脉冲接口单元

1. QEP 基本原理

在电机的闭环调速控制中,需要实时测量电机的转子轴机械位置和转速。光电编码器输出三个信号：正交脉冲 A、B 和方向信号 DIR。QEP 电路可以对固定在电动机轴上的光电编码器产生的正交编码脉冲 A、B 路信号进行解码和计数，从而获得电动机的位置和速率等信息。

光电编码器的正交编码脉冲输入 MCU 或 DSP 的 QEP1、QEP2 脚，选定某个定时器 Timer 对输入的正交脉冲进行解码和计数。要使 QEP 电路正常工作，必须使 Timer 在定向增/减模式工作。在此模式下，QEP 电路不仅为定时器提供计数脉冲，而且还提供计数方向控制信号 DIR。QEP 电路对输入的正交编码脉冲的上升沿和下降沿都进行计数，因此对输入的正交编码脉冲进行 4 倍频后作为 Timer 的计数脉冲，并通过 QEP 电路的方向检测逻辑确定哪个脉冲序列相位超前，然后产生一个方向信号作为 Timer 的增/减计数方向输入。当电动机正转时 Timer 增计数，当电动机反转时 Timer 减计数。正交编码脉冲、定时器计数脉冲及计数方向时序逻辑如图 6-4 所示。

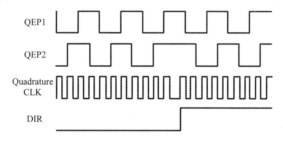

图 6-4 时序逻辑图

在 QEP 模式下，Timer 增计数到 FFFFH 时将返回 0 重新开始增计数，当减到 0 时，翻转到 FFFFH 重新开始减计数。选择适合的时基脉冲频率，使得采样时间内计数脉冲的数目远小于 Timer 的周期数 FFFFH，所以在增/减计数过程中至多有一次翻转，图 6-5 和图 6-6 分别描述了电动机正转和反转时 T2CNT 的计数情况。

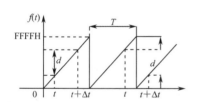 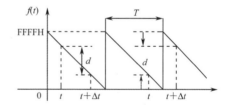

图 6-5 电动机正转时 T2CNT 计数情况　　图 6-6 电动机反转时 T2CNT 计数情况

2．电机位置测量

QEP 电路将编码器送过来的脉冲数转换为绝对的转子轴机械位置，绝对的转子轴机械位置将存放在变量 θ_m 中。通过每一次采样周期 Δt 内 Timer 的计数脉冲的改变量 δ，可以得到相应的位置增量 $\Delta \theta_m$。如图 6-6 所示，$f(t)$ 和 $f(t+\Delta t)$ 分别表示两次相邻采样时刻的计数值，那么在 Δt 时间内电机转子旋转的机械角度为

$$\Delta \theta_m = \frac{2\pi \delta}{P \Delta t} = \frac{2\pi [f(t) - f(t+\Delta t)]}{P \Delta t}$$

式中　P——电机旋转 1 周 Timer 的脉冲计数值。

如图 6-5 所示，当 Timer 增计数无翻转时，$\delta=f(t+\Delta t)-f(t)$。当 Timer 增计数有翻转时，$\delta=f(t+\Delta t)-f(t)+0\text{xFFFF}$，此时 $\theta_m(k+1)=\theta_m(k)+\Delta\theta_m$。

如图 6-6 所示，当 Timer 减计数无翻转时，$\delta=-[f(t+\Delta t)-f(t)]$。当 Timer 减计数有翻转时，$\delta=-[f(t)-f(t+\Delta t)+65536]$，此时 $\theta_m(k+1)=\theta_m(k)+\Delta\theta_m$。

3．电机转速测量

常见的电机测速方法主要有三种：M 法、T 法和 M/T 法。M 法比较适合高速的场合，而 T 法适合低速的场合，M/T 法在整个调速范围内都能得到较好的准确性，其原理如图 6-7 所示。

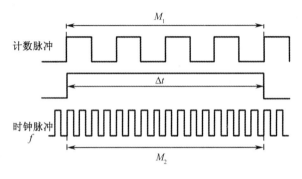

图 6-7 M/T 法原理

M_1 为测速脉冲计数值（对应前面的 δ），M_2 为高频时钟脉冲计数值，Δt 为采样周期，虽然在 M_1 个计数脉冲内，M_2 存在多一个或少一个的误差，但由于时钟脉冲的频率远高于计数脉冲频率，引起的误差可以忽略，所以转速（r/min）的计算公式为

$$n=\frac{60M_1}{P\Delta t}=\frac{60M_1 f}{PM_2}$$

式中 f——时钟脉冲的频率。

6.2 A/D 转换器

6.2.1 名词术语

6.2.1.1 A/D 转换的概念

模/数（Analog/Digital）转换器：将模拟量转换成与之对应的数字量的装置。模数转换将模拟量转换为一定码制的数字量。进行模拟-数字转换的元器件或装置称为 A/D 转换器或 ADC。A/D 转换过程主要由采样、量化和编码三个过程组成。

采样：把输入的连续时间变化的模拟量离散化，即变成时间域上断续的模拟量。

量化：把采样取得的在时域上断续但是在幅值上连续的模拟量进行量化。

编码：把已经量化的数字量用一定的代码表示输出。

6.2.1.2 A/D 转换器的技术指标

（1）分辨力。A/D 转换器的分辨力用其输出二进制数码的位数来表示。位数越多，则量化增量越小，量化误差越小，分辨力或精度也就越高。常用的 ADC 的精度有 8 位、10 位、12 位、16 位、24 位等。

例如，某 A/D 转换器输入模拟电压为-10～+10V，转换器为 8 位，若第一位用来表示正负符号，其余 7 位表示信号幅值，则最末一位数字（1LSB）可代表 80mV 模拟电压（分辨力 $Q=10V/2^7≈80mV$），即转换器可以分辨的最小模拟输入电压为 80mV。而同样情况用一个 10 位转换器能分辨的最小模拟电压为 20mV（分辨力 $Q=10V/2^9≈20mV$）。

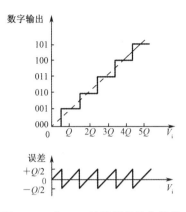

图 6-8　3 位 A/D 转换器的量化误差

（2）转换精度。由于具有某种分辨力的转换器在量化过程中采用了四舍五入的方法，因此最大量化误差应为分辨力数值的一半。如图 6-8 表示一个 3 位 A/D 转换器，最大量化误差采用四舍五入的方法后应为 ±0.5 LSB。在未使用采样保持器的数据采集系统中，可能由于在一次 A/D 转换时间内被测电压变化太快，会使得转换器末位数字并不可靠，实际有效转换精度还要低一些。

由于含有 A/D 转换器的模数转换模块通常包括模拟处理和数字转换两部分，因此整个转换器的精度还应考虑模拟处理部分（如积分器、比较器等）的误差。一般转换器的模拟处理误差与数字转换误差应尽量处在同一数量级，总误差则是这些误差的累加和。例如，一个 10 位 A/D 转换器用其中 9 位计数时的最大相对量化误差为 $2^{-9}×0.5≈0.1％$，若模拟部分精度也能达到 0.1％，则转换器总精度可接近 0.2％。

（3）转换速度。转换速度是指完成一次转换所用的时间，即从控制器发出转换控制信号开始，直到输出端得到稳定的数字输出为止所用的时间。转换时间越长，转换速度就越低。转换速度与转换原理有关，如逐位逼近式 A/D 转换器的转换速度要比双积分式 A/D 转换器高许多。此外，转换速度还与转换器的位数有关，一般位数少的（转换精度差）转换器转换速度高。目前常用 A/D 转换器的转换位数有 8 位、10 位、12 位、14 位、16 位，转换原理和转换位数不同其转换速度不同，一般在几微秒至几百毫秒之间。

由于转换器必须在采样间隔 T_s 内完成一次转换工作，因此转换器能处理的最高信号频率就受到转换速度的限制。如转换时间最快为 10μs 的高速 A/D 转换器，采样频率可达 100kHz，按照采样定理，被测信号的最高频率不能超过 50kHz。

6.2.2　A/D 转换原理

6.2.2.1　逐次比较（SAR）型 ADC

图 6-9 所示为逐次逼近式转换器的原理。首先，控制电路使 SAR 寄存器的 MSB 置 1，其余各位清 0，即 SAR=100，经过 D/A 转换成对应的参考电压 V_r，送到电压比较器与模拟

输入电压 V_{in} 进行比较，若 $V_{in}>V_r$，则通过控制电路将 SAR 的最高位的 1 保留，反之，则将最高位清 0；接着将 SAR 的次高位置 1，再经 D/A 转换为对应的电压 V_r，重复上一步，根据比较结果决定次高位是 1 还是 0；最后所有位都比较结束后，转换完成。这样 SAR 寄存器中保存的二进制数就是 A/D 转换后的输出数码。

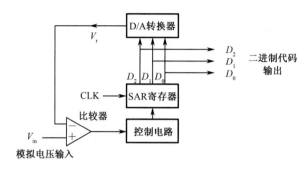

图 6-9 逐次逼近式转换器的原理

由于逐次比较型 ADC 将输入电压与不断调整的 DAC 输出进行比较，经 n 次比较而输出转换结果，一般最快转换时间一般大于 1μs。ADI 的 SAR 型 A/D 转换器有丰富的产品线，如 AD574A（12 位，35μs 转换时间）和管脚兼容的高速型号 AD674(12 位，10μs 转换时间)，新一代高速高精度低功耗 AD400x 提供 16~20 位转换精度，最高采样速度 0.5~2MSPS，而且功耗显著降低。

6.2.2.2 并行比较型 ADC

如图 6-10 所示是并行比较型 A/D 转换器的原理。它由精密电阻分压器、电压比较器及编码电路组成，输出的各位数码是一次形成并行输出的，是转换速度最快的 A/D 转换器。

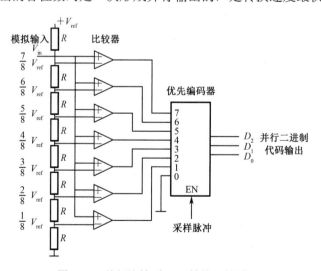

图 6-10 并行比较型 A/D 转换器的原理

图 6-10 中由 $2^3=8$ 个大小相等的电阻串联构成电阻分压器，产生不同数值的参考电压，形成 $1/8V_{ref}$~$7/8V_{ref}$ 共 7 种量化电平，7 个量化电平分别加在 7 个电压比较器的反相输入端，

模拟输入电压 V_{in} 加在比较器的同相输入端。当 V_{in} 大于或等于量化电平时,比较器输出为 1,否则输出为 0,电压比较器用来完成对采样电压的量化。比较器的输出送到优先编码器进行编码,得到 3 位二进制代码 $D_2D_1D_0$。

并行比较型 A/D 转换器转换精度主要取决于量化电平的划分,分得越精细,精度越高。这种 ADC 的最大优点是具有极快的转换速度,但是,所用的比较器和其他硬件较多,输出数字量位数越多,转换电路将越复杂。因此,这种类型的转换器适用于 10MSPS 以上的高速采集、低精度要求的场合。

6.2.2.3 积分型 ADC

积分型 ADC 工作原理是将输入电压转换成相应的脉冲宽度,然后由定时/计数器获得脉冲宽度的数值。其优点是用简单电路就能获得高分辨率,缺点是转换精度依赖于积分时间,转换速率低,在数字电压表中被广泛使用。初期的单片 A/D 转换器大多采用积分型,但现在逐次比较型已逐步成为主流。

双积分型 ADC 转换原理如图 6-11 所示,各点电压波形如图 6-12 所示。这种 A/D 转换期间的工作过程分为两个阶段。

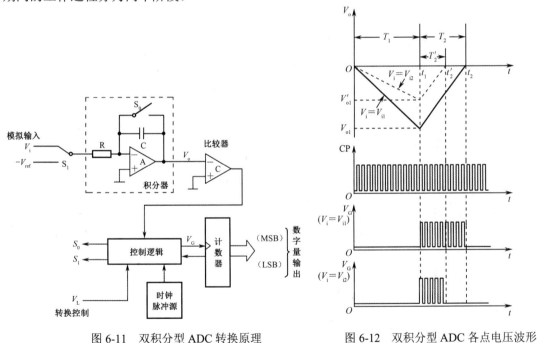

图 6-11 双积分型 ADC 转换原理　　图 6-12 双积分型 ADC 各点电压波形

第一阶段:计数器清 0,将闭合的 S_0 断开,转换控制信号 $V_L=1$,启动转换。S_1 接 V_i,在设定的积分时间 T_1 内对 V_i 积分

$$V_o = -\frac{1}{RC}\int_0^{T_1} V_i(t)dt = -\frac{T_1}{RC}\overline{V_i} \tag{6-1}$$

第二阶段:S_1 接 $-V_{ref}$,积分器反向积分至 0 所需时间为 T_2。

$$V_o = \frac{1}{C}\int_0^{T_2} \frac{V_{\text{ref}}}{R} dt - \frac{T_1}{RC}\overline{V_i} = 0$$

$$\frac{V_{\text{ref}}}{RC}T_2 = \frac{\overline{V_i}}{RC}T_1 \Rightarrow T_2 = \frac{T_1}{V_{\text{ref}}}\overline{V_i} \quad (6\text{-}2)$$

令计数器在 T_2 期间用固定频率 f_C（$T_C=1/f_C$）的脉冲计数，则有

$$D = T_2 f_C = \frac{T_1}{T_C V_{\text{ref}}}\overline{V_i} \quad (6\text{-}3)$$

$$T_1 = NT_C \Rightarrow D = \frac{N}{V_{\text{ref}}}\overline{V_i}$$

由上式可见，T_2 期间的计数值 D 与 T_1 期间的输入电压 $\overline{V_i}$ 成正比。正因为如此，当选择 T_1 为干扰信号周期的整数倍时，双积分 ADC 对周期内平均值为零的周期性干扰有很好的滤波效果，对滤除常见的工频干扰非常有效。

双积分 ADC 的分辨率较高，一般在 10 位以上，但转换速率低，12 位的双积分 ADC 的转换频率最高为 100～300 次采样/秒，而常用的 3 位半或 4 位半数字电压表几乎无一例外地采用双积分 ADC，所以不能用这类表测量快速变化电压或高频电压。

6.2.2.4 Σ-Δ型 ADC 工作原理

下面以图 6-13 所示的一阶Σ-Δ型 ADC 为例，来说明其工作原理。Σ-Δ型 ADC 的核心部分就是Σ-Δ型调制器，图 6-13 中方框内部就是一个一阶Σ-Δ型调制器。该Σ-Δ型调制器（Σ代表积分运算，Δ代表差分运算）以过采样频率 Kf_s（f_s 为 Nyquist 频率，$K>10$）将模拟输入 V_{IN} 转变成一串脉冲输出。调制器输出端脉冲中"1"与"0"之比代表模拟输入的平均值。这样的脉冲串送入一个数字滤波器。Σ-Δ型 ADC 的数字滤波器一般用 SINC（$\sin(x)/x$）函数的脉冲响应实现低通滤波器。该滤波器输出接至抽样电路，以降低输出码率。

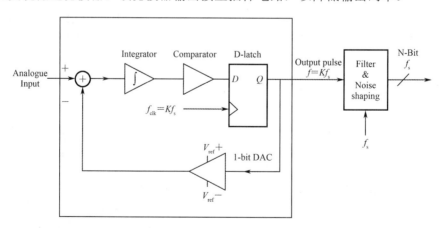

图 6-13 一阶Σ-Δ型调制器的结构原理

假设模拟输入为正弦电压，幅值为 V_{ref}，则图 6-13 中各环节的输出波形如图 6-14 所示。

在进一步分析Σ-Δ型 ADC 的工作原理前，首先了解过采样、噪声成形、数字滤波和抽取等概念。

（1）过采样。考虑一个传统 ADC 以 Nyquist 频率 f_s 采样一个单频正弦信号。从图 6-15 (a)FFT 分析结果可以看到，ADC 的输出包含一个单频 f_s 和分布于 DC 到 $f_s/2$ 间的随机噪声，后者就是所谓的量化噪声；量化噪声是由于有限的 ADC 分辨率而造成的。单频信号的 RMS 幅度和所有频率量化噪声的 RMS 幅度之和的比值就是信号噪声比（SNR，单位为 dB）。

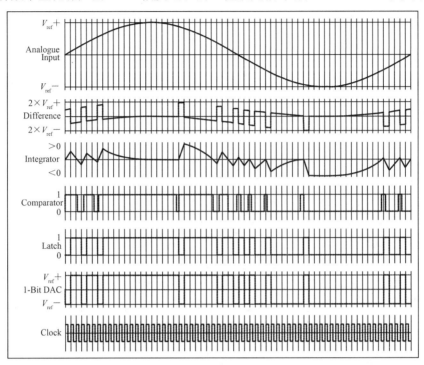

图 6-14　一阶 Σ-Δ 型 ADC 各部分输出电压波形

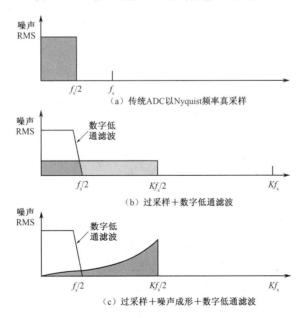

图 6-15　过采样、数字滤波、噪声成形提升 SNR

对于一个 N 位 ADC，SNR=6.02N+1.76。为了改善 SNR 和更为精确地再现输入信号，对于传统 ADC 来讲，必须增加位数。

如果将采样频率提高 K 倍，即采样频率为 Kf_s。从图 6-15（b）中 FFT 分析显示量化噪声基线降低了，SNR 值未变，但噪声能量分散到一个更宽的频率范围内。Σ-Δ型 ADC 正是利用了这一特点，对调制器输出脉冲进行数字滤波。大部分噪声被数字滤波器滤掉，这样，低频段量化噪声的 RMS 就降低了。

简单的过采样加数字滤波可以在一定程度上改善 SNR。一个 1 位 ADC 的 SNR 为 6.02×1+1.76=7.78dB，每 4 倍过采样将使 SNR 增加 6dB，SNR 每增加 6dB 等效于分辨率增加 1 位。这样，采用 1 位 ADC 进行 64 倍过采样就能获得 4 位分辨率；而要获得 16 位分辨率就必须进行 4^{15} 倍过采样，显然是不切实际的。

（2）噪声成形。图 6-13 中，Σ-Δ型调制器除了 1 位的 ADC 工作在过采样频率外，还有差分器和积分器等其他部件，这种设计有助于将噪声能量推向更高的频率，即噪声成形，如图 6-15（c）所示，每 4 倍过采样系数可增加高于 6dB 的信噪比。

图 6-13 中反馈 DAC 的作用是使积分器的平均输出电压接近于比较器的参考电平。调制器输出中"1"的密度将正比于输入信号，如果输入电压上升，比较器必须产生更多数量的"1"，反之亦然。积分器用来对误差电压求和，对于输入信号表现为一个低通滤波器，而对于量化噪声则表现为高通滤波。这样，大部分量化噪声就被推向更高的频段。与前面的简单过采样相比，总的噪声功率没有改变，但噪声的分布发生了变化。

现在，如果对噪声成形后的Σ-Δ型调制器输出进行数字滤波，与简单过采样相比有可能移走更多的噪声。这种一阶调制器在每两倍的过采样率下可提供 9dB 的 SNR 改善。

在Σ-Δ型调制器中采用更多的积分与求和环节，可以提供更高阶数的量化噪声成形。例如，一个二阶Σ-Δ型调制器在每两倍的过采样率可提供 15dB SNR 改善。图 6-16 显示了Σ-Δ型调制器的阶数、过采样率和能够获得的 SNR 三者之间的关系。

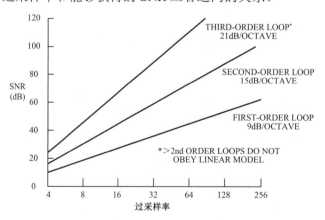

图 6-16　不同阶数的Σ-Δ型调制器时 SNR 与过采样率的关系

（3）数字滤波和抽取。Σ-Δ型调制器以采样速率输出 1bit 数据流，频率可高达兆赫量级。数字滤波和抽取的目的是从该数据流中提取出有用的信息，并将数据速率降低到可用的水平。Σ-Δ型 ADC 中的数字滤波器对 1bit 数据流求平均，移去带外量化噪声并改善 ADC 的分辨率。数字滤波器决定了信号带宽、建立时间和阻带抑制。

Σ-Δ型调制器中广泛采用的滤波器拓扑是 $SINC^3$，是一种具有低通特性的滤波器。SINC滤波器除了滤除量化噪声这一显著功能外，也有助于提供输出码率整数倍频上的滤波器陷波。例如，60Hz 输出码率需要在 60Hz、120Hz、180Hz 等频点陷波。将滤波器陷波调整到已知噪声源频点（如 50Hz 或 60Hz 电力线噪声），可以从根本上抑制噪声。$SINC^3$ 滤波器的建立时间三倍于转换时间。例如，陷波点设在 60Hz 时，建立时间为 3/60Hz=50ms。有些应用要求更快的建立时间，而对分辨率的要求较低。对于这些应用，新型 ADC 诸如 MAX1400 系列允许用户选择滤波器类型 $SINC^1$ 或 $SINC^2$。$SINC^1$ 滤波器的建立时间只有一个数据周期，对于前面的举例则为 1/60Hz=16.7ms。由于带宽被输出数字滤波器降低，输出数据速率低于原始采样速率，但仍满足 Nyquist 定律。这可通过保留某些采样而丢弃其余采样来实现，这个过程就是所谓的按 M 因子"抽取"。M 因子为抽取比例，可以是任何整数值。在选择抽取因子时应该使输出数据速率高于两倍的信号带宽。这样，如果以 f_s 的频率对输入信号采样，滤波后的输出数据速率可降低至 f_s/M，而不会丢失任何信息。

传统的 A/D 转换技术在实现极高精度（大于 16 位）的 ADC 时在性能、代价等方面受到了极限性的挑战，而且它与数字电路系统难以实现单片集成，因而不适应 VLSI 技术的发展。近年来Σ-Δ型 ADC 正以其分辨率高、线性度好、成本低等特点得到越来越广泛的应用，特别是在既有模拟又有数字的混合信号处理场合更是如此。由于Σ-Δ型 ADC 采用了过采样技术和Σ-Δ型调制技术，增加了系统中数字电路的比例，减少了模拟电路的比例，并且易于与数字系统实现单片集成，因而能够以较低的成本实现高精度的 ADC，适应了 VLSI 技术发展的要求。Σ-Δ型 A/D 转换技术主要包括两方面的技术：过采样技术和Σ-Δ型调制技术，另外后端数字抽取滤波器的设计也对系统性能有很大影响。过采样技术使得量化噪声功率平均分配到更宽的频带范围中，从而降低了基带内的量化噪声功率。Σ-Δ型 ADC 以很低的采样分辨率（1 位）和很高的采样速率将模拟信号数字化，通过使用过采样、噪声整形和数字滤波等方法增加有效分辨率，然后对 ADC 输出进行采样抽取处理以降低有效采样速率。Σ-Δ型 ADC 的电路结构是由简单的模拟电路（一个比较器、一个开关、一个或几个积分器及模拟求和电路）和十分复杂的数字信号处理电路构成。

6.2.2.5 V/F 型转换器

V/F 型电压频率转换器输出脉冲信号，脉冲信号的频率正比于模拟输入信号幅度。它是模数转换器的另一种形式，是一种输出频率与输入信号成正比的电路。本质上，V/F 型转换器是将一段时间的模拟物理量平均值转化为频率可变的脉冲串，所以它与积分型 ADC 一样，对工频干扰有一定的抑制能力；分辨率较高；特别适合现场与主机系统距离较远的应用场合（因频率信号比模拟信号更适合远距离传送）；易于实现光电隔离；另外，V/F 型转换器也可作为 F/V 型转换器使用，有关 V/F 型转换器的原理及使用可参见 6.2.3.3 节。

6.2.3 常用 ADC 集成芯片及其与微处理器的接口设计

6.2.3.1 AD574A 及其与微处理器的接口

AD574A 是 ADI 公司生产的 12 位逐次逼近型模数转换器，采用三态输出缓冲电路，可直接与 8 位或 16 位微处理器总线接口。片内包括高精度基准电压源和时钟，没有外部电路或时钟信号也能保证实现全部额定性能。单极性电压输入范围为 0～+10V 或 0～+20V；双极性电压输入范围为±5V 或±10V。单极性输入和双极性输入的连接线路如图 6-17 所示。AD574A 的最大转换时间为 35μs。ADI 还提供更高速度的引脚排列兼容型版本（15μs AD674B、10μsAD1674）。

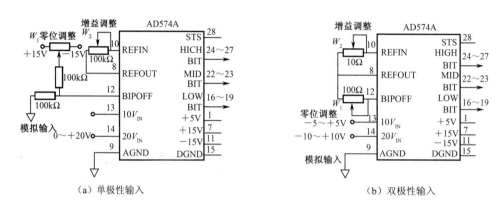

图 6-17　AD574A 单极性和双极性输入接法

AD574A 的引脚说明：

Pin1（+Vlogic）——+5V 电源输入端。

Pin2（12/$\bar{8}$）——数据模式选择端，通过此引脚可选择 A/D 转换结果是以 12 位还是以 8 位方式输出。该引脚输入电平非 TTL 电平，只能与 Pin15（DGND）或 Pin1（Vlogic）之一相连。

Pin3（$\overline{CS}$）——片选端。

Pin4（A0）——字节地址短周期控制端。与 12/$\bar{8}$ 端用来控制启动转换的方式和数据输出格式。需注意的是，12/$\bar{8}$ 端 TTL 电平不能直接与+5V 或 0V 连接。

Pin5（R/$\bar{C}$）——读/转换数据控制端。高，读 A/D 转换结果；低，启动 A/D 转换。

Pin6（CE）——芯片使能端。

Pin7（V+）——正电源输入端，输入+15V 电源。

Pin8（REF OUT）——10V 基准电源电压输出端。

Pin9（AGND）——模拟地端。

Pin10（REF IN）——基准电源电压输入端。

Pin11（V-）——负电源输入端，输入-15V 电源。

Pin12（V+）——正电源输入端，输入+15V 电源。

Pin13（10V IN）——10V 量程模拟电压输入端。

Pin14（20V IN）——20V 量程模拟电压输入端。

Pin15（DGND）——数字地端。

Pin16～Pin27（DB0—DB11）——12 条数据总线。通过这 12 条数据总线向外输出 A/D 转换数据。

Pin28（STS）——工作状态指示信号端，当 STS=1 时，表示转换器正处于转换状态，当 STS=0 时，声明 A/D 转换结束，通过此信号可以判别 ADC 的工作状态，作为单片机的中断或查询信号之用。

图 6-18 是 8051 单片机与 AD574A 的接口电路，其中还使用了三态锁存器 74LS373 和 74LS00 与非门电路。逻辑控制信号（$R/\overline{C}$、A0 和 $\overline{CS}$）由 8051 的数据口 P0 发出，并由三态锁存器 74LS373 锁存到输出端 Q0、Q1 和 Q2 上，用于控制 AD574A 的工作过程。ADC 的数据输出也通过 P0 数据总线连至 8051，由于只使用了 8 位数据口，12 位数据分两次读进 8051，所以 $12/\overline{8}$ 脚接地。当 8051 的 P3.0 查询到 STS 端转换结束信号后，先将转换后的 12 位 A/D 数据的高 8 位读进 8051，然后再将低 4 位读进 8051。这里无论 AD574A 是处在启动、转换或输出结果，CE 端都必须为 1，因此将 8051 的写控制线和读控制线通过与非门 74LS00 与 AD574A 的 CE 端相连。

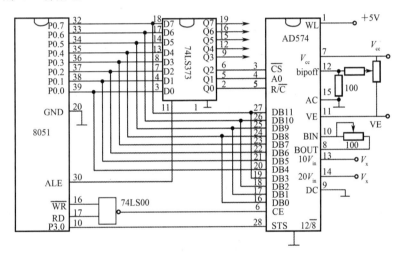

图 6-18　AD574A 与 8051 的接口电路

6.2.3.2 AD7762

（1）AD7762 的性能。AD7762 是一款高性能、并行 24 位Σ-Δ型模数转换芯片（ADC）。宽输入带宽，在 625kSPS 时信噪比为 106dB，高速Σ-Δ型转换。外部参考输入经缓冲驱动，差分放大器用于信号缓冲和电平转换，并提供输入过范围标志，增益和偏置电平可通过内部寄存器进行调整。

AD7762 还提供了可编程的采样速率和可调整的 FIR 数字滤波，以适应不同应用的要求。采用 AD7762 构成一个紧凑的、高速数据采集系统只需要很少的外围电路。

通过模拟调节器使差分输入采样最高可达到 40MSPS。调节器的输出被一连串的低通滤波器处理。采样速率、滤波器频率、输出字速率通过外部时钟和配置寄存器设置。

AD7762 的参考电压决定模拟输入信号范围。使用 4V 参考时，模拟输入信号范围为 ±3.2V，对地的共模为 2V。共模偏移通过片上差分放大器实现，进一步减轻了外围处理信号条件的需求。

功能模块图如图 6-19 所示。

（2）时序详述。条件：AVDD1=DVDD=VDRIVE=2.5V，AVDD2=AVDD3=AVDD4=5V，TA=25℃，正常模式，除非有其他注意事项。

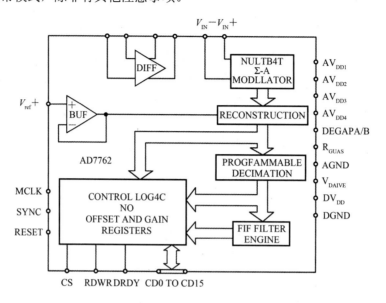

图 6-19 功能模块图

读时序如图 6-20 所示，写时序如图 6-21 所示，图中标的时间见表 6-1。

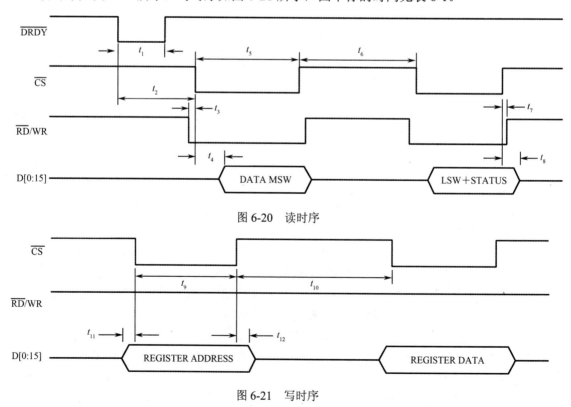

图 6-20 读时序

图 6-21 写时序

表 6-1 读写时序图中标的时间

Parameter	Limit at T_{min}, T_{max}	Unit	Description
$f_{MCLK, min}$	1	MHz	Applied master clock frequency
$f_{MCLK, max}$	40	MHz	
$f_{ICLK, min}$	500	kHz	Internal modulator clock derived from MCLK
$f_{ICLK, max}$	20	MHz	
$t_1^{1,2}$	$0.5 t_{ICLK}$	typ	$\overline{DRDY}$ pulse width
$t_{2, min}$	10	ns	$\overline{DRDY}$ falling edge to $\overline{CS}$ falling edge
$t_{3, min}$	3	ns	$\overline{RD}/WR$ setup time to $\overline{CS}$ falling edge
$t_{4, max}$	$0.5 t_{ICLK} + 16 ns$		Data access time
$t_{5, min}$	t_{ICLK}		$\overline{CS}$ low read pulse width
$t_{6, min}$	t_{ICLK}		$\overline{CS}$ high pulse width between reads
$t_{7, min}$	3	ns	$\overline{RD}/WR$ hold time to $\overline{CS}$ rising edge
$t_{8, max}$	11	ns	Bus relinquish time
$t_{9, min}$	$4 t_{ICLK}$		$\overline{CS}$ low write pulse width
$t_{10, min}$	$4 t_{ICLK}$		$\overline{CS}$ high period between address and data
$t_{11, min}$	5	ns	Data setup time
$t_{12, min}$	0	ns	Data hold time

注：1. $t_{ICLK} = 1/f_{ICLK}$。

2. 当 $f_{ICLK} = f_{MCLK}$ 时，$\overline{DRDY}$ 脉冲宽度取决于 f_{MCLK} 的脉冲间隔率。

（3）引脚结构和功能描述。AD7762 的封装如图 6-22 所示，引脚功能描述见表 6-2。

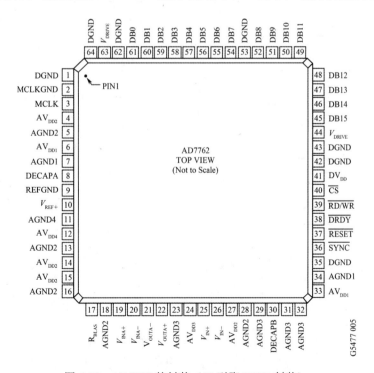

图 6-22 AD7762 的封装（64 引脚 TQFP 封装）

表 6-2 引脚功能描述

引脚号	标记	描述
6, 33	AVDD1	2.5V，供调节器，分别需要 100nF 和 10μF 电容对 AGND1 去耦
4, 14, 15, 27	AVDD2	5V，分别使用 100nF 的电容对 AGND2 去耦，27 脚需要通过 15nH 的电感连到 14 脚
24	AVDD3	3.3～5V，供差分放大器，需要 100nF 的电容对 AGND3 去耦
12	AVDD4	3.3～5V，供参考缓冲器，需要 100nF 串 10Ω 的电容对 AGND4 去耦
7, 34	AGND1	模拟地 1
5, 13, 16, 18, 28	AGND2	模拟地 2
23, 29, 31, 32	AGND3	模拟地 3
11	AGND4	模拟地 4
9	REFGND	参考地
41	DV_{DD}	2.5V，供数字电路和 FIR 滤波器，需要 100nF 的电容对 DGND 去耦
44, 63	V_{DRIVE}	1.8～2.5V，供逻辑，它决定逻辑部分电路操作电压。这两个引脚必须连到一起，接相同的电源，需要 100nF 串 10Ω 的电容对 AGND4 去耦
1, 35, 42, 43, 53, 62, 64	DGND	数字地
19	V_{INA+}	差分放大器正端输入
20	V_{INA-}	差分放大器负端输入
21	V_{OUTA-}	差分放大器负端输出
22	V_{OUTA+}	差分放大器正端输出
25	V_{IN+}	调节器正端输入
26	V_{IN-}	调节器负端输入
10	V_{ref+}	参考输入，这个引脚的输入范围取决于参考缓冲器的供电电压（AVDD4）
8	DECAPA	去耦引脚，必须在这个引脚与 AGND1 之间串 100nF 电容
30	DECAPB	去耦引脚，必须在这个引脚与 AGND3 之间串 33pF 电容
17	R_{BIAS}	偏置电流设置引脚，必须在这个引脚与 AGND1 之间串一个电阻
45～52	DB15～DB8	16 位双向数据总线，这些三态引脚通过 $\overline{CS}$ 和 $\overline{RD/WR}$ 引脚设置，这些引脚的操作电压取决于 V_{DRIVE} 的电压，详细资料参见 AD7762 的接口部分
54～61	DB7～DB0	
37	$\overline{RESET}$	该引脚上的下降沿复位芯片内部的数字电路，并关断这部分电源，保持这个引脚低电平，则 AD7762 将持续复位状态
3	MCLK	主时钟输入。该引脚上必须引入低抖动数字时钟，输出数据速率取决于该时钟频率
2	MCLKGND	主时钟参考地
36	$\overline{SYNC}$	同步输入，该引脚的下降沿将复位内部滤波器，这可以用于同步系统中的多片 ADC
39	$\overline{RD/WR}$	读/写输入，该引脚结合片选引脚控制 AD7762 的读写数据。当 $\overline{CS}$ 为低时，如果该引脚也为低，将执行一次读操作；如果该引脚为高，将执行一次写操作
38	$\overline{DRDY}$	数据输出准备完毕，每当一个新的转换数据有效时，该引脚产生一个低电平脉冲，宽度为 1/2ICLK 周期
40	$\overline{CS}$	片选输入，该脚结合 $\overline{RD/WR}$ 引脚控制 AD7762 的读/写数据

（4）工作原理。AD7762 采用Σ-Δ型技术进行模数转换。在等同于 f_{ICLK} 的频率上，调节器对输入波形采样，并且将等价的数字输出给数字滤波器。与模拟滤波器相比，数字滤波器不会引入严重的噪声或者失真，而且能够得到完美的线性相位。

AD7762 使用了 3 个串联的 FIR 滤波器。通过选择不同的滤波频率、滤波器数量或全通的组合，可以获得大范围的采样速率。第 1 个滤波器以 f_{ICLK}（MHz）接收来自调节器的数据，并且以 $f_{ICLK}/4$（MHz）输出。在这个阶段，这部分的滤波后数据能被输出。第 2 个滤波器的抽取因子能够从 4～32 之间选择。第 3 个滤波器默认的数据抽取因子设置为 2，且允许用户编程设置。在可编程 FIR 滤波器中具体描述，这个滤波器可被设成全通。

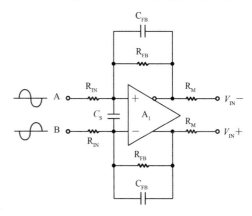

在图 6-23 所示的差分放大器配置和表 6-3 的元器件值的条件下，输入相对于地±2.5V 的信号，输出如图 6-24 所示。该差分放大器的输出信号的共模为 $V_{ref}/2$，这里为 2.048V；该信号同时

图 6-23 差分放大器配置

也被调整为在该参考电压值下的最大允许电压范围内，它的峰值为 V_{ref} 的 80%，这里为 0.8×4.096V≈3.277V。

表 6-3 正常模式元器件值

V_{ref}	R_{IN}	R_{FB}	R_M	C_S	C_{FB}
4.096V	1kΩ	655Ω	18Ω	5.6pF	33pF

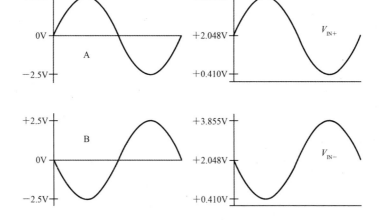

图 6-24 差分放大器信号

图 6-25 展示了如何使用外部运放（AD8021）使单端信号转变成差分信号，然后驱动 AD7762。

当参考为 4.096V 时，参考缓冲器的电源（AVDD4）必须使用 5V；当参考为 2.5V 时，参考缓冲器的电源（AVDD4）必须使用 3.3V。

（5）AD7762 的使用。下面给出了上电和使用 AD7762 的推荐顺序：

① 上电；

② 启动时钟 f_{MCLK}；

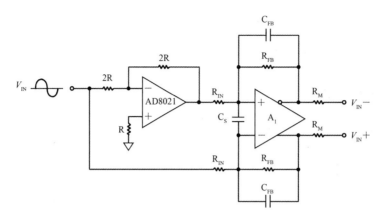

图 6-25　单端信号变差分信号转换电路

③ 置 $\overline{\text{RESET}}$ 为低，至少保持 1 个 f_{MCLK} 周期；

④ $\overline{\text{RESET}}$ 释放后至少等待 2 个 f_{MCLK} 周期；

⑤ 写控制寄存器 2 来启动 ADC 和差分放大器，时钟分频器的修改（$\overline{\text{CDIV}}$）须在这个时候编程设定；

⑥ 写控制寄存器 1 设置输出数据频率；

⑦ $\overline{\text{CS}}$ 释放后至少等待 5 个 f_{MCLK} 周期；

⑧ 如果需要同步多片 ADC，需要置 $\overline{\text{SYNC}}$ 为低，至少保持 4 个 f_{MCLK} 周期。

如果使用默认的滤波器、偏移、增益和过范围极限值，可以执行数据读操作。通过滤波器延时以前的转换数据结果是无效的。当数据中 DVALID 位被置高时，标志着数据确实有效。

（6）可编程 FIR 滤波器。前面提到，AD7762 中的第三个 FIR 滤波器是用户可编程的。在复位时，导入的默认系数见表 6-4，频响特性如图 6-26 所示。

表 6-4　默认滤波系数

NO.	Dec. Value	Hex Value	NO.	Dec. Value	Hex Value
0	53656736	332BCA0	14	1741563	1A92FB
1	25142688	17FA5A0	15	1502200	16EBF8
2	−4497814	444A196	16	−835960	40CC178
3	−11935847	4B62067	17	−1528400	4175250
4	−1313841	41400C31	18	93626	16DBA
5	6976334	6A734E	19	1269502	135EFE
6	3268059	31DDDB	20	411245	6466D
7	−3794610	439E6B2	21	−864038	40D2F26
8	−3747402	4392E4A	22	−664622	40A24AE
9	1509849	1709D9	23	434489	6A139
10	3428088	344EF8	24	700847	AB1AF
11	80255	1397F	25	−70922	401150A
12	−2672124	428C5FC	26	−583959	408E917
13	−1056628	4101F74	27	−175934	402AF3E

续表

NO.	Dec. Value	Hex Value	NO.	Dec. Value	Hex Value
28	388667	5EE3B	38	121875	1DC13
29	294000	47C70	39	16426	402A
30	−183250	402CBD2	40	−90524	401619C
31	−302597	4049E05	41	−63899	400F99B
32	16034	3EA2	42	45234	B0B2
33	238315	3A2EB	43	114720	1C020
34	88266	158CA	44	102357	18FD5
35	−143205	4022F65	45	52669	CDBD
36	−128919	401F797	46	15559	3CC7
37	51794	CA52	47	1963	7AB

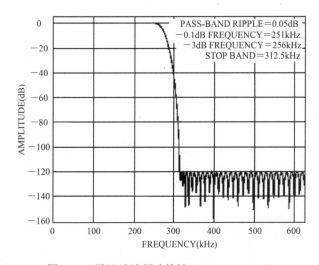

图 6-26 默认滤波频响特性（625kHz ODR）

有关 AD7762 更多的使用可参考 ADI 公司出版的数据手册。

6.2.3.3 AD650 V/F 转换器

AD650 是美国 Analog Devices 公司推出的高精度电压频率转换器，它由积分器、比较器、精密电流源、单稳多谐振荡器和输出晶体管组成。该电路在±15V 电源电压下，功耗电流小于 15mA，满刻度为 1MHz 时其非线性度小于 0.07%。采用电压频率转换器以频率形式可以远距离传输模拟信号而又不损失精度。通过光电隔离器和无线电技术在远距离传输线路上传输频率信号使其不受干扰是较为容易的。AD650 电路既能用做电压频率转换器，又可用做频率电压转换器，因此广泛应用于通信、仪器仪表、雷达、远距离传输等领域。

（1）AD650 的特点。

① 满刻度频率高（达 1MHz）。

② 很低的非线性度（在 10kHz 满刻度时非线性度小于 0.002%，在 100kHz 满刻度时非

线性度小于 0.005%，在 1MHz 满刻度时非线性度小于 0.07%）。

③ 既能用做电压频率转换器，又可用做频率电压转换器，输出电压范围为 0～10V。

④ 温度范围宽（−40～85℃）。

⑤ 既能用做电压频率转换器，又可用做频率电压转换器。

（2）引脚排列及功能。AD650 电路的 DIP-14 封装引脚排列如图 6-27 所示，其功能和符号见表 6-5。

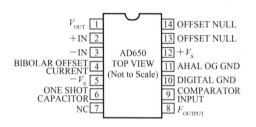

图 6-27　AD650 的 DIP-14 封装引脚排列

表 6-5　AD650 引脚功能和符号

引　脚	引脚符号	功　　能
1	V_{OUT}	电压输出
2	+IN	同相输入
3	−IN	反相输入
4	BIBOLAR OFFSET CURRENT	片内电流源输出，通过外接电阻可以消除内部运放的失调电压
5	$-V_S$	负电源
6	ONE SHOT CAPACITOR	单稳电路的定时电容
7	NC	空
8	F_{OUTPUT}	频率输出
9	COMPARATOR INPUT	比较器输入；当输入低于−0.6V 时单稳电路被触发
10	DIGITAL GND	数字地
11	AHAL OG GND	模拟地
12	$+V_S$	正电源
13，14	OFFSET NULL	失调调整

（3）电路原理。AD650 电压频率转换器工作原理如图 6-28 所示，它由有源积分器、比较器、精密电流源、单稳多谐振荡器和输出晶体管构成。输入信号电流可直接由电源提供，也可由电阻 R_{IN} 端输入电压产生。由 1mA 内部电流源开关控制，以精确脉冲提供的内部反馈电流使这种电流源精确平衡。这种电流脉冲可看成由精密的电荷群构成。输出三极管每产生一个脉冲所需要的电荷群数量依赖于输入电流信号的幅度。由于每单位时间传递到求和点的电荷数量对输入信号电流幅度呈线性函数关系，因此可实现电压-频率转换。其输出频率 F_{OUT} 正比于 V_{IN}，并与电路中的阻容值有关。由于电荷平衡式结构对输入信号做连续积分，所以具有优良的抗噪声性能。

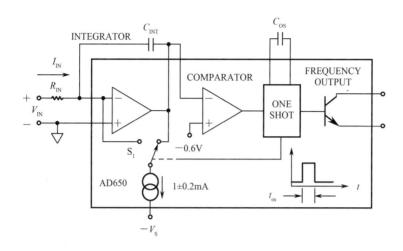

图 6-28 AD650 内部电路原理图

(4)典型应用电路。AD650 可用于高分辨率数模转换器、长期高精度积分器、双线高抗噪声数字传输和数字电压表,并可广泛用于航空、航天、雷达、通信、导航、远距离字传输等领域。AD650 的输入电压可以是正电压输入、负电压输入或正负电压输入。–5~+5V 正负电压输入的电压频率转换器应用电路如图 6-29 所示。AD650 用做频率电压转换器的应用电路如图 6-30 所示。

AD650 的输出频率 F_{OUT} 与输入电压 V_{IN} 的关系可用下式来描述。

$$F_{OUT} \approx V_{IN}/7.5 C_{OS} \times R_{IN}$$

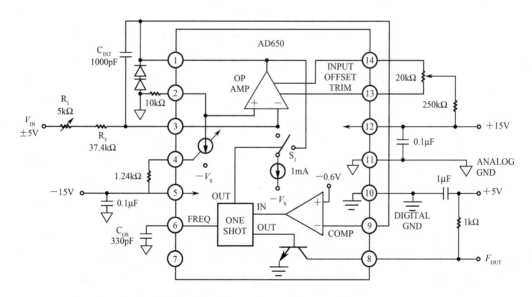

图 6-29 AD650 电压频率转换应用电路(±5V 电压输入,0~100kHz 输出)

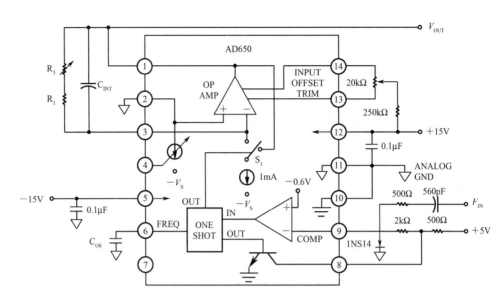

图 6-30 AD650 频率电压转换应用电路

6.3 采样保持器 AD781

AD781 是一种集成的快速采样保持放大器。AD781 能在 700ns 时间内跟踪输入信号并达到满量程,其保持误差仅为 $0.01\mu V/\mu s$,并具有很好的线性和优良的直流性能、动态性能。因此,AD781 也非常适合 12bit 和 14bit 高速采样保持放大器。AD781 低功耗小型 DIP8 封装如图 6-31 所示。

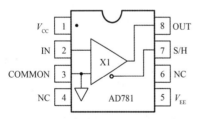

图 6-31 AD781 的引脚与封装图(DIP8)

其主要特点如下:

(1)快速采样时间为 700ns,低孔径 75ps,在全量程范围内具有很低的保持误差。

(2)下降速度为 $0.01\mu V/\mu s$,具有内部补偿电路,保持误差很小。

(3)功耗低(典型 95mW),功能齐备,体积小。

(4)不需要外接元器件与外部调整。

(5)适用于任何快速模数转换器的前端电路。

(6)保持电路误差恒定,与输入无关。

AD781 是一种完整的采样保持放大器,它内含保持电容,不要外接元器件与外部调整。能在 700ns 内完成高速采样并得到 12bit 精度。其输入/输出信号均是以 COMMON 端为基准端的单端信号。AD781 采用包括自校正结构的专利电路设计,在接受保持指令后通过补偿采样误差和偏移误差来使其自动校正内部误差。AD781 并不提供放大功能,但在保持状态下,可准确保持其输入值。

6.3.1 动态性能

6.3.1.1 建立精度与采样时间

AD781 采样保持放大器在精度和速度方面十分适用于 12bit ADC。它具有快速的采样和保持建立时间，并有良好的驱动能力，因此 AD781 适用于快速、高精度的数据采集应用。它的快速采样性能在多通道的采集系统中可以提供高通过率。AD781 能在 600ns 内完成对 10V 的阶跃采样。图 6-32 所示为建立精度与采样时间的关系曲线。

接到保持指令后，保持建立时间会确定采样时间，它与输出要求的精度相对应。AD781 的建立时间极短，因此在多数情况下，可以用一个启动信号同时启动 AD781 采样和 ADC，简化设计。

6.3.1.2 保持模式的输出

保持模式的电压偏移主要决定了 AD781 的 DC 精度，它是最终输出电压与给出保持指令时的输入电压之差。保持模式电压偏移是由内部模拟开关对保持电容所引起的。规定在零输入条件下的偏移为名义保持偏移。当输入信号在 $-5\sim+5V$ 范围内时，采样误差与保持值是非线性的，如图 6-33 所示。

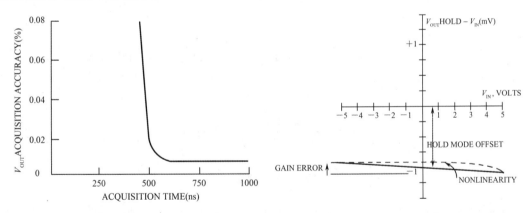

图 6-32 建立精度与采样时间的关系曲线　　图 6-33 保持模式下的电压偏移、增益误差和非线性度

有些应用要求零点偏移为零，这时只要一个可调偏移的放大器能使 ADC 的实际输入无偏移即可。在指定的温度范围内，偏移电压变化小于 0.5V。

6.3.2 AD781 与 AD674 的接口电路

图 6-34 是利用高线性、低孔径波动的 AD781 和 12bit 高速 ADC AD674 组成的数据采样与转换电路。图中的 AD674 的状态信号 STATUS 经反相后可直接作为 AD781 的采样命令。

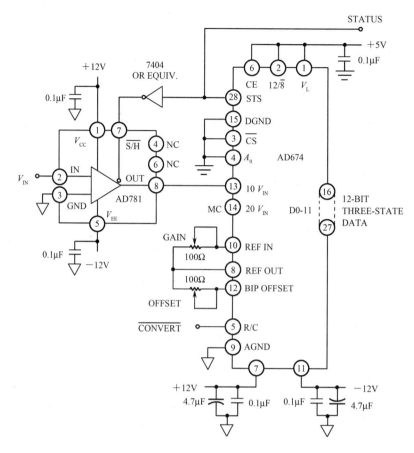

图 6-34 AD781 与 12bit 高速 ADC AD674 构成的数据采样与转换电路

6.4 并行数字 I/O 接口

6.4.1 MCU 和 DSP 的并行数字 I/O 接口

并行数字 I/O 接口是 MCU 最常见的 I/O 接口,有时也称为 GPIO 口。组成 GPIO 口的每根口线可以通过软件编程初始化为输入或输出。输入 I/O 接口的输入阻抗很高,而输出 I/O 接口最常见的形式有以下三种。

(1) 无输出使能控制的推挽输出接口:可以输出高或低电平。

(2) 带输出使能控制推挽输出接口:当输出使能控制允许时可以输出高或低电平,否则输出高阻态。

(3) OC(或 OD)门输出:只能输出低电平或高阻态。

OC(或 OD)门输出接口在输出高阻抗时可以等效为图 6-35 中虚线内部电路,由于其内部没有上拉到正电源的 MOS 管或上拉电阻,门电路本身只能输出低电平和高阻抗。当需要输出高电平时,必须在外部加上拉到正电源的上拉电阻,否则 OC 门对外呈现高阻抗。

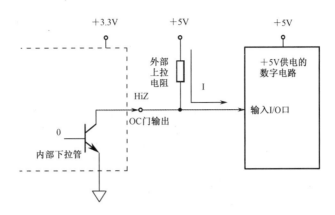

图 6-35 OC 门输出高电平时必须外部加上拉电阻

图 6-35 中的 OC 门有两种用途：一是当负载在输入高电平时可吸收较大电流，OC 门利用外部上拉电阻向负载提供较大的电流；二是与不同电源电压的数字电路连接时，将外部电阻上拉到所需的电平，实现不同高电平数字电路的互连。

6.4.2 +5V 和+3.3V 数字 I/O 接口的互连

由于 5V 和 3.3V 电源供电的数字电路经常共存，它们共用相同的数字地，所以低电平时两种电源供电的低电平信号是一样的，但 5V 电源电路用（5V–V_{ces}）表示高电平，而 3.3V 电源电路用（3.3V–V_{ces}）表示高电平，这就需要分下列两种情形来分析。

（1）+3.3V 电平送+5V 数字系统。+3.3V 数字电路输出的高电平已经高于+5V 数字电路的高电平阈值，所以这种情况可以直接相连。

（2）+5V 电平送+3.3V 数字系统。+5V 数字电路输出的高电平已经超过+3.3V 供电的数字电路的电源电压，可能损坏+3.3V 系统的输入电路。此时，须在两种数字系统中增加电平转换芯片，如 74LS245。74LS245 是一个带 DIR 方向控制和 G 使能端的 8 路总线驱动器，其真值表见表 6-6，单通道结构原理图如图 6-36 所示。

表 6-6 74LS245 的真值表

INPUTS		OPERATION
$\overline{OE}$	DIR	
L	L	B data to A bus
L	H	A data to B bus
H	X	Isolation

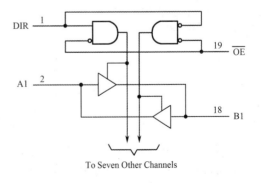

图 6-36 74LS245 的单通道结构原理图

从图 6-36 可以看出，每路通道都有两个反向并联的三态门，这两个三态门中总是只有一个处于 ON 状态；74LS245 使用+3.3V 供电，可以输入+3.3V 和+5V 的 TTL 电平，输出+3.3V 的 TTL 电平。

6.5 数字电表

6.5.1 数字电表的基本功能

数字电表是数字测量技术和计算机通信技术在电能计量中的结晶,正在建设中的智能电网将要使用大量的智能化数字电表。与传统的感应式电度表不同的是,智能电网中的智能数字电表应具备下述基本功能:

(1) 分时电能计量。智能电网中,用户用电的价格不是固定的,而是根据电网负荷的高低浮动的,即负荷高的时段电价高,而负荷低的时段电价便宜。这就要求电表具有分时电能计量的功能。

(2) 双向电能计量。截至 2016 年 9 月,我国新能源发电量的比重已提升至 8.8%,未来将有更多的绿色能源接入,如风力发电和光伏发电,与传统的火力发电相比,这类发电的基本特点就是单体容量小、分布面广、波动性大。例如,某户家庭装备了 10kW 的光伏并网发电装置,当日照充足时不仅能满足家庭日常的用电,还可以向电网输送部分电能,这时,电表需要计量用户向电网输送的电能。但当阴雨天时,该用户只能从电网获得所需的电能,电表需要计量电网流向用户的电能。

(3) 远程抄表。智能电表具有数据通信接口,远程的抄表系统通过数据通信接口可以方便读取电表中的用电数据。2012 年 12 月,IEC 发布了《电表数据交换》(IEC/TS 62056-1-0) 定义了智能抄表标准化框架。目前,我国在智能电网的基础设施的建设方面取得了重要的进展,已经完成了数条特高压输电线路的建设,数字化变电站也正在逐步推广,分布式发电装置的也已在全国大范围并网,这些都为我国坚强智能电网的建设打下了坚实的基础。可以预见,未来的智能电网和其中的智能电表将被赋予更多的非常有用的功能(如防盗电及测量精度自检测功能等),为实现电能高效的发挥更大的作用。

6.5.2 数字化电能计量基础

数字电表的核心是数字化功率的测量。图 6-37 所示为单相数字化有功功率测量的基本原理,三相系统的有功功率的测量需要三套类似的电路。

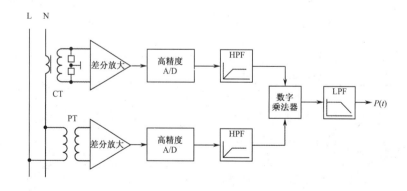

图 6-37 单相数字化有功功率测量的基本原理

图 6-37 中，电流和电压分别由电流互感器 CT 和电压互感器 PT 测量，二次侧的输出送差分放大器去除共模信号后放大以满足 A/D 量程。为了防止 CT 二次侧感应的高电压威胁人身安全，二次侧不能开路。图 6-37 中在 CT 的输出串联两个一样阻值的电阻，并在中心点接地。为了满足电能的精确计量，必须使用高精度的 A/D 转换器。A/D 转换器的输出中的直流分量必须通过高通滤波器滤除。数字乘法器将瞬时电压和瞬时电流相乘后得到瞬时功率 $S(t)$。下面用时域中模拟电压和电流的乘积来定性解释离散数字域中瞬时功率 $S(t)$ 的构成。

设瞬时电压 $u(t)$ 和瞬时电流 $i(t)$ 分别为

$$u(t) = \sqrt{2}U\sin(\omega t + \theta)$$
$$i(t) = \sqrt{2}I\sin\omega t$$

则瞬时功率为

$$S(t) = u(t)i(t) = U_m I_m \sin(\omega t + \theta)\sin\omega t = UI\cos\theta - UI\cos(2\omega t + \theta)] = P + Q(t)$$

瞬时电能 $S(t)$ 中包含的直流成分 $UI\cos\theta$ 就是有功功率 P，交流成分 $UI\cos(2\omega t+\theta)$ 就是瞬时无功功率 $Q(t)$，并且 $Q(t)$ 为两倍基波的交流量，经低通滤波器 LPF 滤除 $Q(t)$ 后，得到有功功率 P。

6.5.3 集成三相多功能数字电能计量芯片 ADE7878

实际的电能计量中需要考虑各种因数，如负载电压和电流中除 50Hz 基波外还包含高次谐波，测量系统中各环节存在相位误差、三相供电线路故障等，这些因素会使精确的电能计量系统比图 6-37 中介绍的要复杂得多。ADI 公司综合了其在模拟信号处理、高精度Σ-Δ模数转化器、数字信号处理等方面的技术，推出了专门的高性能三相数字电能计量芯片 ADE78xx 系列，大大简化了三相智能电表的设计开发。ADE78xx 内部的数字信号处理模块包含许多内部数据寄存器，用来存放测量和运算的结果，这些数据可以通过片上的数据通信接口（SPI、I^2C 和 HSDC）传给外部的 MCU 用来计量一段时间的用电量。

ADE78xx 系列电能计量芯片包括 ADE7854、ADE7858、ADE7868、ADE7878 四款产品。它们的主要特点见表 6-7。

表 6-7 ADE78xx 系列电能计量芯片的功能对比

名 称	ADE7854	ADE7858	ADE7868	ADE7878
ADC 精度	24bit Σ-Δ	24bit Σ-Δ	24bit Σ-Δ	24bit Σ-Δ
三相接线方式	三相三线/四线	三相三线/四线	三相三线/四线	三相三线/四线
测量总有功功率	是	是	是	是
测量总无功功率	否	是	是	是
测量基波有功/无功功率	否	否	否	是
波形数据寄存器	可读	可读	可读	可读
电流传感器	CT 或 Rogowski 线圈	CT 或 Rogowski 线圈	CT 或 Rogowski 线圈	CT 或 Rogowski 线圈
测量中线电流	否	否	否	是
校正功能	RMS，相位，增益	RMS，相位，增益	RMS，相位，增益	RMS，相位，增益
通信接口	SPI，I^2C，HSDC	SPI，I^2C，HSDC	SPI，I^2C，HSDC	SPI，I^2C，HSDC
Tamper 检测	无	无	有	有

从表 6-7 的对比可以看出，ADE7878 是该系列中功能最强的。

ADE7878 除了常规的总有功功率测量，还可以测量总无功功率，也能计量基波有功和无功功率，并能在三相四线制系统处于 Tamper 方式下采用电池供电保持电能计量。Tamper 方式是指三相四线制中的中线断线，相电压无法检测，但线电流仍然处于正常范围内的一种工作方式。此时，由于没有输入电压数据，计算电能时，ADE7868/7878 用系统额定电压计算电能。需要指出的是，ADE7878 完成的是瞬时功率（有功和无功）的测量，而电能计量指的是长期的用电量的计量，而智能电表还要具备分时计量的功能，这样还需要一片 MCU 来统计不同时段的电量数据。

ADE78xx 采用 40 脚 LFCSP_WQ 封装，其主要引脚定义见表 6-8，图 6-38 是它们的典型应用接线图。

表 6-8 ADE78xx 主要引脚及功能描述

引脚号	引脚名称	描述
3，2	PM1：PM0	设置 ADE78xx 的工作方式为下列四种工作方式之一： PSM0-Normal Power Mode，PSM1-Reduced Power mode， PSM2-Low Power mode，PSM3-Sleep Mode 其中 PSM1 和 PSM2 只使用于 ADE7868、ADE7878
4	$\overline{\text{RESET}}$	外部复位输入，低有效，低电平持续时间大于 10μs
26	VDD	+3.3V 电源输入，内部连接到数字电路和模拟电路的 LDO 的输入
5	DVDD	内部数字电路+2.5V LDO 的输入端，只接退耦电容
6	DGND	数字电路公共端
24	AVDD	内部模拟电路的电源输入，接+3.3V 电源
25	AGND	模拟电路公共端
7，8	IAP，IAN	A 相电流差分输入至内部的可调增益放大器，输入范围为±0.5V
9，12	IBP，IBN	B 相电流差分输入至内部的可调增益放大器，输入范围为±0.5V
13，14	ICP，ICN	C 相电流差分输入至内部的可调增益放大器，输入范围为±0.5V
18	VN	三相电压输入的公共端
23，22，19	VAP，VBP，VCP	三相电压输入（相对于 VN 的单端信号），输入范围为±0.5V
17	REF$_{\text{IN/OUT}}$	内部 1.2V 的参考电压输出；与 AGND 间并联 4.7μF 电解电容和 100nF 瓷片电容
29 32	$\overline{\text{IRQ0}}$ $\overline{\text{IRQ1}}$	低电平有效，中断请求输出。一般连接 MCU 或 DSP 的外部中断请求输入
27	CLKIN	外部时钟输入，或在 CLKIN 和 CLKOUT 间并联一个 16.384M 晶振，利用内部的振荡电路产生所需时钟
28	CLKOUT	时钟输出，或在 CLKIN 和 CLKOUT 间并联一个 16.384M 晶振，利用内部的振荡电路产生所需时钟
33，34 35	CF1,CF2, CF3/HSCLK	逻辑输出，不同的逻辑组合反映了当前计量的电能信息（总的有功或无功、基波的有功或无功、传输容量、相电流有效值总和），CF3 与 HSCLK 复用 Pin35
36	SCLK/SCL	SPI 接口的时钟输入或 I²C 接口的时钟输入
37	MISO/HSD	SPI 接口的数据发送端或 HSDC 接口的数据发送端
38	MOSI/SDA	SPI 接口的数据输入口或 I²C 接口的数据输入口
39	$\overline{\text{SS}}$/HSA	采用 SPI 或 HSDC 接口方式时从片选择端

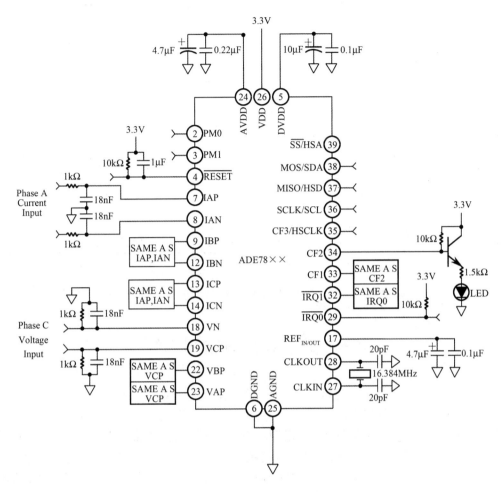

图 6-38 ADE78xx 系列的典型应用接线图

从图 6-38 可以看出,ADE78xx 的外部接线非常简单。电流输入通道中的一阶 RC 无源滤波环节是 A/D 转换的抗混叠滤波器,由于 ADE78xx 对输入电流信号以 1024kHz 过采样频率进行采样,而实际需要测量的电流的频率范围主要考虑基波和 2kHz 以内的高次谐波,所以抗混叠滤波器的转折频率设在 2kHz×10 倍时可以保证 2kHz 及以上频率的输入信号能至少衰减 20dB。

根据图 6-38 中的参数(R=1kΩ,C=18nF),一阶 RC 滤波的转折频率应为

$$f_c = \frac{1}{RC} = \frac{1}{10^3 \times 18 \times 10^{-9}} = 55.6\text{kHz}$$

这个转折频率是符合高于 20kHz 的要求的。

由于 ADE78xx 提供 SPI、I^2C 和 HSDC 三种数据通信接口,可以与单片机方便地构成一个完整的智能电表。图 6-39 是一个智能电表的参考设计方案。

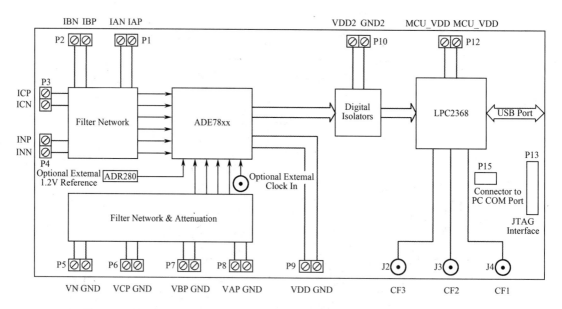

图 6-39 用 ADE78xx 和单片机 LPC2368 构成的三相智能电能表参考设计方案

6.6 数字化测量常用算法

随着数字信号处理技术和微机技术的迅速发展，电力系统中采用数字化的测量系统，如数字化测控装置、微型计算机保护等，已发展成为主流。用来计算正弦交流参数的各种快速精确的算法不时被提出并广泛应用，从最简单的基于正弦函数的导数及半周积分到傅里叶变换和复杂的小波变换。测量算法的选择不仅与装置要实现的具体功能相关，而且与采样的方式密不可分，曾出现了多种采样方法，较常见的有直流采样法、压频变换法及交流采样法。对于前两种采样方式，只需要经过简单的比例变换或脉冲计算就可以得到所需要的量。因此，本节对算法的介绍主要集中在对交流采样的分析上，着眼于一些最常用的算法。

交流采样法是指对经过装置内部小 TA、小 TV 转换后形成的交流电压信号进行采样、保持和 A/D 转换，然后在软件中通过各种算法计算出所需要的电气量。

6.6.1 有效值的计算与数字积分

假设电压、电流 $u(t)$ 和 $i(t)$ 为理想的正弦波，可表示为

$$u(t) = \sqrt{2}U \sin(\omega t + \alpha_U) \tag{6-4a}$$

$$i(t) = \sqrt{2}I \sin(\omega t + \alpha_I) \tag{6-4b}$$

式中　U、I——电压和电流有效值；

　　　ω——角频率；

　　　α_U、α_I——电压 $u(t)$ 和电流 $i(t)$ 初相角。

采用交流采样法采样时，设每个周波采样 N 点，n 为采样时刻，则可把式（6-4）离散化为

$$u_n = \sqrt{2}U\sin\left(n\frac{2\pi}{N} + \alpha_U\right) \tag{6-5a}$$

$$i_n = \sqrt{2}I\sin\left(n\frac{2\pi}{N} + \alpha_I\right) \tag{6-5b}$$

计算某一周期内的电压、电流信号有效值的公式如下

$$U = \sqrt{\frac{1}{T}\int_0^T u^2 \mathrm{d}t} \tag{6-6a}$$

$$I = \sqrt{\frac{1}{T}\int_0^T i^2 \mathrm{d}t} \tag{6-6b}$$

式中 u、i——t 时刻的电压、电流信号瞬时值;

T——该电压、电流信号的周期;

U——交流电压信号的有效值;

I——交流电流信号的有效值。

如果将上式离散化,以一个周期内有限个(N 个)采样电压、电流的数字量获得整个周期的采样序列,则有

$$U = \sqrt{\frac{1}{T}\sum_{n=0}^{N-1} u_n^2 \Delta T} \tag{6-7a}$$

$$I = \sqrt{\frac{1}{T}\sum_{n=0}^{N-1} i_n^2 \Delta T} \tag{6-7b}$$

式中 ΔT——相邻两次采样的时间间隔;

u_n、i_n——第 n 个时间间隔的电压、电流信号瞬时采样值;

N——一个周期内的采样点数。

若相邻两次采样的时间间隔都相等,则 ΔT 为常数,即 $N = \dfrac{T}{\Delta T}$,则有

$$U = \sqrt{\frac{1}{N}\sum_{n=0}^{N-1} u_n^2} \tag{6-8a}$$

$$I = \sqrt{\frac{1}{N}\sum_{n=0}^{N-1} i_n^2} \tag{6-8b}$$

式(6-8a)、式(6-8b)就是根据一个周期内采样瞬时值及每周期采样点数计算电压、电流信号有效值的公式。

上述算法需要一个周期的采样值,针对交流量正负对称的特点,下面再介绍一种常用的半周积分法。

利用正弦函数在任意半个周期内绝对值的积分是常数的特点,可以构成半周积分算法。以电流为例,该积分常数 S 为

$$S = \int_{t_1}^{t_1+T/2} \sqrt{2}I\left|\sin(\omega t + \alpha_I)\right| \mathrm{d}t = \int_0^{T/2} \sqrt{2}I\sin\omega t \mathrm{d}t = \frac{2\sqrt{2}I}{\omega} \tag{6-9}$$

式中 T——电流周期;

t_1——积分起始点。

上述积分可通过矩形或梯形积分法近似求出

$$S = \sum_{n=0}^{N/2-1} |i_n| \Delta T \text{ 或 } S = \left[\frac{1}{2}|i_0| + \sum_{n=0}^{N/2-1} |i_n| + |i_{N/2}|\right] \Delta T \tag{6-10}$$

式中　i_n——第 n 点采样值；
　　　N——每周波的采样点数。

由式（6-9）和式（6-10）可求出电流的有效值 I 为

$$I = S \frac{\omega}{2\sqrt{2}} \tag{6-11}$$

半周积分法数据窗的长度为半个周期，它的运算量小，把式中的常数归入定值后，半周算法只涉及加减法运算；另外它有一定的滤除高频分量的能力，因为叠加在基频成分上幅度不大的高频分量在半周积分中对称的正负半周互相抵消，剩余的未被抵消的部分所占的比重就减少了。半周积分法的主要缺点是无法抑制直流分量。

6.6.2　谐波分析和 DFT 变换

6.6.2.1　谐波的基本特性和检测方法

波形畸变是由电力系统中的非线性设备引起的，如电动机和变压器的铁芯发生饱和，不带 PFC 的整流电源等。由于流过非线性设备的电流和加在其上的电压不成比例关系，使得波形偏离正弦波形从而发生畸变。当畸变波形的每个周期都相同时，则该波形可用一系列频率为基波频率整数倍的理想正弦波形的和来表示。其中，将频率为基波频率整数倍的分量称为谐波，而这一系列正弦波形的和称为傅里叶级数。

畸变的周期性电压和电流分解成傅里叶级数可描述为

$$u(t) = \sum_{h=1}^{M} \sqrt{2} U_h \sin(h\omega_1 t + \alpha_h) \tag{6-12a}$$

$$i(t) = \sum_{h=1}^{M} \sqrt{2} I_h \sin(h\omega_1 t + \beta_h) \tag{6-12b}$$

式中　ω_1——工频（即基波）的角频率（rad/s）；
　　　h——谐波次数；
　　　M——所考虑的谐波的最高次数，由波形的畸变程度和分析的精度要求来决定，IEC 和国标谐波检测中 $M \leq 50$；
　　　U_h、I_h——第 h 次谐波电压和电流的均方根值（V、A）；
　　　α_h、β_h——第 h 次谐波电压和电流的初相角（rad）。

关于工程实际中出现的谐波问题的描述及其性质须明确下列几个问题：

（1）所谓谐波，其次数 h 必须为基波频率的整数倍。如我国电力系统的额定频率为 50Hz，则基波频率为 50Hz，2 次谐波频率为 100Hz。

（2）间谐波和次谐波。在一定的供电系统条件下，有些用电负荷会出现非工频频率整数倍的周期性电流的波动，为延续谐波概念而又不失一般性，根据该电流周期分解出的傅里叶级数得出的不是基波整数倍频率的分量，称为间谐波或分数谐波。频率低于工频的间谐波又称次谐波。

（3）谐波和暂态现象。在许多电能质量问题中常把暂态现象误认为是波形畸变。暂态过程的实测波形是一个带明显高频分量的畸变波形，但尽管暂态过程中含有高频分量，暂态和谐波却是两个完全不同的现象，它们的分析方法也是不同的。电力系统仅在受到突然扰动之后，其暂态波形呈现出高频特性，但这些高频分量并不是谐波，与系统的基波频率无关。谐波按其定义来说是在稳态情况下出现的，并且其频率是基波频率的整数倍。产生谐波的畸变波形是连续的，至少持续几秒，而暂态现象则通常在几个周期后就消失了。暂态通常伴随着系统的改变，如投切电容器组等，而谐波则与负荷的连续运行有关。但在某些情况下也存在两者难以区分的情形，如变压器投入时的情形，此时对应于暂态现象，但波形的畸变却持续数秒，并可能引起系统谐振。

（4）短时间谐波。对于短时间的冲击电流，如变压器投入时的情形，此时对应于暂态现象，但波形的畸变却会持续数秒，并可能引起系统谐振。

（5）陷波。换流装置在换相时，会导致电压波形出现陷波（或称换相缺口）。这种畸变虽然也是周期性的，但不属于基波范畴。

谐波的特性主要由电压和电流各次谐波含量、含有率及谐波总畸变率等参数来表征。谐波的含量仍可根据畸变周期性电压和电流信号的总均方值定义。以电流信号为例，其含量可表示为

$$I_h = \sqrt{\sum_{i=0}^{\infty} I_i^2} \tag{6-13}$$

式中　I_h——h 次谐波的均方根值。

非正弦周期信号的均方值等于其各次谐波分量均方值的平方和的平方根值，与各分量的初相角无关。虽然各次谐波分量的均方值与其峰值之间存在一定的比例关系，但是总电流的峰值与其均方值之间却不存在这样简单的比例关系，与其初相角有关。

某次谐波分量的大小，常以该次谐波的均方根值与基波均方根值的百分比表示，称为该次谐波的含有率。如 h 次谐波电流的含有率 HRI_h 为

$$\mathrm{HRI}_h = \frac{I_h}{I_1} \times 100\% \tag{6-14}$$

式中　I_1——基波均方根值。

因谐波引起的畸变波形偏离正弦波形的程度，以总谐波畸变率 THD 表示。它等于各次谐波均方根值的平方和的平方根值与基波均方根值的百分比。如电流总谐波畸变率 THD_I 为

$$\mathrm{THD}_I = \frac{\sqrt{\sum_{h=2}^{M} I_h^2}}{I_1} \times 100\% \tag{6-15}$$

6.6.2.2　基于快速傅里叶变换的谐波分析

谐波的分析方法主要有时域分析法和频域分析法两种。在针对畸变波形电能计量的分析中，主要采用频域分析法。频域分析是指利用傅里叶变换将周期性的非正弦波形分解为基波和各次谐波的方法，它是计算周期性畸变波形基波和谐波的幅值及相位的基本方法。

非正弦周期的电压、电流，可用时间 t 的周期函数表示：
$$f(t)=f(t+kT) \quad k=0,1,2,3,\cdots \tag{6-16}$$
式中 T——周期函数的周期。

1. 离散傅里叶变换（DFT）

电力系统中的畸变波形都能够满足狄里赫利条件，从而可以分解为傅里叶级数。用傅里叶级数的方法将周期函数分解为基波和高次谐波之和的三角级数，其一般形式为
$$f(t)=a_0+\sum_{h=1}^{\infty}A_h\sin(h\omega t+\phi_h)=a_0+\sum_{h=1}^{\infty}[a_h\cos(h\omega t)+b_h\sin(h\omega t)] \tag{6-17}$$
式中 a_0——直流分量；

A_h、ϕ_h——h 次谐波的幅值和初相角；

a_h、b_h——h 次谐波的余弦项系数和正弦项系数。

各次谐波的频率已知，利用三角函数的正交性，就可以由式（6-17）得到 a_0、a_h、b_h 的算式为
$$a_0=\frac{1}{T}\int_0^T f(t)\mathrm{d}t=\frac{1}{2\pi}\int_0^{2\pi} f(\omega t)\mathrm{d}(\omega t) \tag{6-18a}$$
$$a_h=\frac{2}{T}\int_0^T f(t)\cos(h\omega t)\mathrm{d}t=\frac{1}{\pi}\int_0^{2\pi} f(\omega t)\cos(h\omega t)\mathrm{d}(\omega t) \tag{6-18b}$$
$$b_h=\frac{2}{T}\int_0^T f(t)\sin(h\omega t)\mathrm{d}t=\frac{1}{\pi}\int_0^{2\pi} f(\omega t)\sin(h\omega t)\mathrm{d}(\omega t) \tag{6-18c}$$

由欧拉公式可得
$$f(t)=a_0+\sum_{h=1}^{\infty}\left(\frac{a_h-\mathrm{j}b_h}{2}\mathrm{e}^{\mathrm{j}h\omega t}+\frac{a_h+\mathrm{j}b_h}{2}\mathrm{e}^{-\mathrm{j}h\omega t}\right) \tag{6-19}$$

则有
$$f(t)=a_0+\sum_{h=1}^{\infty}\frac{a_h-\mathrm{j}b_h}{2}\mathrm{e}^{\mathrm{j}h\omega t}+\sum_{h=1}^{\infty}\frac{a_{-h}-\mathrm{j}b_{-h}}{2}\mathrm{e}^{-\mathrm{j}h\omega t}=\sum_{h=-\infty}^{\infty}\frac{a_h-\mathrm{j}b_h}{2}\mathrm{e}^{\mathrm{j}h\omega t}$$
$$=\sum_{h=-\infty}^{\infty}\dot{F}_h\mathrm{e}^{\mathrm{j}h\omega t} \tag{6-20}$$
$$\dot{F}_h=\frac{1}{2}(a_h-\mathrm{j}b_h)=\frac{1}{2}\sqrt{a_h^2+b_h^2}\mathrm{e}^{\mathrm{j}\theta_h}=\frac{1}{2}A_h\mathrm{e}^{\mathrm{j}(\phi_h-90°)} \tag{6-21}$$

复数 $\dot{F}_h$ 可由周期函数 $f(t)$ 通过傅里叶积分变化的形式求得。
$$\dot{F}_h=\frac{1}{2}\left[\frac{2}{T}\int_0^T f(t)\cos(h\omega t)\mathrm{d}t-\mathrm{j}\frac{2}{T}\int_0^T f(t)\sin(h\omega t)\mathrm{d}t\right]$$
$$=\frac{1}{T}\int_0^T f(t)\mathrm{e}^{-\mathrm{j}h\omega t}\mathrm{d}t \tag{6-22}$$

在实际情况下，电力系统中的畸变波形很难直接用函数解析式表达，因此无法直接利用傅里叶级数进行计算。

对畸变波形进行谐波分析常用的一种方法是：将连续时间信号 $f(t)$ 的一个周期 T 进行 N 等分，每隔 $\frac{T}{N}$ 进行一次采样，得到离散信号，经过 A/D 转换便得到使用有限字长表示的

离散时间信号 $f\left(k\dfrac{T}{N}\right)$，再把这些数据送给计算机进行处理，将信号中所含的各次谐波的幅值和相位计算出来。通常将 $f\left(k\dfrac{T}{N}\right)$ 简写成 f_k，将离散时间点 $k\dfrac{T}{N}$ 用 k 来表示。

$$\{f_k\} = f_0, f_1, f_2, \cdots, f_{N-1} \tag{6-23}$$

对于有限长的离散时间序列，可以构造一个周期性离散时间序列，使其在每个周期内的离散时间序列都和有限长的离散时间序列相同。这种周期性时间序列的傅里叶级数的指数形式，可以由周期性连续时间函数的傅里叶级数的直属形式通过类比推导出来。将式（6-22）数字化，便可得到由时间序列 $\{f_k\}$ 计算频谱序列 $\{\dot{F}_h\}$ 的离散傅里叶变换式（DFT）

$$\dot{F}_h \approx \dfrac{1}{N}\sum_{k=0}^{N-1} f_k \mathrm{e}^{-\mathrm{j}\frac{2\pi}{N}kh} \qquad h = 0,1,2,\cdots,N-1 \tag{6-24}$$

式中　　f_k——等时间间隔的离散函数；

$\dot{F}_h$——等频率间隔的离散函数，其间隔频率即原有周期函数的频率，两者构成了一组 N 元线性联立方程组。

据此，通过采样值序列 $\{f_k\} = f_0, f_1, f_2, \cdots, f_{N-1}$，可以求得 h 次谐波的有效值

$$F_h = \sqrt{\dfrac{a_h^2 + b_h^2}{2}} \tag{6-25}$$

$$a_h = \dfrac{1}{N}\left[2\sum_{i=1}^{N-1} f_k \sin\dfrac{2kh\pi}{N}\right]$$

$$b_h = \dfrac{1}{N}\left[f(0) + 2\sum_{i=1}^{N-1} f_k \cos\dfrac{2kh\pi}{N} + f(N)\right]$$

该算法在数字化采样的交流电气量谐波分析计算中常采用，因为它可以单独计算各次谐波分量。在采样频率的选取上，应注意采样频率必须大于所要分析计算的最高次谐波频率的两倍。

2. 快速傅里叶变换（FFT）

有限长序列可以通过离散傅里叶变换（DFT）将其频域也离散化成有限长序列。例如，对于 N 点序列 $x(n)$，其 DFT 变换定义为

$$X(k) = \sum_{n=0}^{N-1} x(n) W_N^{nk} \qquad k = 0,1,\cdots,N-1 \tag{6-26}$$

$$W_N = \mathrm{e}^{-\mathrm{j}\frac{2\pi}{N}}$$

通常 $x(n)$、$X(k)$ 和 W_N^{nk} 都是复数，因此，每计算一个 $X(k)$ 的值都必须要进行 N 次复数乘法和 $N-1$ 次复数加法。而 $X(k)$ 共 N 个值（$0 \leqslant k \leqslant N-1$），所以要完成全部 DFT 的运算要进行 N^2 次复数乘法和 $N(N-1)$ 次复数加法。其计算量太大，很难实时处理问题，因此引出了快速傅里叶变换（FFT）。

快速傅里叶变换（FFT）是计算离散傅里叶变换（DFT）的快速算法，将 DFT 的运算量减少了几个数量级。FFT 的基本思想是将大点数的 DFT 分解为若干个小点数 DFT 的组合，从而减少运算量。

W_N 因子具有周期性和对称性，可使 DFT 运算量尽量分解为小点数的 DFT 运算。

周期性

$$W_N^{(k+N)n} = W_N^{nk} = W_N^{(n+N)k} \tag{6-27}$$

对称性

$$W_N^{(k+N/2)} = -W_N^k \tag{6-28}$$

利用这两个性质，可以使 DFT 运算中有些项合并，以减少乘法次数。例如，求当 $N=4$ 时，$X(2)$ 的值为

$$\begin{aligned} X(2) &= \sum_{n=0}^{3} x(n) W_4^{2n} = x(0)W_4^0 + x(1)W_4^2 + x(2)W_4^4 + x(3)W_4^6 \\ &= [x(0)+x(2)]W_4^0 + [x(1)+x(3)]W_4^2 \quad (\text{周期性}) \\ &= \{[x(0)+x(2)]-[x(1)+x(3)]\}W_4^0 \quad (\text{对称性}) \end{aligned} \tag{6-29}$$

通过合并，可以使乘法的次数由 4 次减少到 1 次，运算量减少。

FFT 的算法形式有很多种，但基本上可以分为两大类：按时间抽取（DIT）和按频率抽取（DIF）。下面主要介绍按时间抽取的快速傅里叶变换。

6.6.2.3 按时间抽取的快速傅里叶变换（DIT）

为了将大点数的 DFT 分解为小点数的 DFT 运算，要求序列的长度 N 为复合数，最常用的是 $N=2^M$ 的情况（M 为正整数）。该情况下的变换称为基 2 FFT。下面讨论基 2 情况的算法。

先将序列 $x(n)$ 按奇偶项分解为两组

$$\begin{cases} x(2r) = x_1(r) \\ x(2r+1) = x_2(r) \end{cases} \quad r = 0,1,2,\cdots,\frac{N}{2}-1 \tag{6-30}$$

将 DFT 运算也相应分为两组

$$\begin{aligned} X(k) &= \text{DFT}[x(n)] = \sum_{n=0}^{N-1} x(n) W_N^{kn} \\ &= \sum_{\substack{n=0 \\ n\text{为偶数}}}^{N-1} x(n) W_N^{kn} + \sum_{\substack{n=0 \\ n\text{为奇数}}}^{N-1} x(n) W_N^{kn} \\ &= \sum_{r=0}^{N/2-1} x(2r) W_N^{2rk} + \sum_{r=0}^{N/2-1} x(2r+1) W_N^{(2r+1)k} \\ &= \sum_{r=0}^{N/2-1} x_1(r) W_N^{2rk} + W_N^k \sum_{r=0}^{N/2-1} x_2(r) W_N^{2rk} \\ &= \sum_{r=0}^{N/2-1} x_1(r) W_{N/2}^{rk} + W_N^k \sum_{r=0}^{N/2-1} x_2(r) W_{N/2}^{rk} \quad (\text{因为 } W_N^{2rk} = W_{N/2}^{rk}) \\ &= X_1(k) + W_N^k X_2(k) \end{aligned} \tag{6-31}$$

其中，$X_1(k)$、$X_2(k)$ 分别是 $x_1(n)$、$x_2(n)$ 的 $N/2$ 点的 DFT。

$$X_1(k) = \sum_{r=0}^{N/2-1} x_1(r) W_{N/2}^{rk} = \sum_{r=0}^{N/2-1} x(2r) W_{N/2}^{rk} \quad k=0,1,2,\cdots,\frac{N}{2}-1 \tag{6-32}$$

$$X_2(k) = \sum_{r=0}^{N/2-1} x_2(r) W_{N/2}^{rk} = \sum_{r=0}^{N/2-1} x(2r+1) W_{N/2}^{rk} \quad k = 0,1,2,\cdots,\frac{N}{2}-1 \tag{6-33}$$

至此，一个 N 点 DFT 就被分解为两个 $N/2$ 点的 DFT。

$X_1(k)$ 和 $X_2(k)$ 分别各只有 $N/2$ 个点（$k = 0,1,2,\cdots,\frac{N}{2}-1$），则由式（6-31）只能求出 $X(k)$ 的前 $N/2$ 个点的 DFT。若要求出全部 N 点的 $X(k)$，需要找出 $X_1(k)$、$X_2(k)$ 和 $X(k+N/2)$ 的关系，其中 $k = 0,1,2,\cdots,\frac{N}{2}-1$。由式（6-31）可得

$$X(k+N/2) = X_1(k+N/2) + W_N^{k+N/2} X_2(k+N/2) \tag{6-34}$$

化简得

$$X(k+N/2) = X_1(k) - W_N^k X_2(k) \quad k = 0,1,2,\cdots,\frac{N}{2}-1 \tag{6-35}$$

这样 N 点 DFT 可全部由下式确定

$$\begin{cases} X(k) = X_1(k) + W_N^k X_2(k) \\ X(k+N/2) = X_1(k) - W_N^k X_2(k) \end{cases} \quad k = 0,1,2,\cdots,\frac{N}{2}-1 \tag{6-36}$$

式（6-36）可用一个专用的蝶形符号来表示，这个符号对应一次复乘和两次复加运算，如图 6-40 所示。

这样的分解以后，每一个 $N/2$ 点的 DFT 只需要做 $\left(\dfrac{N}{2}\right)^2 = \dfrac{N^2}{4}$ 次复数乘法，两个 $N/2$ 点的 DFT 需要做 $2\left(\dfrac{N}{2}\right)^2 = \dfrac{N^2}{2}$ 次复乘，再加上将两个 $N/2$ 点 DFT 合并成为 N 点 DFT 时有 $N/2$ 次与 W 因子相乘，一共需要 $\dfrac{N^2}{2} + \dfrac{N}{2} \approx \dfrac{N^2}{2}$ 次复乘。可见，通过这样的分解，运算量少了近一半。

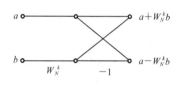

图 6-40 蝶形运算示意图

因为 $N = 2^M$，$N/2$ 仍然是偶数，因此可以对两个 $N/2$ 点的 DFT 再分别做进一步的分解，将两个 $N/2$ 点的 DFT 分解成两个 $N/4$ 点的 DFT。

例如，对 $x_1(r)$，可以再按其偶数部分及奇数部分进行分解

$$\begin{cases} x_1(2l) = x_3(l) \\ x_1(2l+1) = x_4(l) \end{cases} \quad l = 0,1,\cdots,\frac{N}{4}-1 \tag{6-37}$$

则运算可相应分为两组

$$\begin{aligned} X_1(k) &= \sum_{l=0}^{N/4-1} x_1(2l) W_{N/2}^{2lk} + \sum_{l=0}^{N/4-1} x_1(2l+1) W_{N/2}^{(2l+1)k} \\ &= \sum_{l=0}^{N/4-1} x_3(l) W_{N/4}^{lk} + W_{N/2}^k \sum_{l=0}^{N/4-1} x_4(l) W_{N/4}^{lk} \\ &= X_3(k) + W_{N/2}^k X_4(k) \quad k = 0,1,\cdots,\frac{N}{4}-1 \end{aligned} \tag{6-38}$$

将系数统一为以 N 为周期，即 $W_{N/2}^k = W_N^{2k}$，可得

$$\begin{cases} X_1(k) = X_3(k) + W_N^{2k} X_4(k) \\ X_1(k+N/4) = X_3(k) - W_N^{2k} X_4(k) \end{cases} \quad k = 0,1,\cdots,\frac{N}{4}-1 \quad (6\text{-}39)$$

同样，对 $X_2(k)$ 也可进行类似的分解。一直分解下去，最后是 2 点的 DFT，2 点 DFT 的运算也可用蝶形符号来表示。这样，对于一个 $N=2^3=8$ 的 DFT 运算，其按时间抽取的分解过程以及完整流程图如图 6-41 所示。

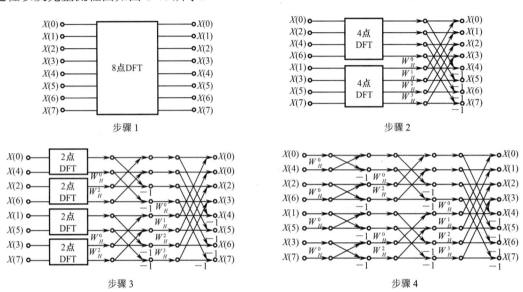

图 6-41　8 点 DFT 运算流程图

以上这种方法由于每一步分解都是按输入序列在时域上的次序是属于偶数还是奇数来抽取的，故称为"时间抽取法"。

分析上面的流图，$N=2^M$，一共要进行 M 次分解，构成了从 $x(n)$ 到 $x(k)$ 的 M 级运算过程。每一级运算都是由 $N/2$ 个蝶形运算构成，因此每一级运算都需要做 $N/2$ 次复乘和 N 次复加，则按时间抽取 M 级运算后总共需要的次数如下：

复数乘法次数

$$m_F = \frac{N}{2} \quad M = \frac{N}{2}\log_2 N$$

复数加法次数

$$a_F = N \quad M = N\log_2 N$$

根据 FFT 运算流程图，采用 FFT 运算在软件和硬件的开发工具有下面两个特点：

（1）原位运算。当待处理的数据输入存储单元以后，每一级运算的结果仍然存储在原来的存储单元中，直到最后输出，中间不需要其他存储单元。原位运算的结构可以节省存储单元，降低设备成本。

（2）变址。分析 FFT 运算流程图中的输入/输出序列的顺序，输出按顺序，输入是"码位倒置"的顺序，如表 6-9 和图 6-42 所示。实际运算中，直接将输入数据 $x(n)$ 按码位倒置的顺序排好输入很不方便，一般总是先按自然顺序输入存储单元，然后通过变址运算将自然顺序的存储换成码位倒置顺序的存储，这样就可以进行 FFT 的原位运算了。

表 6-9 码位倒置顺序表

自然顺序	二进制表示	码位倒置	码位倒置顺序
0	000	000	0
1	001	100	4
2	010	010	2
3	011	110	6
4	100	001	1
5	101	101	5
6	110	011	3
7	111	111	7

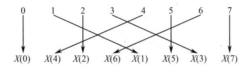

图 6-42 码位倒置示意图

6.6.2.4 离散傅里叶变换的泄漏效应及解决措施

由于在用 FFT 分析连续时间信号频谱的过程中，需要对连续时间信号及其频谱进行抽样和截断处理，因此也就带来了泄漏效应。

设单一频率信号为

$$x(t) = A\sin(2\pi f_0 t + \varphi_0) \tag{6-40}$$

式中 A、f_0、φ_0——信号的幅值、频率和初相位。

由傅里叶变换理论可知，若要对信号进行频谱分析，则该信号的持续时间应为无限长。信号的傅里叶变换为

$$X(f) = \int_{-\infty}^{\infty} x(t) e^{-j2\pi ft} dt = \frac{A}{2j} [e^{j\varphi_0} \delta(f - f_0) - e^{-j\varphi_0} \delta(f + f_0)] \tag{6-41}$$

按上式求得的信号 $x(t)$ 的频谱是频点 $\pm f_0$ 处的两根线谱。但在实际工程中只能选择一段时间信号进行分析，这就相当于用窗函数 $w(t)$ 对信号进行截断，即

$$x_w(t) = x(t)w(t) \tag{6-42}$$

由卷积定理可知，截断后的信号频谱为

$$X_w(f) = X(f) * W(f) = \frac{A}{2j} [e^{j\varphi_0} W(f - f_0) - e^{-j\varphi_0} W(f + f_0)] \tag{6-43}$$

式中 $W(f)$——窗函数 $w(t)$ 的频谱；

"*"——卷积。

由式（6-43）可知，截断后的信号频谱由原来的线谱变为以 $\pm f_0$ 为中心向两边扩展的连续谱。谱能量泄漏到整个频带，这种现象称为频谱泄漏（泄漏效应）。频谱泄漏会使得频域

曲线的频率分量增加,产生分析误差。

在频点±f_0的频谱形状$X_w(f)$与信号截断所加的窗函数$W(f)$的形状一致。所以,通过改变窗的长度和类型可以有效地抑制频谱泄漏。加窗的主导想法是用比较光滑的窗函数代替截取信号样本的矩形窗函数,也就是对截断的时序信号进行特定的不等加权,使被截断波形的两端变得平滑些,以此来压低谱窗的旁瓣。由于旁瓣的泄漏是最大的,因此旁瓣减小,泄漏也就相应地减小,能达到抑制频谱泄漏的目的。另外,增大采样(截断)长度、保证采样长度是信号周期的整数倍也可以对频谱泄漏起到抑制作用。

6.6.3 噪声抑制与数字滤波

6.6.3.1 噪声的抑制

在对电力系统电压、电流等电气量的测量过程中,通常会受到各种外界噪声干扰的影响,如电晕等各类脉冲的干扰、广播和通信系统的窄带周期性干扰等,如果不进行处理会严重影响测量的准确性。为了抑制这些噪声干扰对测量结果的影响,需要采用滤波器预先对信号进行处理,滤除无用的干扰信号。可供选择的方案一种是传统的模拟滤波器,另一种是数字滤波器。目前所研究和使用的数字化测量系统几乎毫无例外地采用了数字滤波器。

6.6.3.2 数字滤波器

数字滤波器可以理解为一个计算机程序或一种数学运算,将代表输入信号的数字时间序列转化为代表输出信号的数字时间序列,并在转换过程中,使信号按照预定的形式变化。数字滤波器有多种分类。按照算法实现方式不同可分为专用硬件组成的数字滤波器和软件组成的数字滤波器;按运算结构不同可分为递归型和非递归型数字滤波器;按单位脉冲响应不同可分为无限长单位脉冲响应滤波器(IIR)和有限长单位脉冲响应滤波器(FIR),其中又分为直接型、正准型、级联型、横截型及频率采样型等多种类型。另外,通常还按频率特性划分为低通滤波器、带通滤波器、高通滤波器和带阻滤波器四种基本类型。

数字滤波器与模拟滤波器相比较有如下优点:

(1)灵活性强,数字滤波器只是按数学公式编制的一段程序,实现起来比模拟滤波器要容易得多,只要改变程序即可改变滤波器特性。

(2)数字滤波器不像模拟滤波器那样存在元器件特性的差异,一旦设计完成,每台装置的特性可以做到完全一致,并且无须逐台调试。

(3)精度高,若采用16位数字系统,精度可达10^{-6}。

(4)可靠性较高,不受温度变化和元器件老化等因素的影响。

(5)不存在阻抗匹配问题。

(6)处理功能强,可处理低频的信号,而模拟滤波器考虑到体积和质量很难处理低频信号。

由于数字滤波器存在上述优点,因此电力系统常用的微型计算机保护和监控中,都只在采样前设置一个较简单的模拟低通滤波器,而在程序中选用合适的数字滤波方案。

1. 数字滤波器的频率特性

数字滤波器的作用是将含有多种频率成分的输入信号$x(t)$经过数学编程运算后,只输出

某种规定的信号 $y(t)$，而将其他不需要的频率信号去除。

为了在分析数字滤波器的滤波特性时更方便、更直观，通常将时域量 $x(t)$ 变换到频域或 Z 域中进行分析，即将 $x(t)$ 进行傅里叶变换或 Z 变换。原则上讲，信号所在域的变换可以是任意的，只要保证在变换时定义域和值域中的元素具有一一对应的关系即可。

设 $x(t)$ 经傅里叶变换得到 $x(f)$，$x(f)$ 称为输入信号 $x(t)$ 的傅里叶变换或频谱；$y(t)$ 经傅里叶变换后得到 $Y(f)$，$Y(f)$ 称为数字滤波器的输出 $y(t)$ 的傅里叶变换或频谱。

数字滤波器的滤波特性可以用下式来描述

$$H(f)=\frac{Y(f)}{X(f)} \tag{6-44}$$

式中 $H(f)$——该滤波器的频率特性或传递函数。

2. 递归型与非递归型数字滤波器的比较

数字滤波器根据其输出与输入信号之间的关系可以划分为两类，即递归型与非递归型，两者各有其优缺点。

递归型数字滤波器的输出信号不仅与输入信号有关，还与前几次的输出有关，一般可表示为

$$y(n)=\sum_{k=1}^{N}b_{k}y(n-k)+\sum_{k=0}^{N}a_{k}x(n-k) \tag{6-45}$$

式中 a_k、b_k——决定滤波器特性的常数；
  X、y——输入和输出信号。

递归滤波器由于有了递归（或称反馈）环节，具有记忆作用，所以除了个别特例外，大都是无限冲击响应滤波器，简称 IIR（infinite impulse response）滤波器。该方式如图 6-43 所示。

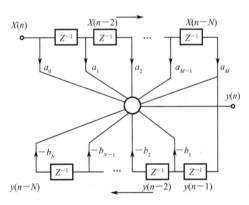

图 6-43 递归型数字滤波器框图

非递归型数字滤波器是将输入信号和滤波器的单位冲击响应做卷积而实现的一类滤波器，它的输出信号仅与输入信号有关，一般可表示为

$$y(n)=\sum_{k=0}^{N}h(k)x(n-k) \tag{6-46}$$

式中 $h(k)$——滤波器的单位冲击响应。

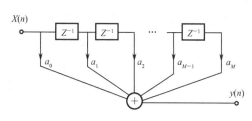

图 6-44 非递归型数字滤波器框图

用非递归方式实现的滤波器,其单位冲击响应必须是有限长的,否则意味着无限的运算量。式(6-46)中假定了冲击响应有 $h(0)$ 到 $h(N)$ 共 $N+1$ 个值。非递归滤波器必定是有限冲击响应滤波器,简称 FIR(finite impulse response)滤波器。该方式如图 6-44 所示。

根据频域要求,样本的冲击响应往往是无限长的。为了用非递归的方法来实现,就不得不把它截断,从而使所设计的滤波器的频率特性偏离设计样本。递归滤波器由于可用有限的运算来实现具有无限冲击响应的滤波器的频率特性,因而,与非递归型使用截断法的实现相比,在达到同样的逼近样本特性条件下,运算量一般要小得多。

另外,IIR 滤波器往往在相频特性上呈现非线性,这会对功率、方向等计算带来麻烦。而 FIR 滤波器可以实现理想的线性相位,且由量化舍入及系数不准确所造成的影响远比 IIR 滤波器要小。

两种类型的滤波器各有优缺点,选择哪一种形式,在很大程度上取决于应用场合。就电力系统中常用的微型计算机保护测量系统来说,不同的保护原理、算法以及不同软件的使用安排都会造成对滤波器的不同选择。电力系统中的继电系统要求能快速对被保护对象的故障做出反应。就这一点来说,非递归型好些,因为它是有限冲击响应的,而且它的设计比较灵活,易于在频率特性和冲击响应之间(也就是滤波效果和响应时间之间)做出权衡。但是另一方面,由于继电保护是实时数据处理系统,数据采集单元将按照采样速率源源不断地向微型计算机系统输入数据,微型计算机处理的速度必须跟上这一实时节拍,否则将造成数据积压,无法工作,就这一点来说,用递归型较好,因为它的运算要小得多。因此,具体到要如何运用上述两种型号的滤波器,要综合考虑。

6.6.3.3 设计数字滤波器的经典方法

按照滤波器对单位脉冲函数的响应可分为有限冲击响应(FIR)和无限冲击响应(IIR)。一般来说,FIR 滤波器利用非递归方法实现较为容易,IIR 滤波器则利用递归方法比较容易实现。设计一个用有限精度算法实现的数字滤波器通常包括以下三个步骤:

(1)根据所要完成的任务,确定滤波器所需要的特性。
(2)利用因果离散系统去逼近所需要的特性。
(3)利用有限精度算法实现系统。

由此可见,滤波器的设计问题变成逼近求解问题。通常对 IIR 系统用有理函数逼近希望的频率响应,对 FIR 系统用多项式逼近希望的频率响应。

1. IIR 滤波器的设计方法

IIR 滤波器的设计一般可以有三种方法,即:零极点位置配置法、利用模拟滤波器的理论来设计、用最优化技术来设计参数。本书主要介绍根据模拟滤波器的理论来设计,其设计的基本思想为:根据需要确定数字滤波器的技术指标,然后将其转化为相应的模拟滤波器的技术指标,据此设计出原型模拟滤波器的传递函数,再根据 s 平面与 z 平面的映射关系求出数字滤波器的传递函数。IIR 滤波器的设计通常有两种方法：一种是冲击响应不变法，另一种是双线性变换法。

（1）冲击响应不变法。冲击响应不变法的基本原则是使数字滤波器的冲击响应 $G(n)$ 等于模拟滤波器的冲击响应 $h(t)$ 的采样值，即

$$G(nT_s) = h(t)\Big|_{t=nT_s} = h(t)\sum_{n=0}^{+\infty}\delta(t-nT_s) \quad (6\text{-}47)$$

式中　T_s——采样周期。

若 $h(t)$ 的拉氏变换为 $H(s)$，$G(b)$ 的 Z 变换为 $G(z)$，则当 $s = j\Omega$，即 $z = e^{sT_s} = e^{j\Omega T_s} = e^{j\omega}$ 时，所对应的数字系统的转移和频率响应为

$$G(z) = \sum_{n=0}^{+\infty} h(nT_s)z^{-n} \quad (6\text{-}48)$$

$$G(e^{j\omega}) = \frac{1}{T_s}\sum_{k=-\infty}^{+\infty} H(j\Omega - jk\Omega_s) \quad (6\text{-}49)$$

上式表明，数字滤波器的频谱为模拟滤波器频谱的周期延拓。根据采样定理，当模拟滤波器的频谱是带限的，且其最高频率在折叠频率 $f_s/2$（f_s 为采样频率）以内时，则有

$$G(e^{j\omega}) = \frac{1}{T_s}H(j\Omega) \quad |\Omega| \leq \frac{\pi}{T_s} \quad (6\text{-}50)$$

此时，数字滤波器的一个周期内的频谱将不失真地重现模拟滤波器的频谱，如 $H(s) = \frac{A}{s+a}$，则 $H(s) = \frac{A}{s+a} h(t) = Ae^{-at}$，$G(nT_s) = Ae^{-atT_s}$，则

$$G(z) = \frac{A}{1 - e^{-aT_s} \cdot z^{-1}}$$

因为 $G(n)$ 等于 $h(t)$ 的采样，所以该方法被称为冲击响应不变法。

在变换中，s 平面的极点 s_i 变换到 z 平面为 $z_i = e^{s_iT_s}$，若 $H(s)$ 的所有极点都位于 s 平面的左半平面，则 $G(z)$ 的所有极点必然位于 z 平面的单位圆内，这表明若 $H(s)$ 是稳定的，则 $G(z)$ 也必然是稳定的。

根据冲击响应不变法，则 $\omega = \Omega T_s$，即模拟角频率 Ω 与数字角频率 ω 之间是线性关系。因此，若 $H(j\omega)$ 是带限的且最高频率低于折叠频率，则数字滤波器的频谱与模拟滤波器的频谱相吻合。若 $H(j\omega)$ 是非带限的或采样频率不够，由于 $H(j\omega)$ 的周期延拓必然造成混叠，这是冲击响应不变法的严重缺陷。因此这种方法只适用于低通或带通滤波器，对于高通和带阻滤波器，由于高频部分不衰减，势必造成混叠，故不能使用。

利用冲击响应不变法设计数字滤波器的一般步骤为：

① 利用 $\omega = \Omega T_s$ 将 ω_p、ω_s 转换为 Ω_p、Ω_s，α_p、α_s 不变。

② 根据以上技术指标设计模拟低通滤波器 $H(s)$。

③ 将 $H(s)$ 分成一阶和二阶环节的级联方式，并求出 $h(t)$，再求出 $G(n) = h(t)\Big|_{t=nT_s}$ 从而得到 $G(z)$。

【例 6-1】　设计一个低通数字滤波器，要求在通带 $0\sim0.2\pi$ 内衰减不大于 3dB，在阻带 $0.6\pi\sim\pi$ 内衰减不小于 20dB，给定 $\pi = 0.001$s。

解：将数字滤波器的技术指标转换为模拟滤波器的技术指标。由 $\omega = \Omega T_s$，可得 $\Omega_p = \dfrac{\omega_p}{T_s} = 200\pi$，$\Omega_s = \dfrac{\omega_s}{T_s} = 600\pi$，$\alpha_p = 3\text{dB}$，$\alpha_s = 20\text{dB}$。

设计模拟低通滤波器 $H(s)$。令 $\lambda = \dfrac{\Omega}{\Omega_p}$，得 $\lambda_p = 1$，$\lambda_s = 3$，从而 $N = 2$。

$$H(p) = \dfrac{1}{p^2 + \sqrt{2}p + 1}$$

$$H(s) = H(p)\bigg|_{p = \frac{s}{\Omega_p}} = \dfrac{\Omega_p^2}{s^2 + \sqrt{2}\Omega_p p + \Omega_p^2}$$

将 $H(s)$ 转换成数字滤波器 $G(z)$。$G(z)$ 的表达式为

$$G(z) = \dfrac{0.2449 z^{-1}}{1 - 1.1580 z^{-1} + 0.4112 z^{-2}}$$

（2）双线性变换法。冲击响应不变法的主要缺点是频谱的交叠产生混叠效应，这是因为 s 平面到 z 平面的变换是多值对应关系，即 s 平面上每一条宽为 $2\pi/T$ 的横带部分都将重叠地映射到整个 z 平面。为了克服冲击响应不变法的缺点，可以采用双线性变换法来设计滤波器，其基本思想是使数字滤波器的差分方程设计为模拟滤波器微分方程的数字解。双线性变换法的映射关系为

$$s = \dfrac{2}{T_s} \dfrac{z-1}{z+1} \tag{6-51}$$

$$z = \dfrac{1 + \left(\dfrac{T_s}{2}\right)s}{1 - \left(\dfrac{T_s}{2}\right)s} \tag{6-52}$$

由此可得

$$j\Omega = \dfrac{2}{T_s} \dfrac{e^{j\omega} - 1}{e^{j\omega} + 1} = \dfrac{2}{T_s} \dfrac{e^{j\omega/2}(e^{j\omega/2} - e^{-j\omega/2})}{e^{j\omega/2}(e^{j\omega/2} + e^{-j\omega/2})} = j\dfrac{2}{T_s} \dfrac{\sin\dfrac{\omega}{2}}{\cos\dfrac{\omega}{2}}$$

即

$$\Omega = \dfrac{2}{T_s} \tan\dfrac{\omega}{2}$$

$$\omega = 2\arctan\dfrac{\Omega T_s}{2} \tag{6-53}$$

可以看出，当 ω 由 $0 \to \pi$ 时，$\tan\dfrac{\omega}{2}$ 由 0 变到 $+\infty$；当 ω 由 $0 \to \pi$ 时，$\tan\dfrac{\omega}{2}$ 由 0 变到 $-\infty$。即整个 Ω 轴映射到单位圆一周，这意味着整个 $j\omega$ 轴与 z 平面单位圆上的点具有一一对应关系，因此不会出现超过折叠频率（$\dfrac{\omega_s}{2}$）的高频部分，否则就会产生混叠效应。

用双线性变换法设计数字滤波器的步骤如下。

① 由数字滤波器的技术指标 ω_p、ω_s、α_p、α_s，依照下式可求出 Ω_p、Ω_s，而 a_p、a_s 不变。

$$\Omega_p = \frac{2}{T_s}\tan\frac{\omega_p}{2}, \Omega_s = \frac{2}{T_s}\tan\frac{\omega_s}{2}, \lambda_p = 1, \lambda_s = \frac{\tan\dfrac{\omega_s}{2}}{\tan\dfrac{\omega_p}{2}}$$

② 设计模拟滤波器 $H(p)$。

③ 依照下式将 $H(p)$ 转换成 $H(s)$，再将 $H(s)$ 转换成 $G(z)$，即

$$H(s) = H(p)\bigg|_{p=\frac{s}{\Omega_p}}, \quad G(z) = H(s)\bigg|_{s=\frac{2}{T_s}\frac{z-1}{z+1}}$$

而且

$$p = \frac{s}{\Omega_p} = \frac{T_s}{2}\frac{1}{\tan\dfrac{\omega_p}{2}}\frac{2}{T_s}\frac{z-1}{z+1} = \frac{1}{\tan\dfrac{\omega_p}{2}}\frac{z-1}{z+1}$$

2．FIR 滤波器的设计方法

FIR 滤波器可以根据要求直接设计，其设计工作也是按两步进行的。第一步，由给定的频响特性容差决定逼近函数，根据不同的逼近准则确定滤波器的节数 N，并验证传递函数 $H(e^{j\omega})$ 是否符合要求；第二步，由传递函数 $H(z)$ 表达式实现系统结构。与 IIR 滤波器的情况类似，FIR 滤波器的设计问题实质上是确定能满足要求的转移函数和脉冲响应的常数问题。但因为 FIR 的转移函数中分母不含多项式，这个制约条件使前面给出的各种 IIR 滤波器函数变换方法已不适用，所以 FIR 必须采用不同的设计步骤。

FIR 滤波器常用的设计方法主要有窗函数法（又称傅里叶级数法）、频率采样法和切比雪夫等波纹（最佳一致）逼近法等。下面就简单介绍一下窗函数法和频率采样法的基本设计原理。

（1）窗函数法。窗函数法是 FIR 滤波器的一种基本设计方法，它的基本思路是直接从理想滤波器的频率特性入手，通过积分求出对应的单位采样响应的表达式，最后通过加窗，得到满足要求的 FIR 滤波器的单位采样响应。窗函数在很大程度上决定了 FIR 滤波器的性能指标。

FIR 滤波器的设计问题，就是要使设计的 FIR 滤波器的频率响应 $H(e^{j\omega})$ 去逼近所求的理想滤波器的频率响应 $H_d(e^{j\omega})$。从单位采样响应序列来看，就是使设计的滤波器的 $h(n)$ 逼近所求的理想滤波器的单位采样响应 $h_d(n)$，即满足以下条件

$$H_d(e^{j\omega}) = \sum_{n=-\infty}^{+\infty} h_d(n)e^{-j\omega n} \tag{6-54}$$

$$h_d(n) = \frac{1}{2\pi}\int_{-\pi}^{+\pi} H_d(e^{j\omega})e^{j\omega n}d\omega \tag{6-55}$$

一般来说，理想滤波器的 $H_d(e^{j\omega})$ 在频带边界上不连续，因此对应的 $h_d(n)$ 是无限长序列，且是非因果的。实际要设计的 FIR 数字滤波器，其 $h(n)$ 必然是有限长的，且是因果可实现的，所以要用有限长的 $h(n)$ 来逼近无限长的 $h_d(n)$，或者说用一个有限长度的窗口函数序列 $\omega(n)$ 来截取 $h_d(n)$，即

$$h(n) = h_d(n)\omega(n) \qquad 0 \leq n \leq N-1 \qquad (6\text{-}56)$$

常用的窗函数包括以下几类：

① 矩形窗。

$$\omega(n) = R_N(n) = 1 \qquad 0 \leq n \leq N-1 \qquad (6\text{-}57)$$

$$W_R(e^{j\omega}) = W_R(\omega)e^{-j\frac{N-1}{2}\omega}, \text{ 其中 } W_R(\omega) = \frac{\sin\frac{N\omega}{2}}{\sin\frac{\omega}{2}} \qquad (6\text{-}58)$$

② 三角形（Bartlett）窗。

$$\omega(n) = \begin{cases} \dfrac{2n}{N-1} & 0 \leq n \leq \dfrac{N-1}{2} \\ 2 - \dfrac{2n}{N-1} & \dfrac{N-1}{2} < n \leq N-1 \end{cases} \qquad (6\text{-}59)$$

$$W_R(e^{j\omega}) = \frac{2}{N-1}\left[\frac{\sin\left(\dfrac{N-1}{4}\omega\right)}{\sin\dfrac{\omega}{2}}\right]^2 e^{-j\frac{N-1}{2}\omega}$$

$$\approx \frac{2}{N}\left(\frac{\sin\dfrac{N\omega}{4}}{\sin\dfrac{\omega}{2}}\right)^2 e^{-j\frac{N-1}{2}\omega} \qquad (6\text{-}60)$$

③ 汉宁（Hanning）窗。

$$\omega(n) = \frac{1}{2}\left(1 - \cos\frac{2\pi n}{N-1}\right)R_N(n) \qquad (6\text{-}61)$$

$$W_R(e^{j\omega}) = \text{DTFT}[\omega(n)]$$

$$= W(\omega)e^{-j\frac{N-1}{2}\omega} \qquad (6\text{-}62)$$

其中

$$W(\omega) = 0.5W_R(\omega) + 0.25\left[W_R\left(\omega - \frac{2\pi}{N-1}\right) + W_R\left(\omega + \frac{2\pi}{N-1}\right)\right] \qquad (6\text{-}63)$$

④ 海明（Hamming）窗。

$$\omega(n) = \left(0.54 - 0.46\cos\frac{2\pi}{N-1}\right)R_N(n) \qquad (6\text{-}64)$$

其频率响应的幅度函数 $W(\omega)$ 为

$$W(\omega) = 0.54W_R(\omega) + 0.23\left[W_R\left(\omega - \frac{2\pi}{N-1}\right) + W_R\left(\omega + \frac{2\pi}{N-1}\right)\right] \qquad (6\text{-}65)$$

⑤ 布莱克曼(Blackman)窗。

$$\omega(n) = \left(0.42 - 0.5\cos\frac{2\pi n}{N-1} + 0.08\cos\frac{4\pi n}{N-1}\right)R_N(n) \qquad (6\text{-}66)$$

其频率响应的幅度函数为

$$W(\omega) = 0.42W_R(\omega) + 0.25\left[W_R\left(\omega - \frac{2\pi}{N-1}\right) + W_R\left(\omega + \frac{2\pi}{N-1}\right)\right] + 0.04\left[W_R\left(\omega - \frac{4\pi}{N-1}\right) + W_R\left(\omega + \frac{4\pi}{N-1}\right)\right]$$
(6-67)

⑥ 凯塞（Kaiser）窗。

$$\omega(n) = \frac{I_0\left[\beta\sqrt{1-\left(1-\frac{2n}{N-1}\right)^2}\right]}{I_0(\beta)}$$
(6-68)

式中 $I_0(x)$——第一类变形修正零阶贝塞尔函数，可以用下面的级数来计算

$$I_0(x) = 1 + \sum_{k=1}^{\infty}\left[\frac{(x/2)^k}{k}\right]^2$$
(6-69)

所以 Kaiser 窗是一族窗函数。β 是一个可调参数，它可以同时调整主瓣宽度与旁瓣电平，β 越大，则 $\omega(n)$ 窗越窄，频谱的旁瓣越小，但主瓣宽度相应增大，如图 6-45 所示。

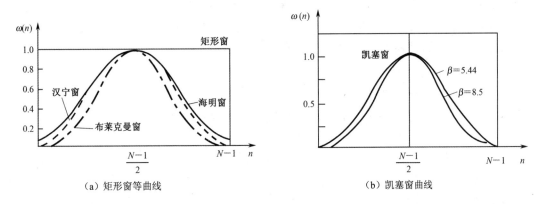

图 6-45 FIR 数字滤波器常用的窗函数

基于窗函数法设计 FIR 数字滤波器的步骤如下：
① 确定要求设计滤波器的理想频率响应 $H_d(e^{j\omega})$ 的表达式。
② 求出待求滤波器的单位冲激响应 $h_d(n)$。
③ 根据技术要求（在通带 Ω_p 处衰减不大于 k_1，在阻带 Ω_s 处衰减不小于 k_2），确定窗函数形式 $\omega(n)$，并且根据采样周期 T，确定相应的数字频率 $\omega_p = \Omega_p T$，$\omega_s = \Omega_s T$。
④ 确定滤波器长度 N。滤波器长度可以根据 $H_d(e^{j\omega})$ 的相位特性来确定，也与滤波器的过渡带有关。可根据过渡带带宽 $\Delta\omega = \omega_s - \omega_p$ 确定加窗宽度 N

$$N \geqslant P \cdot 4\pi/\Delta\omega$$

式中 P——根据窗函数确定的系数。
⑤ 求出所设计滤波器的单位冲击响应 $h(n)$。
⑥ 计算 FIR 数字滤波器的频率响应，并验证是否达到所要求的技术指标。

$$H(e^{j\omega}) = \sum_{n=0}^{N-1} h(n)e^{-j\omega n}$$
(6-70)

【例 6-2】 设计一个线性相位高通数字滤波器，要求阻带衰减大于 50dB，通带截止频率为 0.6π。

解：① 根据题目要求，确定 $H_d(\mathrm{e}^{\mathrm{j}\omega})$ 为

$$H_d(\mathrm{e}^{\mathrm{j}\omega}) = \begin{cases} \mathrm{e}^{\mathrm{j}\omega\alpha} & 0.6\pi \leqslant \omega < \pi \\ 0 & -\pi < \omega < 0.6\pi \end{cases}$$

式中，α 为常数。

② 求单位冲激响应 $h_d(n)$。

$$\begin{aligned} h_d(n) &= \frac{1}{2\pi}\int_{-\pi}^{+\pi} H_d(\mathrm{e}^{\mathrm{j}\omega})\mathrm{e}^{\mathrm{j}\omega n}\mathrm{d}\omega \\ &= \frac{1}{2\pi}\int_{-\pi}^{0.6\pi}\mathrm{e}^{-\mathrm{j}\omega\alpha}\mathrm{e}^{\mathrm{j}\omega n}\mathrm{d}\omega + \frac{1}{2\pi}\int_{0.6\pi}^{\pi}\mathrm{e}^{-\mathrm{j}\omega\alpha}\mathrm{e}^{\mathrm{j}\omega n}\mathrm{d}\omega \\ &= \frac{2}{\pi(n-\alpha)}\cos[0.8\pi(n-\alpha)]\sin[0.2\pi(n-\alpha)] \end{aligned}$$

根据阻带要求，查表可知 Hamming 窗和 Blackman 窗可以满足要求，以 Hamming 窗为例，阻带衰减超过 54dB。

此题未给出过渡带要求，因此，滤波器长度 N 由 α 确定，$N = 2\alpha + 1$。

③ 求 $h(n)$。

$$\begin{aligned} h(n) &= h_d(n)\omega(n) \\ &= \frac{2}{\pi(n-\alpha)}\cos[0.8\pi(n-\alpha)]\sin[0.2\pi(n-\alpha)]\left(0.54 - 0.46\cos\frac{2\pi n}{N-1}\right) \end{aligned}$$

其中，$0 \leqslant n \leqslant N-1$。

④ 求 $H(\mathrm{e}^{\mathrm{j}\omega})$。

$$\begin{aligned} H(\mathrm{e}^{\mathrm{j}\omega}) &= \sum_{n=0}^{N-1} h(n)\mathrm{e}^{-\mathrm{j}\omega n} \\ &= \sum_{n=0}^{N-1}\left\{\frac{2}{\pi(n-\alpha)}\cos[0.8\pi(n-\alpha)]\sin[0.2\pi(n-\alpha)]\left(0.54 - 0.46\cos\frac{2\pi n}{N-1}\right)\right\}\mathrm{e}^{-\mathrm{j}\omega n} \end{aligned}$$

（2）频率采样法。前面讨论的 FIR 数字滤波器的设计方法采用的是时域逼近法，通过对理想滤波器的冲激响应加窗的方法，以达到给定技术要求。显然，这样设计出来的滤波器不可能是最佳的，而且很难设计出满足任意频率响应指标的滤波器。当难以用解析方法或表达式来描述滤波器时，可以采用直接逼近的方法。

与窗函数类似，先确定希望逼近的滤波器的频率响应函数，再通过频率采样逼近希望的频率响应函数，这就是频率采样法的基本原理。

假设待求滤波器的频率响应用 $H_d(\mathrm{e}^{\mathrm{j}\omega})$ 表示，对它在 $\omega = 0 \sim 2\pi$ 区间等间隔采样 N 点，得到 $H(k)$

$$H(k) = H_d(\mathrm{e}^{\mathrm{j}\omega})|_{\omega=\frac{2\pi}{N}k} \qquad k=0,1,2,\cdots,N-1 \qquad (6\text{-}71)$$

再对 N 点 $H_d(k)$ 进行 IDFT，得到 $h(n)$

$$h(n) = \frac{1}{N}\sum_{k=0}^{N-1}H_d(k)\mathrm{e}^{\mathrm{j}\frac{2\pi}{N}kn} \quad n=0,1,2,\cdots,\ N-1 \tag{6-72}$$

$h(n)$ 作为所求滤波器的单位采样响应，其系统函数 $H(z)$ 为

$$H(z) = \sum_{n=0}^{N-1}h(n)z^{-n} \tag{6-73}$$

根据频率采样定理以及频率与采样值恢复信号的 z 变换公式，上式可改写为

$$H(z) = \frac{1-z^{-N}}{N}\sum_{n=0}^{N-1}\frac{H_d(k)}{1-\mathrm{e}^{\mathrm{j}\frac{2\pi}{N}k}z^{-1}} \tag{6-74}$$

频率采样法的原理是比较简单的，但在确定滤波器的线性相位时，要注意采样时 $H(k)$ 的幅度和相位一定要遵循线性相位的约束条件。

3．IIR 与 FIR 数字滤波器的比较

首先，从性能上来说，IIR 滤波器传输函数的极点可位于单位圆内的任何地方，因此可用较低的阶数获得高的选择性，所用的存储单元少，因而经济效率高。但是这个高效率是以相位的非线性为代价的，即选择性越好，相位非线性越严重。相反，FIR 滤波器却可以得到严格的线性相位，然而由于 FIR 滤波器频率响应函数的极点固定在原点，所以只能用较高的阶数以达到较高的选择性。因此，从使用要求上来看，在对相位要求不敏感的场合（如语音通信等），IIR 滤波器可以充分发挥其经济和高效的特点；对于图像信号处理和数据传输等以波形携带信息的系统，对线性相位的要求较高，采用 FIR 滤波器较好。对于同样的滤波器设计指标，FIR 滤波器所要求的阶数可以比 IIR 滤波器高 5～10 倍，成本较高，信号延时较大；如果按相同的选择性和相同的线性要求来说，IIR 滤波器必须加全通网络进行校正，而这同样大大增加了滤波器的阶数和复杂性。

从设计工具上看，IIR 滤波器可以借助于模拟滤波器的设计成果，因此一般都有有效的封闭形式的设计公式可供准确计算，计算工作量比较小，对计算工具的要求不高。FIR 滤波器设计则一般没有封闭形式的设计公式，窗函数法虽然仅仅对窗函数可以给出计算公式，但计算通带和阻带衰减等仍无明显表达式。一般情况下，FIR 滤波器的设计只有计算程序可循，因此对计算工具要求较高。

从应用范围来看，IIR 滤波器虽然设计简单，但主要用于设计具有分段常数特性的滤波器，如低通、高通、带通及带阻等滤波器。FIR 滤波器则要灵活得多，尤其能适应某些特殊的应用，如构成微分器或积分器，或用于巴特沃斯、切比雪夫逼近不可能达到预定指标的情况，具有更广泛的适应性。

习　题

6-1　ADC 的主要技术指标有哪些？试说明逐次比较型 ADC，并行比较型 ADC 和积分型 ADC 的基本原理和应用特点。

6-2 数字化测量系统中采样保持器的主要作用是什么？

6-3 如何使用正交编码脉冲接口单元测量电机的转子轴机械位置和转速？

6-4 试说明实现有功功率数字化测量的基本原理和方法。

6-5 现对 50Hz 的交流电压进行谐波分析，试给出利用数字化采样计算 5 次谐波的算法。对采样频率有什么要求？

6-6 试说明快速傅里叶变换（FFT）的基本思路和原理。

6-7 什么是离散傅里叶变换的频谱泄漏？如何解决这一问题？

6-8 试说明 IIR 滤波器和 FIR 滤波器的应用特点。

第 7 章　虚拟仪器及其开发语言

> 简洁是智慧的灵魂，冗长是肤浅的藻饰。
>
> ——莎士比亚

7.1　虚拟仪器

7.1.1　虚拟仪器的基本概念

虚拟仪器（virtual instrument, VI）是基于计算机技术而发展起来的测量新技术。现有的计算机技术和高性能模块化硬件结合在一起，构成虚拟仪器的硬件平台，这些高性能模块包括标准的信号调理模块和数据采集模块。仪器的硬件平台负责调理输入信号并将其转换成离散的测量数据，而开放灵活的软件编程实现对测量数据的处理，该软件定义了虚拟仪器的功能，也被称为功能软件。所以，虚拟仪器其实是计算机、标准化的硬件模块、功能软件的结合。同传统仪器相比，其"虚拟"包括两层含义：一是虚拟的仪器面板；二是由软件实现仪器的测量功能。

计算机和仪器的结合方式主要有两种。一种是将计算机装入仪器，比较典型的例子是智能化仪器，随着计算功能的日益强大及其体积的日趋缩小，这类仪器的功能也越来越强大，逐渐形成含嵌入式系统的仪器；另一种方式是将仪器系统装入计算机，以通用的计算机硬件及操作系统为依托，实现各种仪器功能，常说的虚拟仪器主要是指这种方式。美国国家仪器公司（National Instruments, NI）开发的 LabVIEW 软件就是目前实现虚拟仪器流行的设计软件之一。

虚拟仪器的出现是测量仪器领域的一个创新，它在某种程度上改变了传统的仪器观，呈现给人们一种全新的仪器形态和观念；虚拟仪器代表了测量仪器发展的一个方向；虚拟仪器把现成即用的商业技术与创新的软硬件平台相集成，从而为嵌入式设计、工业控制及测试测量提供一种崭新的解决方案。

7.1.2　虚拟仪器的特点

虚拟仪器充分发挥了计算机的作用，具有结构简单、成本低廉、一机多用、测量精度高、用户可自行开发软件等特点，便于与计算机通信相结合来建立计算机网络，组建复杂的测控系统。利用虚拟仪器思想建立的测控系统提高了测量精度和测试速度，减少了开关和电缆等器件，系统易于扩充和修改，其体积小、灵活方便、成本低、效率高，成为现代测控系统的发展方向之一。虚拟仪器的特点包括以下几点：

（1）不强调物理上的实现形式。虚拟仪器通过软件功能来实现数据采集与控制、信号处理分析及结果显示这三项功能。图7-1显示了传统仪器和虚拟仪器的构成元素,形象地说明了虚拟仪器与传统仪器在构成上的不同。

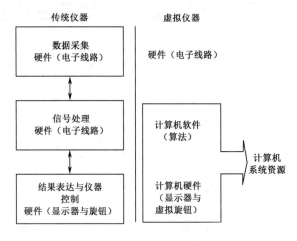

图 7-1　仪器的构成元素

（2）在系统内实现软硬件资源的共享。虚拟仪器的最大特点是将计算机资源与仪器硬件、DSP 技术相结合，在系统内共享软硬件资源。它打破了以往由厂家定义仪器功能的模式，而变成了由用户自己定义仪器功能。使用相同的硬件系统，通过不同的软件编程，就可以实现功能完全不同的测量仪器。

（3）图形化的软件面板。虚拟仪器没有常规仪器的控制面板，而是利用计算机强大的图形环境，采用可视化的图形编程语言和平台，以在计算机屏幕上建立图形化的软面板来替代常规的传统仪器面板。软面板上具有与实际仪器相似的旋钮、开关、指示灯及其他控制部件。操作时，用户通过鼠标或键盘操作软面板，来检验仪器的通信和操作。

除此之外，与传统仪器相比，虚拟仪器还具有如下几个方面的优势：

（1）虚拟仪器用户可以根据自己的需要灵活地定义仪器的功能，通过不同功能模块的组合构成多种仪器，而不必受限于仪器厂商提供的特定功能。

（2）虚拟仪器将所有的仪器控制信息均集中在软件模块中，可以采用多种方式显示采集的数据、分析的结果和控制过程。这种对关键部分的转移进一步增加了虚拟仪器的灵活性。

（3）由于虚拟仪器受软硬件的局限性较小，因此与其他仪器设备连接比较容易。而且虚拟仪器可以方便地与网络、外设及其他应用连接，还可以利用网络进行多用户数据共享。

（4）虚拟仪器可实时、直接对数据进行编辑，也可通过计算机总线将数据传输到存储器或打印机。这样做一方面解决了数据的传输问题，另一方面充分利用了计算机的存储能力，从而使虚拟仪器具有几乎无限的数据记录容量。

（5）虚拟仪器利用计算机强大的图形用户界面（GUI），在计算机显示器上显示测量结果。根据工程的需要，使用人员可以通过软件编程或采用现有分析软件，实时、直接对测试数据进行各种分析与处理。

（6）虚拟仪器价格低廉，而且其基于软件的体系结构还大大节省了开发和维护费用。

7.1.3 虚拟仪器的结构

虚拟仪器系统包括仪器硬件和应用软件两大部分。仪器硬件是计算机的外围电路，与计算机一起构成了虚拟仪器系统的硬件环境，是应用软件的基础；应用软件则是虚拟仪器的核心，在基本硬件确立后，软件通过不同功能模块及软件模块的组合构成多种仪器，赋予系统特有的功能，以实现不同的测量功能。

虚拟仪器硬件连接被测对象和计算机。虚拟仪器信号输入接口可以是标准的数据采集卡、GPIB 总线、VXI 总线、串行接口、并行接口等，其结构如图 7-2 所示。

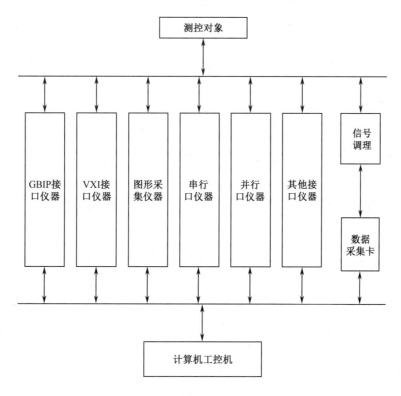

图 7-2 虚拟仪器硬件结构

虚拟仪器软件体系结构（virtual instrumentation software architecture，VISA）主要包含两个层次：用户应用程序和设备驱动程序。设备驱动程序是联系用户应用程序与底层硬件设备的基础。每一种设备驱动程序都是为增加编程灵活性和提高数据吞吐量而设计的，每个设备驱动程序都具有一个共同的应用程序编程接口（API）。因此，不管虚拟仪器使用哪种计算机或操作系统，最终所编写的用户应用程序都是可以移植的。虚拟仪器系统的软件包括应用软件、仪器驱动软件和通用 I/O 接口软件三部分。应用软件根据其功能又分为仪器面板控制软件、数据分析处理软件两部分，整体软件结构如图 7-3 所示。

仪器面板控制软件：仪器面板控制软件测试管理层，是用户与仪器之间交流信息的纽带。

数据分析处理软件：利用计算机强大的计算能力和虚拟仪器开发软件功能强大的函数库，可以极大地提高虚拟仪器系统的数据分析处理能力。

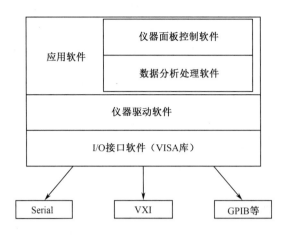

图 7-3 虚拟仪器软件结构

仪器驱动软件：虚拟仪器驱动程序是处理与特定仪器进行控制通信的软件，是连接上层应用程序与底层接口仪器的纽带和桥梁。

通用接口软件：存在于仪器设备与仪器驱动程序之间，完成对仪器寄存器进行直接存取数据操作，为仪器设备与仪器驱动程序提供信息传递。

7.2 虚拟仪器的开发语言——LabVIEW

LabVIEW 是一种功能强大的软件。LabVIEW 的图形化编程语言的出现将人们从复杂的编程工作中解放出来。LabVIEW 的全称为实验室虚拟仪器集成环境（Laboratory Virtual Instrument Engineering Workbench），是由美国国家仪器公司（National Instruments, NI）开发的仪器和分析软件应用开发工具。它是一种基于图形化的、用图标来代替文本行创建应用程序的计算机编程语言。在以计算机为基础的测量和工控软件中，LabVIEW 的市场普及率仅次于 C++/C 语言。LabVIEW 已经广泛被工业界、学术界和研究实验室所接受，被公认为是标准的数据采集和仪器控制软件。

LabVIEW 使用的编程语言通常称为 G 语言。G 语言与传统的文本编程语言的主要区别在于：传统文本编程语言是根据语句和指令的先后顺序执行，而 LabVIEW 则采用数据流编程方式，程序框图中节点之间的数据流向决定了程序的执行顺序。G 语言用图标表示函数，用连线表示数据流向。

7.2.1 LabVIEW 的优势

选择 LabVIEW 进行开发测量应用程序的一个决定性因素是它的开发速度。一般来说，用 LabVIEW 开发应用系统的速度要比其他的编程语言快 4~10 倍。造成这种巨大差距的主要原因在于 LabVIEW 易学易用，上手容易。

LabVIEW 的优势主要体现在以下几个方面：

(1)提供了丰富的图形控件,采用了图形化的编程方法,把工程师从复杂枯燥的文件编程工作中解放出来。

(2)采用数据流模型,实现了自动多线程,从而能充分利用处理器(尤其是多处理器)的处理能力。

(3)内建有编辑器,能在用户编写程序的同时自动完成编辑,因此如果用户在编写程序的过程中有语法错误,就能立即在显示器上显示出来。

(4)通过 DL、LCIN、ActiveX、.NET 或 MATLAB 脚本节点等技术,能够轻松实现 LabVIEW 与其他编程语言的混合编程。

(5)内建了 600 多个分析函数,这些分析函数用于数据分析和信号处理。

(6)通过应用程序生成器可以轻松地发布可执行程序、动态链接库或安装包。

(7)提供了大量的驱动和专用工具,几乎能够与任何接口的硬件轻松地链接。

(8)NI 同时提供了丰富的附加模块,用于扩展 LabVIEW 在不同领域的应用,如实时模块、PDA 模块、数据记录与监控(DSC)模块、机器视觉模块与触摸屏模块。

7.2.2 LabVIEW 的编辑界面

在 LabVIEW 中开发的程序都被称为 VI(虚拟仪器),其扩展名默认为.vi。一般每个 VI 都包括以下 3 个部分:前面板、程序框图和图标。

前面板就是图形化用户界面,是 VI 的交互式用户界面。该界面上有交互式的输入和输出两类对象,分别称为控制器(controller)和显示器(indicator)。控制器包括开关、旋钮、按钮和其他各种输入设备;指示器包括图形(graph 和 chart)、LED 和其他显示输出对象。该界面可以模拟真实仪器的前面板,用于设置输入数据和观察输出量。图 7-4 所示为 VI 的交互式用户界面。

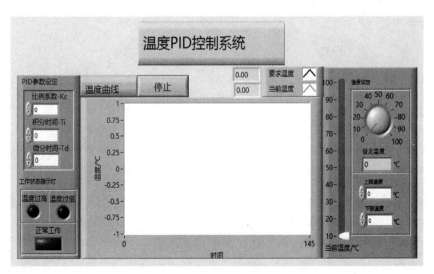

图 7-4 交互式界面前面板实例

程序框图定义 VI 逻辑功能的图形化源代码。框图中的编程元素除了包括与前面板上的控制器和显示器对应的连线端子（terminal）外，还有函数、子 VI、常量、结构和连线等。在程序框图中对 VI 编程的主要工作是从前面板上的控制器获得用户输入信息，并进行计算和处理，最后在显示器中把处理结果反馈给用户。只要在前面板中放有输入或显示软件，用户就可以在程序框图中看到相应的图表函数等内容。图 7-5 所示为前面板对应的程序框图。

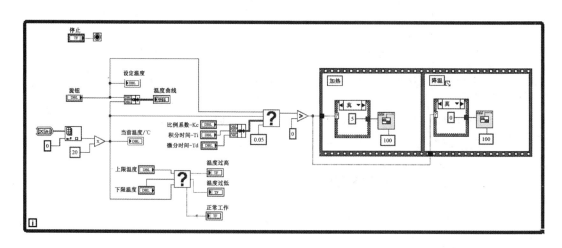

图 7-5　程序框图实例

在编写 LabVIEW 应用程序时，往往需要在一个主程序中调用多个子程序，为了实现 VI 之间的调用，VI 必须要有连接器图标。图标是 VI 的图形表示，会在另外的一个 VI 框图中作为一个对象使用，连接器用于从其他框图中连接数据到当前 VI。

如果将 VI 与标准仪器相比较，那么前面板就相当于仪器面板，程序框图则相当于仪器箱内的功能部件，在许多情况下，使用 VI 可以仿真标准仪器。

7.2.3　LabVIEW 的应用实例

7.2.3.1　基本函数发生器

本例利用 LabVIEW 强大的虚拟平台设计一个基本函数发生器，能产生正弦波、三角波、方波和锯齿波等波形，并且其频率、相位、幅值、方波占空比、偏移量、采样信息等参数可调。其程序框图如图 7-6 所示，主要涉及基本函数发生器函数模块和 While 循环模块。在函数模块的每个接线端单击右键，选择创建输入/显示控件的方式，先后创建频率、相位、幅值等控件；While 循环模块注意定时和条件接线端接入布尔变量。前面板利用容器布局，并进行修饰，让界面整洁清晰。如图 7-7 和图 7-8 所示，可以通过参数的改变来输出正弦波和方波，调整函数类型和基本形状，达到基本函数发生器的目的。

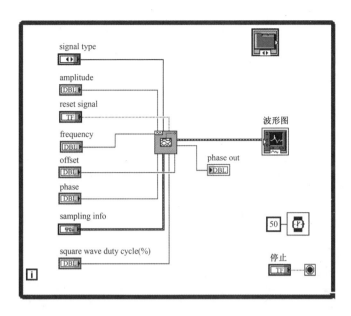

图 7-6 Basic Function Generator.vi 的程序框图

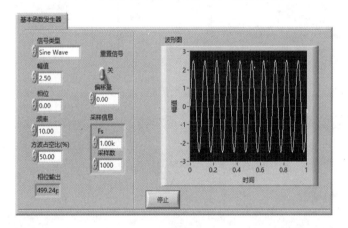

图 7-7 Basic Function Generator.vi 的正弦函数前面板

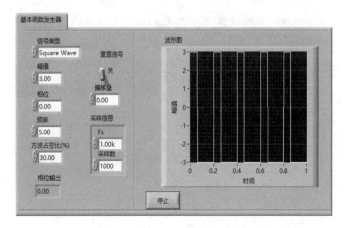

图 7-8 Basic Function Generator.vi 的方波函数前面板

7.2.3.2 利用 LabVIEW 模拟 RLC 串联电路频率响应

RLC 串联电路是最典型的电路模型，利用 LabVIEW 模拟 RLC 电路的频率响应，找出不同电阻、电感和电容下的电路谐振频率和品质因数，对 RLC 电路和 LabVIEW 的仿真功能做进一步的了解。

图 7-9 是 RLC 串联电路频率响应模拟图的程序框图，需要使用单位转换函数 Ohm 把 R、L、C 的纯数值转化为物理量，并利用 While 循环结构计算频率 ω，整个程序框图是结合公式 $Z = R + \mathrm{j}\left(\omega L - \dfrac{1}{\omega C}\right)$ 以及 $I = \dfrac{U_\mathrm{S}}{Z}$ 来推出电路的频率响应，结构清晰。

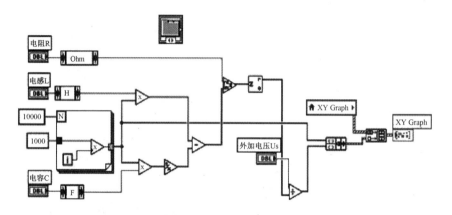

图 7-9　Frequency Response of RLC Series Circuit.vi 的程序框图

图 7-10 则是展现在我们面前的前面板，包括 XY 图和 RLC 模型展示。XY 图显示线路电流 I 随频率 ω 变化的变化图。可以通过更改 R、L、C 数值，了解不同 R、L、C 数值下的谐振频率的特点，以及它们在不同品质因数 Q 下频率响应曲线的特点。

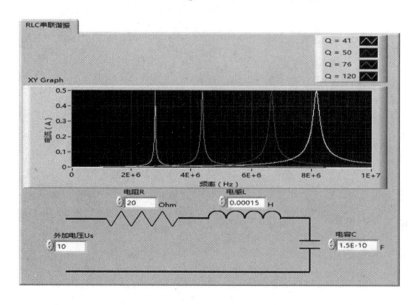

图 7-10　Frequency Response of RLC Series Circuit.vi 的前面板

7.2.3.3 利用 LabVIEW 模拟信号的功率谱测量

在电气与电子测量过程中，经常遇到在混合信号找出其中周期信号与随机信号的情况，这涉及时域频域的转换，通常采用功率谱的方式进行描述。功率谱是指用密度的概念表示信号功率在各频率点的分布情况。在工程中采用对功率信号进行傅里叶变换，对幅度谱的模求平方，再除以持续时间来估计信号的功率谱。

本例利用波形生成选项模拟产生两种不同频率的"正弦波形"和"高斯白噪声波形"组成的混合波形，用来模拟工程中的实际信号；并结合"FFT 功率谱"函数设计出一个信号的功率谱测量虚拟仪器，将计算处理后的信号以功率谱的形式显示出来，并且可以实现正弦波形的频率、幅值和采样信息的设置，以及对"FFT 功率谱"函数参数进行配置和显示功能。整个实例包括三个部分：波形生成部分、功率谱的计算处理部分，波形结果显示部分。其程序框图如图 7-11 所示。前面板设置如图 7-12 所示，根据右边波形图很难判断其信号组成。经过功率谱虚拟仪器，可以在左边的 FFT 功率图谱上看出混合信号包含 500Hz 和 1000Hz 两种不同频率的正弦信号，1000Hz 正弦信号的幅度约为 500Hz 信号幅度的 2 倍，且伴随一定的背景噪声，波形图的显示吻合参数设置。

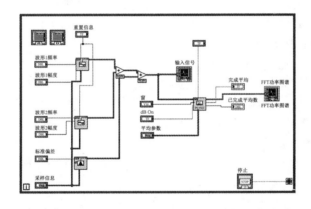

图 7-11 Power Spectrum Measurement.vi 的程序框图

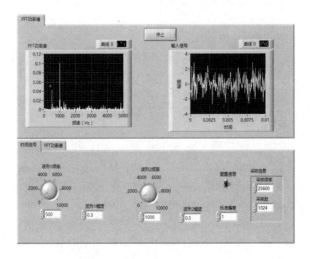

图 7-12 Power Spectrum Measurement.vi 的前面板

7.3 虚拟仪器的开发语言——LabWindows/CVI

7.3.1 LabWindows/CVI 简介

虚拟仪器编程语言 LabWindows/CVI 是 NI 公司开发的 32 位、面向计算机测控领域的交互式 C 语言软件，可以在多种操作系统（如 Windows7/8/10、Mac OS 和 UNIX）下运行。它以 C 语言为核心，将功能强大、使用灵活的 C 语言与数据采集、分析、表达等测控专业工具有机地结合起来。它的集成化开发、交互式编程方法、丰富的功能面板和库函数大大增强了 C 语言的功能，为熟悉 C 语言的开发人员开发检测、数据采集、过程监控等系统提供了一个理想的软件开发环境。

使用 LabWindows/CVI 可以完成以下工作：
（1）交互式程序开发。
（2）具有功能强大的函数库，可用于数据的采集、仪器测量和控制方面的应用程序。
（3）充分利用完备的软件工具进行数据采集、分析和显示。
（4）利用向导开发 CVI 仪器驱动程序和创建 ActiveX 服务器。

7.3.2 LabWindows/CVI 特点

和其他虚拟仪器开发工具相比，LabWindows/CVI 具有以下特点：

（1）集成开发平台。LabWindows/CVI 将原代码编辑、32 位 ANSI C 编译、链接、调试以及标准 ANSI C 库集成在一个交互式开发环境中。用户可以快速、方便地编写、调试和修改虚拟仪器应用程序，形成可执行文件。

（2）交互式编程方法。LabWindows/CVI 的编程技术主要采用事件驱动与回调函数方式，编程方法简单易学。对每一个函数提供了一个函数面板，用户可以通过函数面板交互地输入函数的每个参数。在脱离主程序 C 原代码的情况下，可以直接在函数面板中执行函数操作，并能方便地把函数语句嵌入 C 源代码中，还可以通过变量声明窗口交互地声明变量。这种交互式编程技术大大地减少了源代码语句的键入量，减少了程序语法可能出现的错误的机会，提高了工程设计的效率和可靠性。

（3）简单、直观的图形用户界面设计。LabWindows/CVI 具有人机交互界面编辑器，运用可视化交互技术实现"所见即所得"，使人机界面直观简便。

（4）完善的兼容性。借助于 LabWindows/CVI，有经验的开发人员可以采用所熟悉的 C 编程环境，开发自己的虚拟仪器系统。

（5）功能强大的函数库。针对测控领域的需要，可供用户直接调用的函数库有：

① 基本的数字函数、字符串处理、函数数据运算函数、文件 I/O 函数。

② 高级数据分析库函数，包括信号处理函数、滤波器设计、线性代数、概率论与数理统计、曲线拟合等，涵盖了几乎所有仪器设计中所用的函数。

③ 各种驱动函数库，如 VXI、GPIB、串口、RS232、数据采集板等硬件控制用子程序（驱动函数库），600 多个源码仪器驱动程序（函数库），DDE（共享库）和 TCP/IP 网络函数库等。

（6）多种灵活的程序调试手段。提供的变量显示窗口可观察程序变量和表达式的变化情况，还提供单步执行、断点秩序、过程跟踪、参数检查、运行时内存检查等多种调试手段。

（7）功能网络。强大的 Internet 功能，支持常用网络协议，方便网络仪器、远程测控仪器的开发。

（8）此外，LabWindows/CVI 还有以下模块：

① 用于仪器控制、数据采集和分析的交互式 ANSI C 编译软件包。

② 用于构成 GUI 用户界面的编辑器。

③ 用于快速样机开发的代码生成工具和内部编译器。

④ 用于 DAQ、GPIB、PXI、VXI、串口、信号分析处理、TCP/IP 协议和用户界面的函数库。

习　题

7-1　利用 LabVIEW 面板编写一个程序，使得输入数字 n，能够计算 n 的阶乘。

7-2　利用 LabVIEW 中的 XY Graph 控件显示一个半径为 1 的圆。

7-3　搭建 RLC 并联电路频率响应模拟图，在感受并联和串联不同谐振特点的情况下掌握基本的 LabVIEW 仿真技巧。

第 8 章 电气测量中的抗干扰技术

> 如切如磋，如琢如磨。
> ——诗经·卫风·淇奥

电气测量涉及发电、输配电和用电的每个环节，这些环节大都是强电磁环境，因此测量仪器务必在抗电磁干扰的设计上做到尽善尽美。本章重点分析了电气测量中典型的电场耦合干扰、磁场耦合干扰及其抗干扰对策，对共阻抗耦合问题、共模干扰的形成及其抑制测量电路的接地与浮置也做了详细介绍。

8.1 电气测量干扰的三要素

任何干扰模型中都存在干扰源、干扰耦合途径和受扰对象三个方面，电气测量中的干扰问题也不例外。分析电气测量中的干扰问题，就可以从干扰源、干扰耦合途径和受扰对象三个方面来展开。抗干扰的总体原则是：首先从干扰源着手，应尽可能消除干扰源或降低干扰源的干扰水平；其次是要提高测量和控制系统的抗干扰能力，还可以采取经济可行的手段减小干扰源和测量系统的耦合程度。

8.1.1 干扰源

电气测量中主要的干扰源可以概括为以下两大类：电压型干扰源（高电压或功率斩波电压）、电流型干扰源（大电流和功率斩波电流）。

"功率斩波"包含两层含义：首先是有一定的功率，其次是电压或电流的变化率很大。例如，高频数字电路中电压脉冲是斩波电压信号，而非功率脉冲，其辐射范围和强度很有限，干扰性较弱。再比如，电力电子电路中，功率回路中斩波开关元件 IGBT 或 MOSFET 在执行开关操作时，就产生了功率斩波电压或功率斩波电流，它们分别会产生很强的电场干扰和磁场辐射，是两种非常典型的电气干扰源。

8.1.2 干扰耦合途径

不同的干扰源会通过不同的耦合途径干扰测量装置或电子电路。

电压型干扰源的耦合途径：干扰源节点导体通过绝缘介质与附近电路中的导体形成耦合电容，干扰电流从干扰源节点穿透杂散电容耦合到附件导体上，这种电流如耦合到独立的测量装置内部电子电路中，形成的则是共模干扰电流。

电流型干扰源的耦合途径：通过空间磁场或互感与周围的测量回路发生电磁交链，在受扰回路中产生互感电动势，该互感电动势属于差模性质的干扰。

8.1.3 受扰对象

显然,本节所讨论的一般受扰对象是电气测量装置。现代电气测量中广泛使用各种数字化的测量装置,这类装置从电路上看,本质上都是由模拟调理电路和数字逻辑电路构成的。其中数字逻辑电路的抗干扰能力比模拟调理电路强很多,模拟调理电路中最易受干扰的则通常是前置的小信号放大电路。该放大电路的输入回路是变化磁场耦合的对象,其输入通道则是共模穿透电流的必经之路。所以,要特别重视前置放大电路的干扰设计。

8.2 电容耦合及其抗干扰对策

8.2.1 电容耦合

图 8-1 中画出了一个由传感器、连接导线 A 和 B、测量仪器构成的一个"独立"的测量系统。图中的测量仪器采用了最常见的金属外壳保护接地而内部测量电路浮地的电气设计,测量电路只画出了前置运算放大器,这也符合绝大多数测量设备的设计。

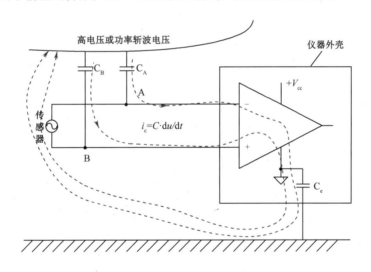

图 8-1 电压型干扰源通过电容耦合测量系统示意图

当一根交流高压导体或功率脉冲电压导体位于该测量系统附近时,下面分别从电场和电路两个角度来分析干扰源和测量系统是如何发生耦合的。

首先从空间电场的角度来分析干扰源和测量系统的耦合。通常,交流高压线在对地电压为 U,在高压线和大地间建立了电场 E,定性分析时,认为 E 等于电压 U 和高压线距离地面的高度 h 的比值,即 $E=U/h$。处于该电场中的测量电路的某个导体的电位 U_x 正比于电场强度 E 和其距地面高度的乘积。在该电压 U_x 的作用下,会产生对地的电流。

再从电路的角度来分析两个系统的电容耦合效应。干扰源导体、测量仪器导体以及它们之间的空气介质就构成了分布式的杂散电容(图 8-1 中的 C_A、C_B),并且干扰源导体与输入信号线 A、B 平行布置时,由于此时电容器极板的有效面积最大,所以杂散电容也最大。当两个导体间的交流电压或脉冲发生变化时，从电路上理解，就有容性电流穿透空间分布电容流向测量电路，电压变化率越大，电容电流越大，耦合作用越强。

所以，电气测量系统虽然与干扰源没有显性的电气连接，但不同的电气系统间存在电场或分布电容耦合，在强电环境下，这种耦合更不容忽视。

在图 8-1 中，由于空间分布电容的耦合，从干扰源导体出发的电流穿透耦合电容进入受扰对象，在受扰对象的两个输入端，穿透电流双路且幅值基本一致，属于共模性质的电流。由于电流具有沿闭合回路流通的属性，所以该电流还会寻找出一条阻抗最低的路径（图中杂散电容 C_e 最大的路径）返回其源头。

电容耦合不仅在高压差的电气系统之间表现得很明显，高速开关（包括半导体开关元器件）动作导致的极高的电压变化率（du/dt 很大）更易通过杂散电容对附近的电路节点产生干扰，这类干扰随着开关电源和变频电源广泛使用而越来越频繁地出现。这里以 Boost 升压电路为例，如图 8-2 所示，MOSFET 开关管的 d 极在驱动脉冲的作用下不断在近似地电位和电位 U_o 之间跳变，d 极电位变化的速率可达 10^8V/s，如 d 极与 s 极的杂散电容 C_{os} 为 100pF，则在 MOSFET 关断 off 时刻 d 极电位突然上升必然导致一个电容电流 i_c 通过 C_{os} 流过 1Ω的检流电阻，i_c 的大小为

$$i_c = C_{os}\frac{du_{ds}}{dt} = 100\text{pF} \times 10^8 \text{V/s} = 0.01\text{A}$$

通过检流电阻的电流由于 i_c 的存在会使得 MOSFET 关断时刻出现一个尖峰脉冲。如果电路布局设计不合理，使得图 8-2 中两个虚线椭圆节点的导体间电容耦合较好（如节点覆盖面积大，PCB 板上两部分导线间距小且平行走线），C_{os} 还会显著增大，由此产生的电容电流 i_c 会更大，从示波器上观察流过检流电阻的电流在关断时刻出现的尖峰会更高。

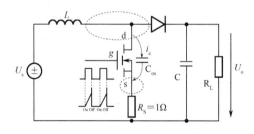

图 8-2 Boost 电路中斩波电压通过杂散电容产生干扰

8.2.2 电容耦合的抗干扰措施

（1）采用静电屏蔽层来隔离电场耦合的干扰。为了防止电压型干扰源通过杂散电容从信号输入连线耦合测量系统，可以采用导电性能好的导体作为信号电缆的屏蔽层，如铜网或铝网，如图 8-3 所示。虽然信号线与接地屏蔽层之间有分布电容，但整个屏蔽层通过固定接地成为一个等电位（零电位）体，电缆内部就与外电场隔离了。

应注意图 8-3 中信号电缆的屏蔽层只在测量仪器一端接地，而传感器不接地，防止由于

两点接地引入额外的接地电位差耦合到测量仪器。这一问题将会在后面详细阐述。

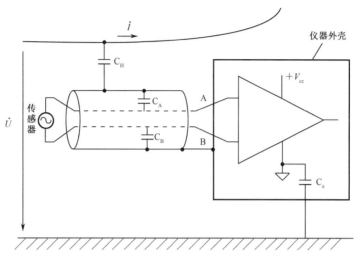

图 8-3　信号电缆屏蔽层接地防电场（电容）耦合

（2）优化布局设计，减小耦合电容。耦合电容虽然是空间分布电容，但定性分析时，可以用集中参数电容来分析。根据平板电容模型的计算公式，很容易推导出在测量系统设计布局时如何减小耦合电容的方法。

① 加大电容极板的间距。干扰源导体与附近受扰电路导体的距离就是分布电容的极板间距。

② 减小电容极板的有效面积。干扰源和受扰导体均可视为各自电路中的一个节点。测量系统布局设计时，在满足电路功能的前提下，要尽可能减小这两个节点所覆盖的面积。

（3）设计针对共模穿透电流的滤波器。图 8-1 中虚线所示的电流从干扰源所在电气系统穿透杂散电容进入测量系统，对测量系统是一种"双路齐头并进"的共模性质的干扰电流。这种电流对测量系统中敏感环节会造成不利的影响，尤其以小信号的前置放大电路、网络和通信部分最易受影响。

图 8-4（a）中两个 Y 电容 C_Y 通常在 $10^3 \sim 10^4 \mathrm{pF}$，比杂散电容 C_e 大 2～3 个数量级，它们一起为共模穿透电流提供了更低阻的回流路径，而在测量系统信号输入级之前设置了高阻的共模电感。图 8-4（b）用一种结构清晰的功率级共模电感实物来清楚地显示共模电感的基本结构：两股漆包线双线并绕，匝数一致，同时绕向要让差模电流在磁环中产生的磁场互相抵消，而共模电流产生的磁场相互加强，所以只有当共模电流流过时才有电感，而对差模电流（负载电流都是差模电流）则没有电感量。当然，图 8-4（a）中的共模电感为信号级，体积小，一般绕在专门制作的骨架上，内部结构不易看清楚。

图 8-4（a）这种"Y 电容+共模电感"的滤波方法与人类常用的对付洪水的"疏堵结合"的方法非常类似，共模电感"筑坝阻拦"共模电流，而 Y 电容则"引流入江"。

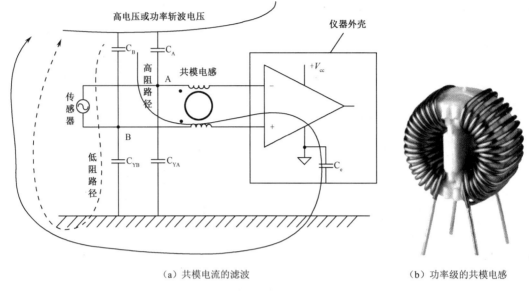

(a) 共模电流的滤波　　　　　　　　　(b) 功率级的共模电感

图 8-4　共模穿透电流的滤波

8.3　磁场耦合及其抗干扰对策

8.3.1　磁场耦合或互感耦合

电气测量系统附近的交流大电流或功率斩波电流还会通过磁场或互感耦合到测量系统。

图 8-5 中测量仪表的输入回路由传感器，连接导线 A、B 和放大电路的输入阻抗构成一个面积为 S 的闭合回路，附近的干扰电流产生的时变磁场穿过该闭合回路而发生交链，根据法拉第电磁感应定律，回路中将有感应电动势 e 产生。

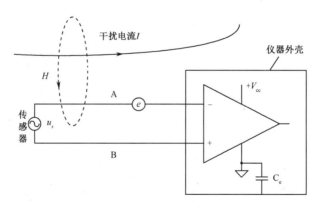

图 8-5　交流电流与测量系统的磁场（互感）耦合示意图

对于测量系统而言，感应电动势 e 是与传感器输出串联的电压源，它是一种差模性质的干扰电压。感应电动势 e 为

$$e = -\frac{d\phi}{dt} = -S\frac{dB}{dt} \tag{8-1}$$

而长直导线在距导线中心 r 处的磁感应强度 $B(r) = \frac{\mu}{2\pi r}i(t)$，代入上式中，得到

$$e = -\frac{\mu S}{2\pi r}\frac{di}{dt} = -M\frac{di}{dt} \tag{8-2}$$

式中 M——互感应系数。

对于交流干扰电流，可设 $i(t) = I_m \sin\omega t$，代入上式中

$$e = -\frac{\mu S \omega I_m}{2\pi r}\cos\omega t \tag{8-3}$$

所以，感应电动势 e 的大小与耦合介质的磁导率 μ、感应回路的面积 S、角频率 ω、交流电流幅值 I_m 成正比，与耦合距离 r 成反比，且是与交流电流同频率变化的正弦信号。式（8-2）和式（8-3）中的负号反映了楞次定律对电磁感应作用方向的描述。

8.3.2 防磁场（互感）耦合的措施

根据式（8-3），可以设计对抗磁场耦合的对策。

（1）尽可能减小感应回路的面积 S。这是最容易实现的办法。具体措施有：信号源尽可能靠近测量仪表，导线 A、B 尽可能短并且尽可能靠近，如双绞线输入，使用双绞线输入另外的好处是可以使相反交链的磁通量相互抵消。

（2）增加耦合距离 r。

（3）测量仪器放置在磁场较弱的区域。如图 8-6 所示，电流进线和回线所围成的区域之外，由于相反方向电流产生的磁场有部分相互抵消，而电流进线和回线所围成的区域内部的磁场同向叠加而被加强。比较图 8-6（a）和图 8-6（b）不难发现，图 8-6（b）中的大电流回路采用"对折线"形式，所围成的面积被最大程度缩小，这样可以有效减小强磁场存在的空间，对外的 EMI 辐射大大减小；受扰对象即图中的测量电路应位于大电流回路之外，同时，测量电路的输入回路的面积一定要尽可能小。这些原则也是在 PCB 布局和布线设计时要时刻注意的，对减小 EMI 有非常显著的作用。

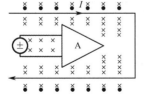
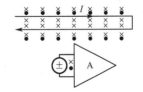

（a）回路面积大，回路内磁场加强　　　　（b）回路面积小，回路外磁场部分抵消

图 8-6　大电流回路的不同布置所产生的空间磁场分布

（4）采用磁屏蔽切断磁耦合路径。屏蔽磁场的基本原理是利用磁导率高的磁性材料制成封闭的屏蔽罩，屏蔽罩为外部磁场（或磁力线）提供低阻通道，使外部磁场基本被屏蔽罩收集而不通过屏蔽罩的内部空间。但大多数常用的导磁材料（如硅钢片、铁氧体、铁粉芯）都

难以加工,而且影响磁性材料的磁导率的因素很多,实际设计须考虑环境温度、被屏蔽磁场频率及饱和磁感应强度等诸多因素。

首先,磁性材料的磁导率都是与温度有关的。温度升高,磁性材料磁导率下降,当温度达到一定值时,磁性材料的磁化特性消失,该温度称为居里温度。如硅钢片的居里温度为740℃,而坡莫合金则在400℃左右,铁基非晶合金在300~400℃。

其次,磁性材料的磁导率也会受外加磁场的频率的影响。当磁场频率超出一定范围时,磁性材料的比损耗(单位体积或重量的损耗)显著上升,导致温度上升,磁导率下降。所以磁屏蔽材料根据磁导率的频率特性被分为低频和高频两大类。常用的铁及铁基合金、硅钢片属于低频范围的磁性材料,最高频率一般不超过 1kHz,坡莫合金、非晶合金磁性材料则可以到几百 kHz,而铁氧体类可以到 10kHz~1MHz。

磁性材料都具有饱和特性,用于屏蔽的磁性材料的饱和磁感应强度应比被屏蔽磁场高,避免屏蔽磁性材料出现饱和。

对于频率不太高的磁场耦合干扰,坡莫合金材料的初始相对磁导率可达 10^5,饱和磁感应强度在 0.7T 左右,而且相对硅钢片,这种合金材料相对容易加工,厚度可以做到 0.01~0.1mm,这就使在大面积屏蔽项目中容易安装。如果需要屏蔽的磁场强度足以使一般高磁导率屏蔽体饱和时,就需要采用双屏蔽层,可以选择超低碳钢(ULCS)作为外屏蔽,高磁导率材料为内屏蔽层;与许多高磁导率材料相比,ULCS 磁导率一般,但饱和磁感应强度很高,可达 2T。ULCS 作为强磁场外屏蔽,可以屏蔽部分磁场,穿透外屏蔽的剩余磁场再由内层高磁导率材料屏蔽。

对于高频交变磁场,目前还没有磁导率很高的材料用于屏蔽。在低频状态下磁导率很高的材料,到了高频状态,磁导率就变得很低了。例如高频铁氧体,其初始磁导率也很难超过100,与低频下硅钢片或者纯铁的磁导率相比小很多,不能有效地聚集磁场。同时,高频铁氧体都是一次性成形材料,烧制完成以后不能二次加工,无法满足屏蔽罩的不同设计需要。

铜和铝等导电性能良好的金属对高频交变磁场是理想的磁屏蔽材料。铜、铝屏蔽罩屏蔽高频交变磁场的原理是基于涡流效应。由于高频交变磁场能在铜罩上引起很强的涡流,涡流产生的磁场对外磁场起去磁作用,使引起涡流的外磁场大大减弱,以致罩内的高频交变磁场不能穿出罩外。同样道理,罩外的高频交变磁场也不能穿入罩内,从而达到磁屏蔽的目的。由于铜、铝的电阻率小,引起的涡流大,用它们做成的屏蔽罩屏蔽效果较好。铁等磁性材料的电阻率一般都较大,引起的涡流小,去磁作用非常有限。

8.4 共阻抗耦合及其抗干扰对策

8.4.1 冲击负载电流通过电源内阻抗影响测量仪器的供电质量

交流供电电源(如配电变压器)可以用图 8-7 所示的戴维南等效电路来表示,U_{AC} 为交流电压源,Z_K 代表交流电压源的内阻抗,包括交流配电变压器的短路阻抗和线路阻抗,假设其标值 Z_K^* =5%。图 8-6 中除去采用交流供电的测量仪器外,只有一台电动机 M。当电动机 M 的额定容量达到供电变压器容量的 20%以上时,在电动机启动的瞬间,假设其启动电流达到正常工作电流的 10 倍,此时电动机可以近视看成一个冲击性负载,电动机启动时刻的冲击电流将使得电源内阻抗上的压降增大 $10 \times 20\% \times Z_K^* = 10\%$,输出电压 U_o 将下降约 10%。对于其他负载(包括测量仪器)而言,它们的供电电压将出现 10% 的短时电压降落,如果这种情况频繁出现,对其他用电设备将造成供电质量的下降,如果测量仪器内部的直流稳压电源的抗电压波动设计不够完善,就会对测量结果造成误差。

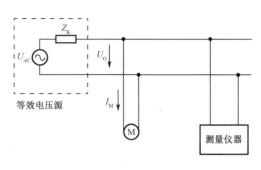

图 8-7 冲击负载通过电源内阻抗耦合测量系统

图 8-7 中所描述的用电设备之间的耦合是通过电源的内阻抗发生的,这个内阻抗可以看成是该供电电源范围内所有用电设备的公共阻抗,所以这类耦合也称共阻抗耦合。

针对交流配电系统由冲击性电流通过变压器短路阻抗而产生的共阻抗耦合,可以从下面两个方面采取措施,减小耦合造成的干扰:

(1)使用设计完善的稳压电源,减小交流电源电压波动对测量仪器造成的干扰。
(2)对大功率的电动机,加装软启动装置,减小启动电流对配电系统的冲击。

8.4.2 测量仪器内部不同电路环节间通过直流稳压电源内阻抗的耦合

共阻抗耦合也发生在直流供电的设备内部。图 8-8 代表了由直流稳压电源供电的数字测量仪器的一般构成,用一个运算放大器代表测量仪器的模拟电路部分,MCU 代表测量仪器的数字部分,4-bit 的 A/D 作为模拟和数字电路的中间环节。这三部分电路由一个直流稳压电源供电,电源的内阻为 R_s。模拟电路和数字电路集成电路中,最基本的元器件是晶体管或 MOS 管。模拟电路中晶体管工作在线性放大区域,而数字电路中的晶体管工作在饱和导通或截止状态。由于 MCU 中的数字时序逻辑电路总在一定的高频时钟同步下输出不断翻转,其工作电流也就会出现与时钟频率同步的高频纹波。这个高频纹波电流流过系统的公共阻抗 R_s,电源的输出 U_o 就会含有高频纹波成分,数字逻辑电路对这种小的纹波电压并不敏感,但模拟电路却不同。放大电路的直流电源电压出现高频的波动,会直接在输出中有所反映,从而造成测量误差。

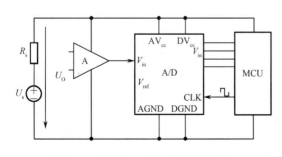

图 8-8 测量仪器内部的共阻抗耦合

数字集成电路产生的高频纹波电流幅值一般在毫安量级,针对这一特点,常用的简易办法是使用电容退耦。其原理是在数字集成电路的电源和地之间并联 $10\mu F$ 的电解电容和 $0.01\mu F$ 的无感电容,由这些电容提供数字集成电路内门电路翻转时所需的部分电流,减小对电源的依赖,从而削弱与其他电路的耦合。更好的办法是数字电路和模拟电路分别使用独立的直流稳压电源供电,如图 8-9 所示。A/D 作为模拟电路和数字电路的中间连接环节，一般都设有独立的模拟电源和数字电源引脚，也方便模拟电路和数字电路的独立电源设计。

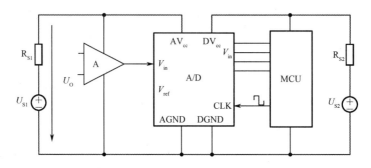

图 8-9 采用独立的模拟和数字电源去耦

8.5 共模干扰及其抑制

8.5.1 共模信号及其对测量系统的干扰

在传感器测量电路章节已经知道，为了减小传感器的非线性，提高灵敏度，传感器常采用差动结构，并用差动电桥作为测量电路。图 8-10 中给出了这类测量电路的一般结构。电桥的两个输出端 C、D 对地的电位分别为

$$V_C = \frac{1}{2}U \tag{8-4}$$

$$V_D = \frac{Z_0 - \Delta Z}{2Z_0}U = \frac{1}{2}U - \frac{\Delta Z}{2Z_0}U \tag{8-5}$$

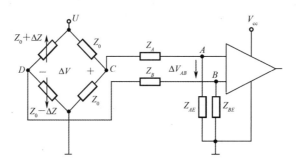

图 8-10 共模信号的产生及共模干扰的形成

从以上两式可以看出，C、D 两点对地的电压都包含有共同的对地分量 $\frac{1}{2}U$，这个分量就是共模分量 U_{CM}，U_{CM} 的大小实际上就是当电桥平衡时 C、D 两点的对地电压。所以共模信号的产生是这类电桥电路的结构特点所决定的。但放大电桥输出信号的前置放大电路假设为理想的差分放大器（暂不考虑图 8-10 中的 Z_A、Z_{AE}、Z_B、Z_{BE}，故 $\Delta V_{AB} = \Delta V_{CD}$），则差分放大器只会放大 C、D 两点的电位差 ΔV_{CD}（假设 ΔV_{CD} 在差分放大器允许的输入电压范围之内）。

$$\Delta V_{CD} = V_C - V_D = \frac{\Delta Z}{2Z_0} U \qquad (8\text{-}6)$$

ΔV_{CD} 中只有包含被测量物理量（如位移、温度等）的差分电压信号，也就是说，共模信号分量并不一定就会向后传递，所以不能认为共模信号就必然是干扰信号。

但共模干扰常常在各类技术文章和书籍中被提及，集成运算放大器的有限的共模抑制比 CMRR 也反映了由其内部电路输入失调而削弱其共模输入抑制能力。那么共模信号到底是如何产生干扰的呢？

此时，如果将图 8-10 中的线路输入阻抗 Z_A、Z_B 及放大器对地阻抗 Z_{AE}、Z_{BE} 也考虑起来（Z_{AE}、Z_{BE} 实际应用中主要是对地电容），则差分放大器的输入电压将为 ΔV_{AB}

$$\Delta V_{AB} = \frac{Z_{AE}}{Z_{AE}+Z_A}V_C - \frac{Z_{BE}}{Z_{BE}+Z_B}V_D = \frac{V_C}{1+\dfrac{Z_A}{Z_{AE}}} - \frac{V_D}{1+\dfrac{Z_B}{Z_{BE}}} \qquad (8\text{-}7)$$

式（8-7）中，如果满足

$$\frac{Z_A}{Z_{AE}} = \frac{Z_B}{Z_{BE}} = k \qquad (8\text{-}8)$$

则

$$\Delta V_{AB} = \frac{1}{1+k}(V_C - V_D) = \frac{1}{1+k}\Delta V_{CD}$$

这种情况下，ΔV_{AB} 仍与 ΔV_{CD} 成正比，不包含共模分量。更理想的则是 $k=0$ 或 $Z_A \ll Z_{AE}$、$Z_B \ll Z_{BE}$，而且电桥输出的信号在传输线路上也没有衰减。

但如果差分放大器之前的阻抗分布不满足式（8-8）所描述的等比分布，则在 ΔV_{AB} 中将包含共模信号分量。这里只分析共模信号的向后传递，所以可以假设电桥处于平衡位置，即 $V_C = V_D = \dfrac{1}{2}U$ 并代入式（8-7）中，可得

$$\Delta V_{AB} = \frac{U}{2}\left(\frac{1}{1+\dfrac{Z_A}{Z_{AE}}} - \frac{1}{1+\dfrac{Z_B}{Z_{BE}}}\right) \neq 0 \qquad (8\text{-}9)$$

电桥平衡时，图 8-10 可以等效为图 8-11。

从图 8-11 很容易看出，如果 $\dfrac{Z_A}{Z_{AE}} \neq \dfrac{Z_B}{Z_{BE}}$，则 $\Delta V_{AB} \neq 0$，集成差分运放的输出也一定不为零。这种现象很类似集成运放的输入失调，实际上，图 8-11 中 $\dfrac{Z_A}{Z_{AE}} \neq \dfrac{Z_B}{Z_{BE}}$，实际上反映了集成差分放大器外部输入电路的阻抗不平衡或不对称，对比集成运放内的输入失调现象的产生，这种现象可以视为集成差分运放外部输入电路的输入失调。此时的 ΔV_{AB} 是共模信号 U_{CM} 在两个分压电路中由于分压比不同而形成的电位差。所以共模信号在不平衡的差动放大电路中会演变成差模形式的干扰，这类干扰常被称为共模干扰。

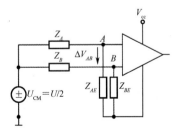

图 8-11 电桥平衡时的等效电路

8.5.2 共模干扰的抑制

（1）差分放大电路结构和参数尽可能对称。构成差分放大电路的集成运放以及运放外部电路都要在结构和参数上尽可能对称。前面分析了集成运算放大器外部电路的输入失调是造成共模信号演变为干扰的原因之一；在集成运算放大器相关章节中，也分析了运放内部输入差分电路的输入失调也是造成共模信号演变为干扰的原因之一。事实上，这点并不难理解。因为集成运放的输入级和外部输入电路都是一个完整的差分放大电路的输入部分，这部分电路中任何的不对称或不平衡都会导致共模抑制能力的下降。所以，共模干扰的抑制应从差分放大电路的整体来考虑，单单靠选用高 CMRR 的集成运放并不能保证由它组成的放大电路也具有同样的 CMRR。

（2）避免前置放大电路多点接地。放大电路输入阻抗的不平衡容易造成前置放大电路对共模输入抑制能力的下降，所以设计前置放大电路时，应避免不必要的共模信号的产生，如信号输入级电路的多点接地就容易产生额外的共模信号。

（3）用共模驱动输入信号的电缆屏蔽层。在类似图 8-11 这样的电路中，如果输入阻抗输入失调客观存在，而且共模输入电压对测量结果产生明显干扰，就需要采用其他方法来补救。图 8-12 给出了一种用缓冲后的共模去驱动输入信号电缆屏蔽层，可以化解外部输入阻抗不平衡导致的输入失调的方法。图 8-12（a）中输入信号线对电缆屏蔽层的分布电容用集中电容 C_A、C_B 来表示，并设 $R_A C_A \neq R_B C_B$（实际上就是图 8-11 中 $\dfrac{Z_A}{Z_{AE}} \neq \dfrac{Z_B}{Z_{BE}}$ 的一种常见情形），并假设输入共模为阶跃信号，忽略集成仪表运算放大器 AD620 极低的输入偏置电流。图 8-12（a）中屏蔽层连接加法器 A 的输出端，该加法器的放大倍数为 0.5。考虑到 AD620 的 Pin1 和 Pin8 因为虚短，其电位就等于输入电压 U_{CM}，很容易证明加法器 A 的输出等于共模输入电压 U_{CM}。如果图 8-12（a）中的屏蔽层是直接接地，由于充电时间常数 $R_A C_A \neq R_B C_B$，共模阶跃输入在图中 A、B 两点产生的电位会产生一个差模形式的动态误差 Δu_{AB}，如图 8-12（b）所示，该误差直接送 AD620 放大。

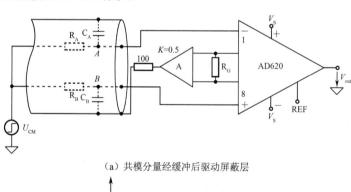

（a）共模分量经缓冲后驱动屏蔽层

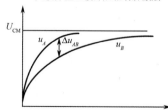

（b）屏蔽层接地时 A、B 两点的共模阶跃输入响应

图 8-12 共模分量经缓冲后驱动输入电缆屏蔽层化解外部输入阻抗不平衡

但如果屏蔽层采用图 8-12（a）的方法用缓冲后的共模分量来驱动，则输入信号中的共模分量与屏蔽层处于等电位，不存在对电容 CA、CB 的充放电过程，也就不会出现图 8-12（b）中的动态误差 Δu_{AB}，这样一来，共模输入就被基本抑制了。

8.6 测量系统输入级的接地与浮置

一般在测量系统的最前端，即传感器与前置放大电路部分，需要测量的模拟信号通常在毫伏级甚至更低。如果传感器和前置放大电路都分别接地，如图 8-13 所示，两个接地点之间的阻抗不可能为零，这样不同接地点之间就会出现一定的电位差。当这个电位差与被测量的小信号相比，在大小幅度上不能忽略时，它就会以共模信号的形式表现出来，并耦合到前置放大电路的输入端，这时就又得考验前置放大电路的共模抑制能力。但对于大信号特别是电平阈值范围宽的数字电路而言，这种影响一般可以忽略。

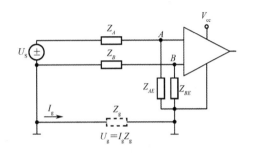

图 8-13 传感器和前置放大器分别接地示意图

图 8-13 中用 U_S 代表电压源型传感器的输出信号，由于在传感器端和前置放大电路分别接地，U_g 代表两个接地点之间由于电流 I_g 流过接地线阻抗 Z_g 而产生的电位差。

差分运算放大器的两个输入端 A、B 对地的电位应该是 U_S 与 U_g 的串联叠加作用的结果。如果仅考虑接地电位差 U_g 的影响，可以假设 $U_S=0$。这样，问题又变成了图 8-11 中的情形。这里就不展开分析 U_g 如何形成差模干扰了。显然，图 8-13 中的共模信号 U_g 的产生与图 8-11 中电桥的输出信号中的共模分量 $U/2$ 的产生性质不同，前者是"意外来客"，后者则属必然。所以应尽可能让图 8-13 中的 U_g 不出现，方法则很简单，就是传感器不接地，只在放大电路环节接地。

为了避免因两点接地而造成不必要的共模输入，传感器和前置放大电路一般都只在一侧接地。如果前置放大电路的输入信号线采用带屏蔽层的电缆连接，屏蔽层也应随传感器或前置放大电路一侧接地，这也是图 8-3 中只在测量仪器侧接地的原因。

但如果由于测量的需要，传感器和前置放大电路都必须接地，如图 8-14 所示，那么两个接地点间不可避免会出现电位差 U_g。图 8-14 中的 ΔR_{AB} 代表测量仪器前置放大电路的不平衡输入电阻（综合了信号源、输入信号线和输入运放内部的不平衡电阻），此时屏蔽电缆两端都应接地，这样利用屏蔽层的低阻通路来分流输入信号电缆上的共模电流，这样可以减小接地电位差在信号电缆上产生的电流 I_{g1}，也就减小了由该电流通过 ΔR_{AB} 而引入的电压降，从而减小了共模干扰。

图 8-15 所示的电路，测量电路采用与图 8-14 直接接地不同的浮地设计，这样可以加大电流 I_{g1} 所经回路的阻抗，进一步减小流过 ΔR_{AB} 的电流，这样并联的屏蔽层的分流作用就会得到加强。

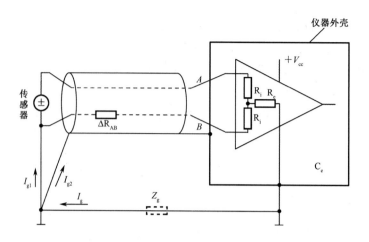

图 8-14　两点接地时屏蔽电缆的接地

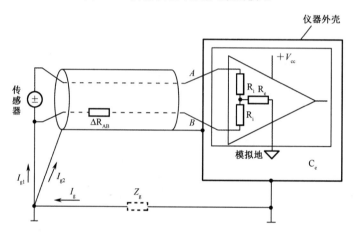

图 8-15　测量仪器内部电路采用悬浮的模拟地

在高电压、强电场的环境中，为了防止外壳因静电感应或漏电而带高压，威胁人身安全，必须将金属外壳的传感器和测量仪器保护接地。

习　题

8-1　通电电流产生的磁场是电气测量中常见的干扰源之一，1A 交流电流流过 1 段 1m 长的电流路径，试分析采用哪种形式的电流路径产生的磁通量最大，哪种最小？如果这段路径是在你设计的 PCB 上，应如何布局这段电流路径？

8-2　为何在数字集成电路的电源和数字地间并联 $10\mu F$ 和 $0.01\mu F$ 的退耦电容？

8-3　模数混合电路中如何防止数字信号对模拟电路的耦合？

8-4　在小信号放大电路中要尽量避免信号源和前置放大器两点接地，为什么？

8-5　当信号源的输出经一段较长带屏蔽层的信号电缆接入测量仪器时，仪器的外壳接地，信号电缆的屏蔽层应如何接地？为什么？测量仪器的输入级放大电路的模拟地分别采用直接接外壳地和浮地设计,哪种抑制共模的性能更好?

8-6 画图说明共模电流滤波器的原理。其中用到的主要器件有哪些?分别有何作用?

8-7 阅读本章 8.1 及 8.2 节,总结归纳电气测量中典型的干扰机理及其抗干扰技术,完成下表。

干 扰 源		耦合途径	受扰对象	受扰对象中干扰信号的性质	抗干扰的方法
带电导体					
载流导体					

参 考 文 献

[1] Ernest O. Doebelin. Measurement systems: Application and Design[M]. 5th edition. New York: McGraw Hill Book Company, 2003.
[2] 施文康，余晓芬，等. 检测技术[M]. 2 版. 北京：机械工业出版社，2005.
[3] 费业泰. 误差理论与数据处理[M]. 5 版. 北京：机械工业出版社，2005.
[4] 国家质量技术监督局. JJF 1059—2012 测量不确定度评定与表示[S].
[5] 叶德培.《测量不确定度评定与表示》系列讲座（2）[J]. 中国计量，2013（8）：48-51.
[6] 贾伯年，俞朴，宋爱国. 传感器技术[M]. 3 版. 南京：东南大学出版社，2007.
[7] 杨遂军，等. 基于电子印刷工艺的薄膜热电偶研制[J]. 传感器与微系统，2014，33（1）：85-88.
[8] 李付国，等. 薄膜热电偶动态特性研究[J]. 仪器仪表学报，1996，17（3）：316-318.
[9] Edwin Hall. On a New Action of the Magnet on Electric Currents[J]. American Journal of Mathematics. 1879, 2 (3): 287-292.
[10] Charles Kitchin, Lew Counts. A Designer's Guide to Instrutmentation Amplifiers(3rd Edition). ©2006 Anolog Device, Inc.
[11] GB/T 12720—91 工频电场测量[S].
[12] GB 1207—2006 电磁式电压互感器（eqv IEC 60186:1987）[S].
[13] GB/T 4703—2001 电容式电压互感器（eqv IEC 60186:1987）[S].
[14] GB 1208—2006 电流互感器（eqv IEC 60185:1987）[S].
[15] DL/T 866—2015 电流互感器和电压互感器选择及计算规程[S].
[16] 李谦，涂天壁. 电磁式电压互感器铁磁谐振抑制的分析[J]. 高压电器，1999（1）：43-46.
[17] 潘峰. 光学电压传感器研究[D]. 武汉：华中科技大学，2011.
[18] 石广田，杨龙. 光学电流互感器及其研究现状[J]. 传感器与微系统，2014，33（10）：1-5.
[19] 邱昌容，曹晓珑. 电气绝缘测试技术[M]. 3 版. 西安：西安交通大学出版社，2010.
[20] 陈天翔，王寅仲，温定筠，等. 电气试验[M]. 3 版. 北京：中国电力出版社，2016.
[21] 陈化刚. 电力设备预防性试验方法与诊断技术[M]. 北京：中国水利水电出版社，2009
[22] 张重雄，张思维. 虚拟仪器技术分析与设计[M]. 北京：电子工业出版社，2012.
[23] 江建军，孙彪. LabVIEW 程序设计教程[M]. 北京：电子工业出版社，2012.
[24] 何玉钧，高会生. LabVIEW 虚拟仪器设计教程[M]. 北京：人民邮电出版社，2012.
[25] 岂兴明，田京京，夏宁. LabVIEW 入门与实战开发 100 例[M]. 北京：电子工业出版社，2011.
[26] 王建新，隋美丽. LabWindows/CVI 虚拟仪器测试技术及工程应用[M]. 北京：化学工业出版社，2011.